W0272972

E-Book inside.

Mit folgendem persönlichen Code können Sie die E-Book-Ausgabe dieses Buches downloaden:

4a0z6-p56r0-18201-58147

Registrieren Sie sich unter

www.hanser-fachbuch.de/ebookinside

und nutzen Sie das E-Book auf Ihrem Rechner*, Tablet-PC und E-Book-Reader.

Der Download dieses Buches als E-Book unterliegt gesetzlichen Bestimmungen bzw. steuerrechtlichen Regelungen, die Sie unter **www.hanser-fachbuch.de/ebookinside** nachlesen können.

* Systemvoraussetzungen: Internet-Verbindung und Adobe® Reader®

Wybranietz

SAP, The Agile Way

Klaus Wybranietz

SAP, The Agile Way

Praxisbewährte Tipps für die erfolgreiche agile Arbeit mit weltweit verteilten SAP-Teams

HANSER

Bibliografische Information der Deutschen Nationalbibliothek:

Die Deutsche Nationalbibliothek verzeichnet diese Publikation in der Deutschen Nationalbibliografie; detaillierte bibliografische Daten sind im Internet über *http://dnb.d-nb.de* abrufbar.

Lektorat: Brigitte Bauer-Schiewek
Copy editing: Dolores Omann, Ternitz
Korrektorat: Petra Kienle, Fürstenfeldbruck
Layout: Manuela Treindl, Fürth
Umschlagdesign: Marc Müller-Bremer, München, *www.rebranding.de*
Umschlagrealisation: Max Kostopoulos
Titelmotiv: © *shutterstock.com/Wth*
Druck und Bindung: Kösel, Krugzell
Ausstattung patentrechtlich geschützt. Kösel FD 351, Patent-Nr. 0748702
Printed in Germany

Print-ISBN: 978-3-446-46567-1
E-Book-ISBN: 978-3-446-46586-2
E-Pub-ISBN: 978-3-446-46706-4

Inhalt

Vorwort

In den vergangenen Jahren habe ich von vielen Führungskräften auf der ganzen Welt gehört, wie toll ihre agilen Entwicklungsteams zum Beispiel im Java-Umfeld arbeiten. Ich habe gehört, wie glücklich und effektiv Softwareentwickler sind, die mit Scrum arbeiten, wie viel Power und positive Energie in diesen Teams entsteht. Und: Mir wurde auch erzählt, wie viele Bewerbungen von Top-Spezialisten diese Unternehmen bekommen, nachdem sie sich zum agilen Arbeiten bekannt oder sogar eine agile Transformation angestoßen haben.

Wenn ich mit Personen aus dem SAP-Umfeld spreche, höre ich genau das Gegenteil. Ich verstehe SAP-Projekte ganz einfach immer so: Der Kunde kauft eine Standard-Software, die nur angepasst werden muss und danach genutzt werden kann. Es wird also keine neue Software entwickelt, sondern gekaufte Software adaptiert. Das ist der zentrale Unterschied zu allen anderen individuellen Entwicklungsprojekten dieser Welt.

Trotzdem habe ich zu viele SAP-Projekte gesehen, die agil gescheitert sind, und ich habe zu oft gehört, dass SAP und Scrum einfach nicht kompatibel seien. Meistens lag und liegt die Ursache des Scheiterns darin, dass die Anforderungen nicht konsequent und kontinuierlich genug priorisiert werden. Ganz im Sinne des Wasserfalls werden umfangreiche Anforderungen definiert, verbunden mit der Erwartung, dass sie auch zu 100 Prozent umgesetzt werden. Das hat nichts mit agilem Arbeiten zu tun und ist zum Scheitern verurteilt. Dies hat einige Projektverantwortliche dennoch nicht daran gehindert, ihren Wasserfall-Projekten eine agile Masche umzubinden, indem sie einfach die Events „agil" benannt haben. Die gängigsten Ausreden, die hartnäckigsten „Ja, aber ...", finden Sie gleich in Kapitel 1. Der Grundtenor lautet: SAP ist angeblich viel zu komplex und viel zu integriert, als dass sich da agil was machen ließe.

Das mag in der Welt dieser SAP-Profis so sein. Doch auch an ihnen geht die Agilisierung der Arbeitswelt nicht spurlos vorbei, und wenn sie noch nicht mitten in einer agilen Transformation stecken, stehen die Chancen gut, dass sie in den kommenden Jahren davon betroffen sein werden. Spätestens dann werden sie – sehr schnell – lernen müssen, mit agilen Organisationseinheiten und vielleicht sogar mit ihren SAP-Teams agil zu arbeiten.

Ein solcher Anlassfall könnte auch S/4HANA sein. Mit „SAP Activate" forciert SAP die schnelle, agile Einführung anhand vorgedachter Konfigurationen (Guided Configurations). Aus meiner Sicht unterstützt SAP Activate alle Ausgangspunkte für den agilen Projektstart, von der Neuimplementierung von S/4HANA über die Systemkonvertierung bis hin zur Landschaftstransformation. Beim empfohlenen Framework setzt SAP auf Scrum und Scrum@Scale – beides werde ich in diesem Buch besprechen.

Ich brauche aber nicht erst S/4HANA, um zu wissen, dass SAP und Agile gut zusammenpassen. Der Erfolg bei internationalen Großkonzernen, wo wir nicht nur agil, sondern mit weltweit verteilten Teams agil arbeiten, gibt mir in dieser Hinsicht recht. Für mich war es deshalb an der Zeit, die „guten agilen Praktiken“, die ich in den letzten 14 Jahren (von 25 im SAP-Umfeld insgesamt) mit vielen Teams erarbeitet habe, komprimiert weiterzugeben. Mir geht es immer darum, die Dinge möglichst einfach zu machen. Daher werden Sie in diesem Buch keine philosophischen Vertiefungen in das Thema Agilität finden, sondern praktisch Erprobtes und ständig Verbessertes. Für sämtliche Aspekte von Scrum, Kanban und Agile im Allgemeinen gibt es inzwischen eine breite Palette an anderen Publikationen, die ich Ihnen ans Herz legen möchte, damit Sie das agile Arbeiten von Grund auf verstehen. Ich halte mich in meiner agilen SAP-Praxis sehr eng an den Scrum Guide von Jeff Sutherland und Ken Schwaber, alle Fragen der Skalierung haben den Guide zu Scrum@Scale als Basis.

Ein paar Dinge müssen für das SAP-Umfeld aber angepasst werden, um erfolgreich agil arbeiten zu können – diese Praktiken beschreibe ich in diesem Buch.

Klaus Wybranietz

München, September 2020

Der Autor

Klaus Wybranietz war zwölf Jahre als SAP-Berater auf der ganzen Welt unterwegs, bevor er 2001 die antagon AG gründete. Nach der Fusion der antagon AG mit der EXXETA GmbH im Jahr 2006 wurde das SAP-Team rund um Klaus Wybranietz aufgrund der herausragenden Erfolge in agilen Projekten mit höchstem technischen Anspruch zu einem SAP Service Partner. Zu den Spezialgebieten des SAP ERP-Experten zählten Verkauf, Absatzplanungsprozesse, Verkaufssteuern und Sales Taxes (USA) sowie Rechnungslegung mit Sales Reporting.

Seit 2012 widmet sich Klaus Wybranietz ausschließlich der Verbindung von Agilität und SAP-Projekten. Als Agile Coach und Trainer begleitet er Organisationen und Führungskräfte in agilen Transformationen mithilfe von Scrum, Scrum@Scale, LeSS, Kanban, Design Thinking und den Management-3.0-Praktiken nach Jurgen Appelo. Als einer der wenigen auf SAP-Projekte spezialisierten Agile Coaches und Projektleiter arbeitet Klaus Wybranietz regelmäßig mit Teams, die über Europa, die USA und Südafrika verteilt sind.

1 SAP und Scrum – das geht doch nicht?

1.1 Sieben Vorurteile gegen Scrum

Wenn ich mich mit SAP-Projektleitern und anderen SAP-Profis über agiles Arbeiten unterhalte, geraten die Gespräche oft an folgenden Punkt: „Ja, aber ...“ Im SAP-Umfeld im Speziellen oder im ERP-Umfeld im Generellen könne man doch nicht vernünftig mit Scrum arbeiten. SAP sei viel zu kompliziert, viel zu komplex, viel zu integriert. Es gab und gibt Tausende Ausreden.

Allerdings gehen auch an diesen SAP-Profis und ihren Teams die agilen Transformationen nicht spurlos vorbei, denen sich Unternehmen derzeit unterziehen. Ganze IT-Einheiten, Abteilungen und Bereiche werden umgestellt und es bleibt den SAP-Spezialisten nichts anderes übrig, als mit anderen unter diesen neuen Umständen zusammenzuarbeiten. Was ich in den Gesprächen immer wieder heraushöre, sind die Beispiele aus der „alten“ Welt, die als Beweis dafür angeführt werden, dass Agilität und SAP nicht zusammenpassen: Die Rede ist von Anforderungen, Fach- oder IT-Konzepten, in 300-seitigen Word-Dokumenten verpackt. Üblicherweise bekommt der Kunde erst nach eineinhalb Jahren etwas live zu sehen und zu testen und es dauert weitere sechs Monate, bis er die gesamte Software nutzen kann – mit all den Anforderungen, die erst später dazugekommen sind.

Der Ablauf von SAP-Projekten sah jahrzehntelang folgendermaßen aus:

- *Analysephase – drei Monate:* Alle möglichen Add-on-Anbieter wurden analysiert und bewertet sowie erste Ideen zu Prozessen und dem Umfang der Anforderungen gesammelt.
- *Fachkonzept – drei Monate:* Dann ging es mit den Details los – von den Anforderern getrieben, meist in Word erstellt, in zahlreichen Meetings mühsam gemeinsam erarbeitet. Einer schrieb das Dokument, fünf Kollegen schauten zu und berieten sich. Erst danach wurde das Konzept der IT übergeben. Ich war selbst oft mit dabei. Wenn ich den Kunden gut genug kannte, habe ich auf den letzten Seiten des Fachkonzepts einen „Snickers-Absatz“ eingefügt: „Gratulation! Wer sich so tief eingelesen hat, verdient eine Belohnung. Bitte kontaktieren Sie mich, ich gebe ein Snickers aus!“ In 25 Jahren Arbeit in der IT hat sich niemand bei mir gemeldet.
- *IT-Konzept – sechs Monate:* Die SAP-Profis brauchten dann ein weiteres halbes Jahr, um ein IT-Konzept zu schreiben. Das war jedes Mal sehr technisch und beschrieb, wie die Anforderungen innerhalb des SAP-Systems umgesetzt werden konnten. Es ging um SAP-Funktionen, SAP-Methoden, das entsprechende Customizing der SAP-Standard-Software, User Exits, Includes, ABAP-Routinen, BADIs und BAPIs, um technische Erweiterungen und ganz oft um harte Modifikationen, also um Coding-Änderungen an der SAP-Standard-Software.

- *Entwicklung – drei Monate:* Nach einem Jahr konnte es dann endlich mit der Entwicklung losgehen. Drei Monate Entwicklungszeit deuten aber schon auf einen sehr kurzen, sehr modernen Ansatz hin. Gezielt wurde auf Erweiterungen verzichtet und viel mit SAP-Standard gearbeitet. In dieser Entwicklungsphase wurden auch SAP-Grundeinstellungen mit dem sogenannten Customizing vorgenommen.
- *Test und Validierung – drei Monate:* Nach einem ausführlichen Entwicklertest durfte der Kunde die Software endlich zum ersten Mal sehen und ausprobieren. Die SAP-Trainer schulten zuerst das „Testing Team“ – die Anwender – und überlegten sich dann mit dem Team die meist prozessbezogenen Testfälle, die drei Monate auf Herz und Nieren überprüft wurden. Aus drei Monaten konnten aber auch sechs Monate werden, wenn das Projekt nicht nahe genug an der SAP-Standard-Software war und die Anwendung modifiziert wurde.

Zwischen jeder dieser Phasen gab es Abnahme-Meetings, zu denen viele Mitarbeiter erschienen, oft auch hochkarätige Manager. Doch diese hatten keine Zeit, um sich die Dokumente mit mehreren hundert Seiten durchzulesen, und so wurden aus der Abnahme oft fünfstündige Marathonsitzungen. Alle neuen Anforderungen, die sogenannten Change Requests, wurden während dieser Phasen grundsätzlich abgelehnt und nach hinten verschoben, in die „Change-Request-Phase“. Die Devise lautete: „Stick to the plan!“ Da waren keine neuen Anforderungen erlaubt: in der Fachkonzeptphase nur selten, in der Entwicklungs- und Testphase überhaupt nicht.

Ich kann meinen Gesprächspartnern die erste ablehnende Reaktion beim Wort „agil“ also gar nicht verübeln. Wir haben jahrelang in Wasserfällen gearbeitet, das war unser bewährtes Vorgehen. So haben wir gedacht, gelebt, gearbeitet.

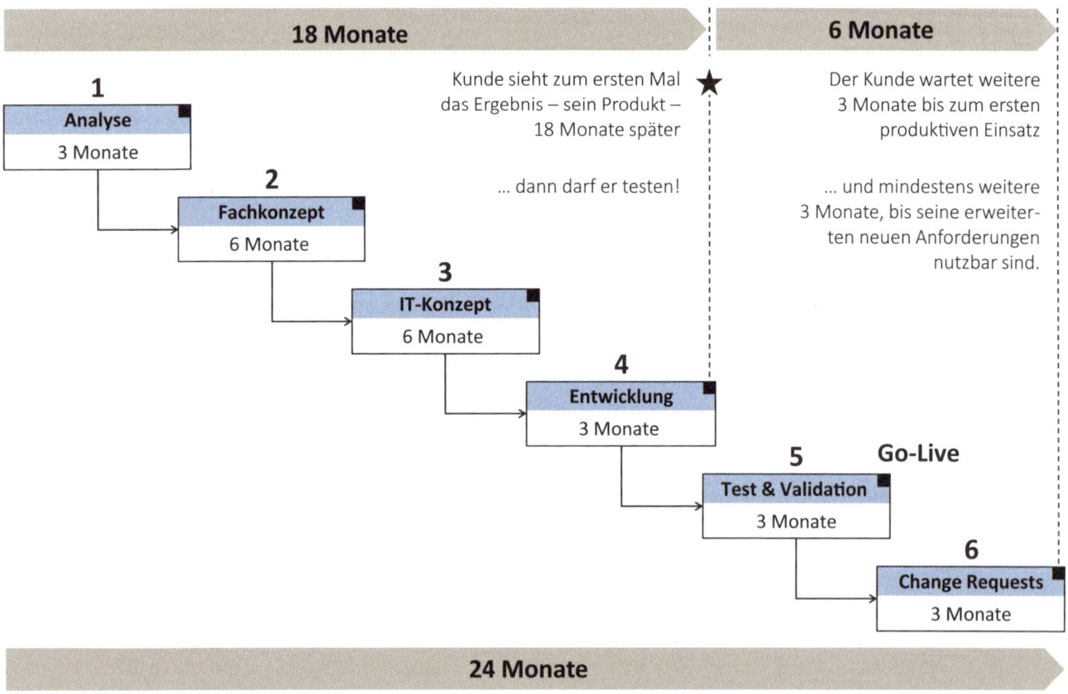

Bild 1.1 Der bisherige Ansatz: Umsetzung von SAP-Projekten gemäß Wasserfall-Denken

Doch heute wissen wir aus diversen Untersuchungen, dass sich in der digitalen Welt jeden Monat mindestens drei Prozent der Anforderungen verändern und überholen. Wenn wir das auf die genannten 18 Monate umlegen, nach denen der Kunde das Ergebnis zum ersten Mal sieht, bedeutet das: 40 Prozent der Anforderungen sind zu diesem Zeitpunkt schon wieder veraltet oder werden nicht mehr gebraucht. Uns SAP-Projektleiter hat das aber nicht interessiert. Was wir hören wollten, war: „in time“ und „in budget“. Darauf waren wir stolz. Die VUCA-Welt existierte für andere, aber nicht für uns. Dass wir viel zu lange brauchten, dass wir Software und Prozesse bauten, die in Teilen niemand mehr benötigte, und dass der Kunde jahrelang auf das Ergebnis warten musste – das war unser SAP-Alltag. Das war normal und die Kunden waren es nicht anders gewöhnt.

Auch wenn heute viele Projekte mit „Dailys“ und „Planning Events“ einen pseudo-agilen Anstrich bekommen, liegt ihnen im Denken noch immer das Wasserfall-Modell zugrunde. Scrum-Master-Zertifizierungen sagen nichts darüber aus, wie agil die persönliche Haltung tatsächlich ist. Vor solchen Projektleitern und Agile Coaches der eigentlich alten Schule möchte ich ausdrücklich warnen. Sie haben nichts dazugelernt und nichts verstanden von der neuen, agilen Welt. Sie haben sich eine Zertifizierung aus geschäftlichem oder beruflichem Kalkül geholt und trauern doch der alten Welt nach. Ich erlebe, wie Sprints und alle anderen agilen Events in Wasserfall-Projekte eingebunden werden und aus einem agilen Framework mit entsprechend geschnittenen User Storys ein „Fake Scrum“ oder „Fake Agile“ wird. Außer den Bezeichnungen ändert sich dabei nichts.

„In time“ und „in budget“ – das ist noch immer das vorherrschende Denken. Die wichtigste Frage, nämlich jene nach dem Nutzen der Software, spielt keine Rolle. Deshalb werden die schön beschriebenen Funktionen der Standard-Software einfach umgesetzt, ohne den Nutzen zu hinterfragen. Das Ergebnis: 60 Prozent der Software werden angepasst und eingeführt, aber nicht wirklich gebraucht. Das wäre alles nicht so schlimm, aber: Jedes Modul in SAP, das freigeschaltet, angepasst und eingeführt wird, muss gewartet werden – ob wir das wollen oder nicht. Diese Wartungs- und Betriebskosten müssen von irgendwem bezahlt werden. Deswegen blicken viele Unternehmen sorgenvoll auf das Jahr 2027: Die Wartung der aktuellen SAP-ERP-Software endet dann – sie wird nicht mehr gepflegt und weiterentwickelt. „S/4HANA“ lautet das neue Zauberwort.

Spätestens dann werden die Sünden der vergangenen Jahre offenbar. Bei jedem der sogenannten Migrationspfade werden uns die Modifikationen und Z-Programme – die nichts anderes als Modifikationen sind – um die Ohren fliegen. Wer jetzt noch an der alten Welt festhält, wird entweder am gewählten S/4HANA-Migrationspfad scheitern oder den gleichen Funktionsumfang wie früher aktivieren – ohne zu merken, dass er ihn gar nicht braucht.

Warum das Wort „agil“ so viel Widerstand auslöst? Weil oft einfach der Mut fehlt, etwas wegzulassen, das gar nicht genutzt wird. Stellen wir die Aussagen, in denen sich dieser fehlende Mut widerspiegelt, einfach mal auf den Prüfstand.

SAP ist viel zu komplex

Seit sich das agile Arbeiten in der IT-Szene durchgesetzt hat, höre ich das Argument, SAP sei viel zu komplex, um nach einem zweiwöchigen Sprint dem Kunden etwas wirklich Nutzbares zeigen zu können. „Lass uns das drei bis vier Monate untersuchen, ein IT-Konzept schreiben und dann mit dem Programmieren beginnen. Das dauert noch.“

Dieses Komplexitätsdenken ist mir schon vor zehn Jahren begegnet und es begegnet mir heute noch immer. Damals durften wir das Wort „Scrum“ gar nicht erwähnen und schon gar nicht durften wir offiziell mit Scrum arbeiten. Erst wenn ein Projekt zu scheitern drohte und um Hilfe gerufen wurde, dann war Scrum erlaubt. Ich bezeichnete Scrum dann eben undercover als „den Weg der kleinen Schritte“.

Wir entwickeln nicht!

Der Scrum Guide von Jeff Sutherland und Ken Schwaber sowie viele andere Publikationen, Trainings und Videos zum Thema Scrum haben eine entscheidende Schwäche: Sie sprechen immer von Produkt*entwicklung*, Software*entwicklung* etc. Selbst die großen agilen Erklärer arbeiten immer noch mit den gleichen simplifizierten Beispielen: „Wir entwickeln einen Kundenstamm“, „Wir entwickeln einen Artikelstamm“, „Wir entwickeln einen Benutzerstamm“.

Jedem SAP-Projektleiter und SAP-Berater stellt es dabei die Nackenhaare auf. Aus ihrer – und auch aus meiner Sicht – passen diese Beispiele nicht. Ich finde sie sogar doof. Die SAP-Standard-Software kann das alles schon. Nur äußert selten werden Funktionen komplett neu entwickelt. Also: „Scrum ist nichts für uns. Es passt nicht.“

Erst im September 2017 stellten Sutherland und Schwaber klar, dass mit „Entwicklung“ nicht nur das Programmieren gemeint ist, sondern alle Arten von komplexer Arbeit. Das liest sich im deutschen Scrum Guide so (Schwaber, Sutherland 2017, S. 4):

> *„Scrum wurde ursprünglich dazu entwickelt, um Produkte zu managen und zu entwickeln. Seit den frühen 1990er-Jahren wird Scrum weltweit ausgiebig genutzt zur:*
>
> - *Erforschung und Identifizierung rentabler Märkte, Technologien und Produktfähigkeiten;*
> - *Entwicklung von Produkten und Verbesserungen;*
> - *Auslieferung von Produkten und Verbesserungen auch vielfach pro Tag;*
> - *Entwicklung und Aufrechterhaltung von Cloud-Umgebungen (online, sicher, on-demand) und anderer Produktivumgebungen sowie*
> - *Erhaltung und Erneuerung von Produkten.*
>
> *Scrum wird verwendet, um Software, Hardware, Embedded Software, Netzwerke von interagierenden Funktionen und autonome Fahrzeuge zu entwickeln. Scrum wird aber auch in Schulen, Regierungs- und Marketingprojekten genutzt, zur Verwaltung von Organisationen und der Entwicklung von fast allem, was wir in unserem täglichen Leben als Einzelpersonen und als Gesellschaften verwenden. (...)*
>
> *Wenn die Wörter ‚entwickeln‘ und ‚Entwicklung‘ im Scrum Guide verwendet werden, beziehen sie sich auf komplexe Arbeit, wie z. B. die oben beschriebenen Typen.“*

Erst mit dieser Klarstellung wurde das „Ja, aber ...“ von den Erfindern von Scrum endlich schriftlich entkräftet. Im Scrum Guide 2020 findet sich dieser explizite Hinweis nicht mehr. Aber der Guide wurde sprachlich so überarbeitet, dass die Prinzipien von Scrum allgemeingültig auf jegliche Form von komplexer Arbeit anwendbar sind. Im Vorwort steht zu lesen (Scrum Guide 2020, S. 1): *„We follow the growing use of Scrum within an ever-growing complex world. We are humbled to see Scrum being adopted in many domains holding essentially complex work, beyond software product development where Scrum has its roots.“*

SAP-Projekte sind zu groß für Scrum

SAP-Projekte sind mächtig, mit vielen Teams und unterschiedlichen Schwerpunkten, mit einem hohen Grad an notwendigen Integrationen - zum Beispiel zwischen Logistik, Finanzen und/oder Controlling - und meist auch mit komplexen Anforderungen an das Reporting. Und bei all den komplexen Aufgabenstellungen soll vielleicht noch mit mehreren agilen Teams gearbeitet werden?

Der Scrum Guide beschreibt lediglich, wie man mit einem einzigen Team arbeitet. Um auf Modelle für die Skalierung zu stoßen, muss man sich schon etwas intensiver mit dem Thema beschäftigen. Aber es gibt sie, die Skalierungsmodelle, und auch in diesem Buch werde ich beschreiben, wie aus Sagas und Epics doch noch User Storys werden und wie man mit 10, 20 oder 30 Teams agil arbeiten kann.

Gerade in großen und komplexen Projekten kommen die Vorteile von agilen Arbeitsweisen zum Tragen. Eine Anforderung an ein Produkt wird in kleine Einheiten zerlegt. Diese Einzelteile werden priorisiert und reihum fertiggestellt. Das ist einfach schneller und zuverlässiger als das Wasserfallvorgehen.

In Scrum gibt es keine Planung

Dieses Vorurteil, das ich mit vielen Beispielen widerlegen werde, begegnet mir heute noch immer. Schon für ein einziges SAP-Team, das agil arbeitet, gibt es drei Planungshorizonte auf Tages-, Wochen- und Monatsebene. Wenn mehrere Teams miteinander arbeiten, kommen noch weitere Planungshorizonte hinzu. Planung ist der Motor des agilen Arbeitens und wir planen nicht nur einmal am Beginn eines Projekts, sondern in regelmäßigen Abständen. Die flexible, inkrementelle Planung ist das Prinzip des Sprints, damit wir flexibel auf neue Anforderungen reagieren können.

Die SAP-Helden sind nicht teamfähig

Die SAP-Profis, die Modulspezialisten, die Helden unter den IT-lern - sie lassen sich angeblich nicht in ein Scrum-Team integrieren. Warum bezeichnen wir sie überhaupt als Helden?

In den beschriebenen Wasserfallprojekten gab es immer wieder Situationen, in denen Teams auf einem anderen Kontinent oder in einem anderen Projekt nicht mehr weiterwussten. Jene SAP-Profis, die gleich mehrmals zu solchen Rettungsaktionen erschienen sind, haben dann allmählich den Heldenstatus erreicht. Die Projektleiter wussten ganz genau: „Wenn wir ein Problem mit der Produktionsplanung haben, dann lassen wir Tom einfliegen. Tom weiß, wie es geht.“

Ich war selbst einer dieser Helden und ich gebe zu: Ich habe es geliebt, zu Rettungseinsätzen auf der ganzen Welt zu fliegen. Natürlich Business Class und immer nur direkt. Denn nur wer im Flugzeug von München nach Tokio schlafen kann, ist nach der Landung fit für die Arbeit. Eine Zeitlang war das ein wirklich schönes Leben und das will man auch nicht einfach so aufgeben.

Doch Helden gehen eigene Wege, sie sind nicht sehr teamfähig und teilen ihr Wissen nicht gerne. Sie ziehen in einem Sprint die Aufgaben an sich und werden mit diesen Aufgaben dann oft nicht fertig. Helden erkennen Sie auch daran, dass sie für mehrere Teams arbeiten, ihre Kapazität aufteilen und vom Chef jede Menge Spezialaufgaben bekommen. Oft genügt ein böser Blick des Helden und das Team schweigt. Damit vermasseln die Helden dem Team den Sprint, die Storys, das Commitment und die Velocity.

Der Heldenstatus ist zweifellos ein Problem, doch es lässt sich in den Griff bekommen. Wie das funktionieren kann, werden Sie in Kapitel 4 erfahren.

Scrum funktioniert nicht mit externen Partnern

In SAP-Projekten werden oft externe Profis mit Spezial-Know-how eingekauft, dadurch entstehen neue Teams. Einkäufer und Einkaufsleiter haben mit dem Argument „Scrum funktioniert nicht mit externen Partnern" vollkommen recht. Denn es werden oft die alten Musterverträge eingesetzt und das alte Spiel „Einkäufer vs. Anbieter" gespielt – schon in der Vergangenheit hat das nicht für die beste Stimmung gesorgt und die Denkweise dahinter ist alles andere als agil. Wer glaubt, Werkverträge mit dem günstigsten Anbieter schließen zu müssen, sollte tatsächlich jegliche Form von agiler Zusammenarbeit einfach vergessen. Nicht der billigste Partner steigert die Velocity, sondern derjenige, der das agile Arbeiten verstanden hat, es mit seinem Team lebt und Spaß daran hat.

Nun wird das Ganze vor allem in Deutschland noch ein Stück schwieriger. Hinter dem schönen Wort „Arbeitnehmerüberlassungsgesetz" (AÜG) versteckt sich eine Regelung aus den 1970er-Jahren, die erst 2017 angepasst wurde. Das heißt aber nicht, dass dieses Gesetz deswegen modern wäre und agile Arbeitssituationen berücksichtigen würde. Es schützt externe Mitarbeiter auf eine so komplexe Art, dass Klagen auf Einstellung beim Auftraggeber – auf Basis des Gleichstellungsgrundsatzes – immer wieder Erfolg haben. Deshalb habe ich ein gewisses Verständnis für die Rechtsabteilungen von Unternehmen: Sie versuchen, das Unternehmen zu schützen, indem sie die Aussage „Scrum funktioniert nicht mit externen Partnern" immer wieder untermauern. Es soll nie zu einer wirklich agilen Zusammenarbeit kommen. Wenn dann noch die Einkäufer den Preis ins Unerträgliche drücken, ist die selbsterfüllende Prophezeiung gelungen. In der Praxis geht es dann nur noch um die Frage, wie schnell sich der Vertrag mit dem nicht performenden billigsten Anbieter wieder auflösen lässt.

Es geht aber tatsächlich anders bzw. agil. Zusammenarbeit beruht auf einer Partnerschaft zwischen Auftraggeber und externem Anbieter, nicht auf Unterbuttern. In der ersten Phase einer agilen Zusammenarbeit wird gegenseitiges Vertrauen aufgebaut, um das Risiko auf beiden Seiten zu minimieren. Mit neuen Vertragsformen, wie zum Beispiel dem „Agilen Festpreis", gibt es Wege, um sich die Risiken zu teilen – zum Beispiel, indem die ersten Sprints mit zwei oder drei Partnern gestartet werden und erst danach eine endgültige Entscheidung fällt.

Scrum funktioniert nicht mit weltweit verteilten SAP-Teams

Spätestens seit der Corona-Krise wissen wir: Arbeit *muss* ganz einfach mit verteilten Teams funktionieren – Unternehmen müssen eben Wege dafür finden und die Voraussetzungen schaffen. Grundsätzlich funktioniert Agilität mit weltweit verteilten Teams sehr gut, dafür gibt es inzwischen genügend Belege. Aufgrund der unterschiedlichen Zeitzonen, Sprachen und Kulturen ist es aber eine Situation, die klar eine Herausforderung darstellt und in jeder Organisation individuell gelöst werden muss. Gerade in SAP-Projekten muss dafür auch die vertragliche Basis stimmen.

Die Remote-Arbeit mit weltweit verteilten Teams ist aber in SAP-Projekten sehr gut möglich. Die Erfahrungen, die ich damit seit vielen Jahren mache, sowie das Wissen zu passenden Praktiken und Tools gebe ich in diesem Buch weiter. Eine wichtige Voraussetzung für die verteilte Zusammenarbeit ist, dass sie auf den Werten von Scrum basiert: Offenheit, Mut, Respekt, Commitment, Fokus.

Ich kann alle genannten Argumente, warum Scrum und SAP-Projekte nicht zusammenpassen, sehr gut nachvollziehen. Da ich es seit Jahren erfolgreich anders mache, kann ich Ihnen sagen: Und es passt doch zusammen. Wer den Schritt wagt und sich mit Offenheit darauf einlässt, kann Großes erwarten. Wenn ich mir sämtliche agil abgewickelten SAP-Projekte in meiner Karriere ansehe, kann ich guten Gewissens sagen:

Wir haben in den meisten Projekten das Doppelte in der vorgegebenen Zeit erreicht.

Das bedeutet, dass diese Projekte um den Faktor 2 bis 3 schneller abgeschlossen waren. Das spart richtig Geld und dabei werden die wichtigen Ressourcen, zum Beispiel die teuren Helden, richtig eingesetzt.

Vielleicht denken Sie jetzt: „Der spinnt doch." Nun, ich kann Ihnen nur meine Erfolgsgeheimnisse und besten Tipps weitergeben. Irgendwo auf der Welt wird es immer Kollegen und agile Teams geben, die es sogar noch besser hinkriegen. Daher beschreibe ich in diesem Buch nicht die besten, sondern ganz einfach meine „guten Praktiken": für den Aufbau eines neuen Teams, aber auch für die Arbeit mit bereits länger bestehenden Teams sowie für die Skalierung. Probieren Sie die Vorschläge aus – vielleicht erst mal als Experiment für zwei, drei oder vier Sprints. Danach suchen Sie in der Retrospektive nach Verbesserungen oder sogar besseren Ansätzen. Seien Sie sich einfach im Klaren, dass die Hälfte der agilen Experimente schief geht. Haben Sie den Mut, gescheiterte Experimente zu beenden und neue zu beginnen.

1.2 Was SAP so speziell macht

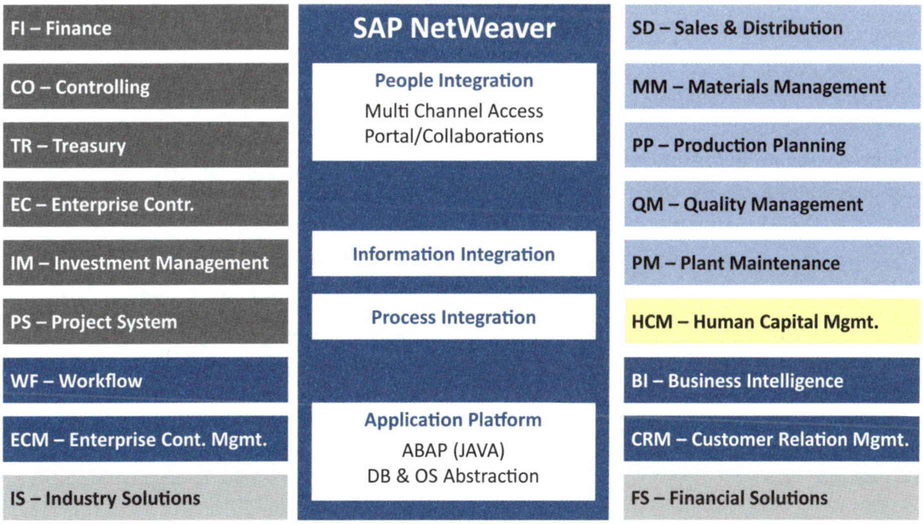

Bild 1.2 Überblick über die SAP-Module

Die Systeme von SAP waren zweifellos ein Meilenstein im Bereich der ERP-Software, den Anwendungen für alle unternehmerischen Aufgaben. Die einzelnen SAP-Module sind sehr eng miteinander verknüpft: Die Daten und Informationen müssen daher nicht mehrmals erfasst und auch nicht mehrfach in den Datenbanken abgespeichert werden.

Ein Beispiel: Wenn Waren an einen Kunden geliefert werden, umfasst das unter anderem die Schritte Lieferungserstellung, Kommissionierung und Warenausgangsbuchung. Fast gleichzeitig werden im SAP-System alle Informationen in den Lägern, auf den Bestandskonten, in den Finanzkonten und in den Reporting-Systemen aktualisiert. Die allgemeinen Daten zu diesem Vorgang – zum Beispiel Informationen über den Kunden, wie Kundennummer, Adresse und Steuerdaten – werden nur einmal im System gespeichert und stehen dem Vertrieb, dem Verkauf, dem Lager und der Buchhaltung übergreifend zur Verfügung. Wir sprechen von einem sogenannten „nahtlosen Datenfluss". Dadurch sind zwischen den einzelnen Modulen keine Softwareschnittstellen mehr notwendig, diese würden nur einen zusätzlichen Wartungsaufwand benötigen und damit höhere Kosten verursachen. Das Beispiel in Bild 1.3 zeigt den Datenfluss (Document Flow) von einer Kundenanfrage zu einem Angebot an den Kunden, der dann zum Auftrag wird. Es wird eine Lieferung erstellt, der Warenausgang gebucht und die Rechnung erzeugt.

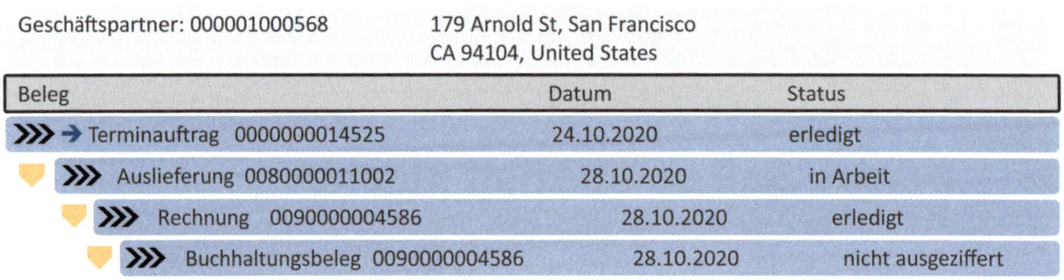

Bild 1.3 Datenfluss in einem SAP-System

Für wirklich alle Unternehmen ist ein SAP-System nur in der Standardversion gleich, die von SAP ausgeliefert wird oder beim ersten Zugriff auf die Cloud zur Verfügung steht. Mit Hilfe von Customizing und ABAP-Programmierung oder Native SQL kann das System an die jeweiligen Kundenbedürfnisse angepasst werden. Einem System können beliebig viele Transaktionen hinzugefügt werden.

Um ein SAP-System an unternehmensindividuelle Prozesse anzupassen, sind gewisse Grundeinstellungen notwendig – das „SAP Grund-Customizing". Je umfangreicher die Prozesse, desto umfangreicher ist auch das Customizing. Für SAP ERP und SAP S/4HANA gibt es mehrere Möglichkeiten der Anpassung, zum Beispiel Customizing, User Exits, Z-Programme, Methoden und Modifikationen.

SAP Customizing

SAP-Standard-Software zeichnet sich durch ein hohes Maß an Flexibilität und Erweiterbarkeit aus und diese Möglichkeit wird in nahezu allen Unternehmen auch genutzt. Die Änderungen können durch eine Erweiterung der Codebasis vollzogen werden oder mit Hilfe des Customizings (Transaktion SRPO). Als Customizing wird das Anpassen der benötigten Grundeinstellungen bezeichnet, die im SAP-Standard mitgeliefert werden. Bei jeder SAP-Einführung ist das Customizing der erste Schritt der Anpassung und eine Vorbereitung. Dafür ist fast keine Programmierung notwendig, denn die Anpassung wird Schritt für Schritt über den Implementation Guide (IMG), den Einführungsleitfaden, vorgenommen (Bild 1.4).

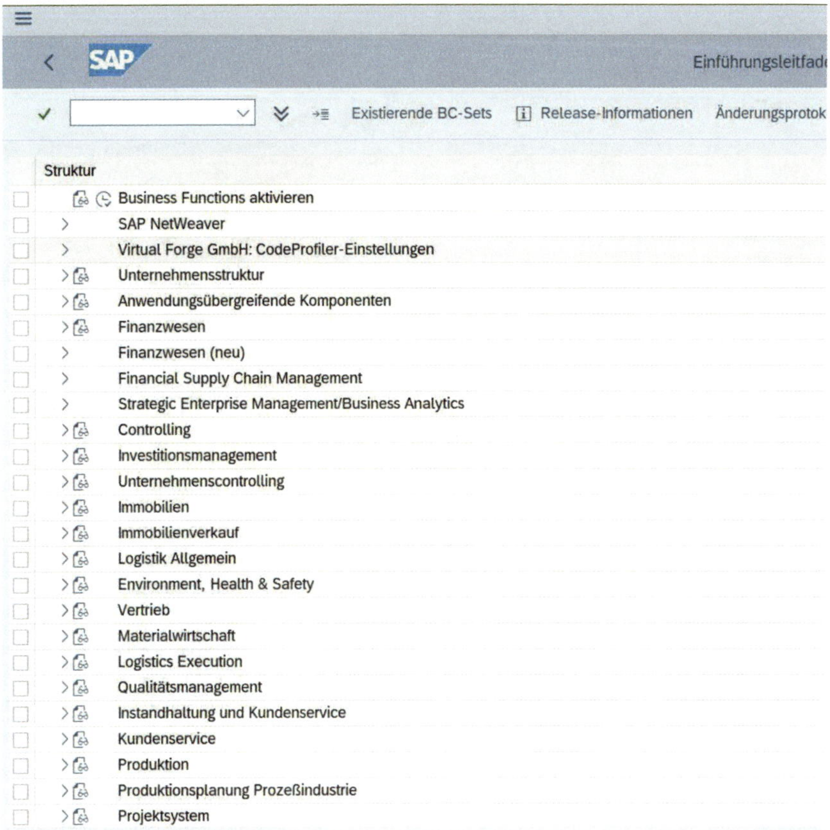

Bild 1.4 Ausschnitt aus dem SAP-Einführungsleitfaden

Das Beispiel zeigt einen Auszug mit den Grundfunktionen für Vertrieb und Preisfindung. Die erwähnte Einschränkung, dass fast keine Programmierung notwendig ist, beruht auf der „Kopiersteuerung". Das ist der letzte Punkt auf der Seite des Einführungsleitfadens: Hier können ggf. kleine Programmierungen mit der SAP-eigenen Programmiersprache ABAP, sogenannte ABAP-Routinen, notwendig werden, um alle Anforderungen zu erfüllen.

Bild 1.5 zeigt die ersten Schritte des Customizings einer Verkaufsorganisation, der verkaufenden Einheit im SAP: Es werden die Vertriebswege angelegt und den Werken, den produzierenden Einheiten, zugeordnet. Im letzten Schritt wird die Verkaufsorganisation dem Buchungskreis zugeordnet, der die Verbindung in das Finanzwesen darstellt.

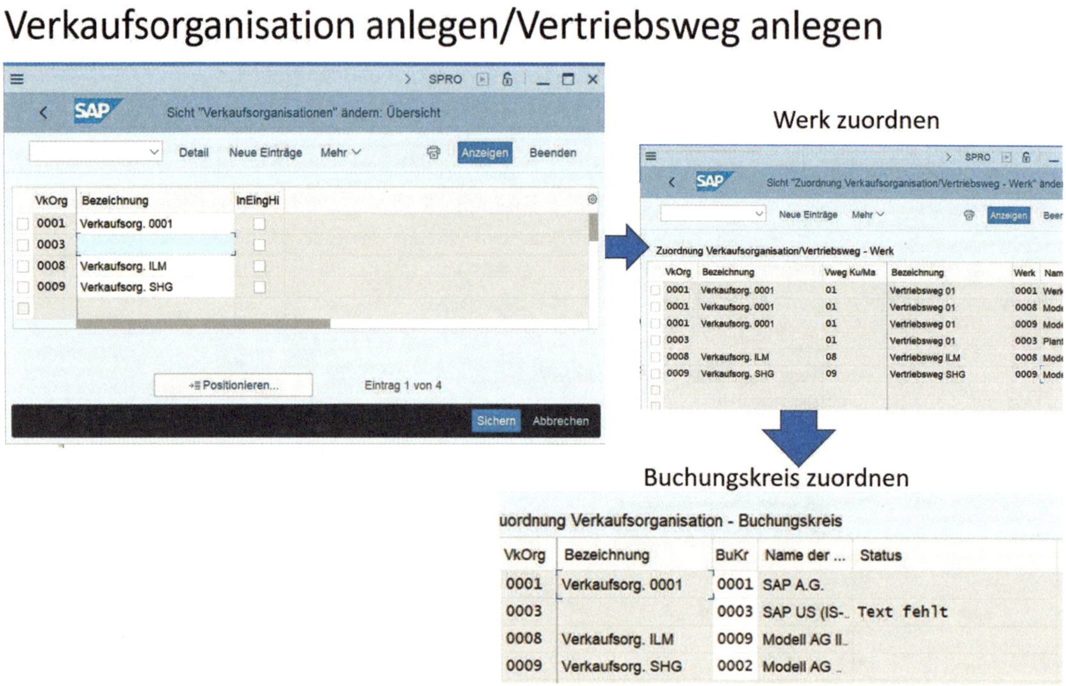

Bild 1.5 Schritte im Customizing einer Verkaufsorganisation

User Exits

Erweiterungen an der SAP-Standard-Software werden im allgemeinen Sprachgebrauch von SAP-Projekten als „User Exits“ bezeichnet. Der Einfachheit halber verwende ich diese Bezeichnung für alle kundenspezifischen Erweiterungen, die es in SAP gibt. Dabei handelt es sich um vordefinierte Erweiterungspunkte, die von SAP mitgeliefert werden: zum Beispiel, um eigene Felder in die Verkaufs- und Einkaufsbelege einzupflegen (etwa über die Integration des User Exits „MM06E005“).

Wann immer es möglich ist, sollten diese vorgesehenen Absprungpunkte genutzt werden, damit Kunden ihr Coding einfügen können. Anders als beim Customizing können diese nicht ohne fundiertes Entwicklungs- oder ABAP-Know-how angepasst werden, sondern müssen von einem ABAP-Entwickler in das jeweilige Programm integriert werden.

Z-Programme

Das Z (oder auch Y) steht nicht für ein bestimmtes SAP-Modul, sondern kennzeichnet Programme, die vom Kunden selbst programmiert oder kopiert und erweitert und dem System hinzugefügt werden. Solche Reports in der Z-Namensumgebung werden meistens von einem SAP-Dienstleister individuell für einen Kunden entwickelt, um seine Abläufe und Prozesse zu optimieren. Ein Z-Programm ist in seiner Größe und Komplexität nicht eingeschränkt. Es können sogar in sich geschlossene Produkte, eine Art Add-on für das SAP-ERP-System entwickelt werden.

Z-Programme müssen oftmals von Grund auf neu entwickelt werden. Aus Sicherheitsgründen hat ein SAP-Entwickler jedoch keine Möglichkeit, Reports anzupassen oder zu verändern. Er braucht einen sogenannten „Entwicklerschlüssel“, um das Coding im SAP-ERP-System verändern zu können. Mit diesen Sicherheitsvorkehrungen wird vermieden, dass ungewollt Fehler im System auftreten oder das System sogar lahmgelegt wird.

Modifikationen

SAP-Programme werden von SAP mit Quellcode ausgeliefert und können deshalb auch modifiziert werden. Das ist allerdings nicht empfehlenswert, da der SAP-Quellcode dadurch direkt verändert wird. Grundsätzlich sind Modifikationen erlaubt, allerdings nur mit einem Objektschlüssel von SAP, durch den der Anbieter die Änderungen genau nachvollziehen kann. Außerdem wird eine detaillierte Dokumentation der Änderungen vorausgesetzt. Bei jedem Upgrade auf eine neue SAP-Version kann es deshalb zu Problemen kommen, denn wenn SAP die betreffenden Programme verändert hat, werden die Kundenmodifikationen einfach überschrieben. Die Modifikationen müssen dann mit Hilfe der SAP-Transaktion „SPAU“ nachgezogen werden, was ein langwieriges und sehr schwieriges Unterfangen ist. Zusätzlich zu diesen Hürden kann SAP die Hilfestellung und Wartung des Systems verweigern, wenn es modifiziert wurde - und das umfasst auch alle nichtmodifizierten Objekte. Daher sollten Modifikationen nur vorgenommen werden, wenn es wirklich keine andere Möglichkeit gibt.

Integration individueller Anpassungen im SAP-ERP-System

Unternehmen, die ein SAP-ERP-System verwenden, verfügen in der Regel mindestens über eine 2-System-Landschaft, meistens sogar über eine 3-System-Landschaft.

> Als „Systemlandschaft“ wird die Gesamtheit aller installierten SAP-Systeme in einem Unternehmen bezeichnet. Diese Systeme können durch Transportwege miteinander verbunden sein. Eine 3-System-Landschaft besteht aus einem Entwicklungssystem (DEV), einem Qualitätssicherungssystem (QAS) und einem Produktivsystem (PRD). In der 2-System-Landschaft fehlt das separate QAS (vgl. *help.sap.com*).

Eine wichtige Rolle spielt natürlich die Größe des Unternehmens. Größere Unternehmen, die stark von funktionierenden Systemen abhängig sind, besitzen meistens eine 3-Systemlandschaft. In einer agilen SAP-Systemlandschaft können wir schnell mit den entsprechenden Tools aus dem Produktivsystem ein weiteres System mit selektierten Testdaten generieren und für gezielte Prozesstests zur Verfügung stellen.

Wenn nun kundenspezifische Anwendungen - also die erwähnten „Z-Programme“ und User Exits - erstellt oder ergänzt werden, führen die SAP-Entwickler die notwendige ABAP-Programmierung auf dem Entwicklungssystem durch. Um den Report mit echten Daten zu überprüfen, werden diese Entwicklungen anschließend auf das Qualitätssicherungssystem gespielt. Dieses Qualitätssicherungssystem sollte durch regelmäßige Mandantenkopien des Produktivsystems auf dem neuesten Datenstand sein, damit die Neuentwicklung unter realen Bedingungen getestet werden kann. Nur so lassen sich frühzeitig mögliche Fehler erkennen, ohne die Arbeit auf dem Produktivsystem zu beeinflussen.

Alle möglichen Einsatzszenarien können in der Testphase aber nur durchgespielt werden, wenn die Endanwender einbezogen werden. Ist das Z-Programm ausgiebig getestet und sind keine Komplikationen aufgetreten, kann der Entwickler das Programm auf das Produktivsystem spielen. Alle berechtigten Anwender können nun mit der individuell angepassten Lösung arbeiten.

Was ist nun der Vorteil einer individuellen Anpassung von SAP-ERP-Systemen? Der offensichtlichste Vorteil ist natürlich, dass jedes Unternehmen spezifische Prozesse hat, die es abbilden will. Ein Maschinenbauunternehmen bildet andere Prozesse in seinem SAP-System ab als ein Großhandelsunternehmen. Komplexe Prozesse machen den Geschäftsalltag unnötig schwer und genauso das Arbeiten mit dem SAP-ERP-System. Durch die Anpassungen können diese Prozesse vereinfacht werden, denn bestimmte Aktionen oder Abläufe können durch individuell erstellte Befehle im Hintergrund stattfinden. Durch die Automatisierung wird Zeit gewonnen, weil die Arbeit der Anwender beschleunigt wird: Es müssen zum Beispiel weniger Transaktionen zusammengeklickt und weniger Felder manuell ausgefüllt werden – das SAP-System holt die Informationen durch Befehle einfach ein.

So, und damit wären wir wieder beim Thema Geschwindigkeit. Wollen Sie wirklich 18 Monate darauf warten, bis Sie die gewünschten Änderungen an Ihrem SAP-System zum ersten Mal ausprobieren können, und 24 Monate, bis Sie mit dem System endlich produktiv arbeiten können? Möglicherweise haben sich die einst so wichtigen Anforderungen längst geändert. Doch falls Sie einen Change Request haben: Richten Sie sich auf einige weitere Monate des Wartens ein. Für Ihr Unternehmen ist das ein Nachteil, denn unsere Welt ist heute VUCA.

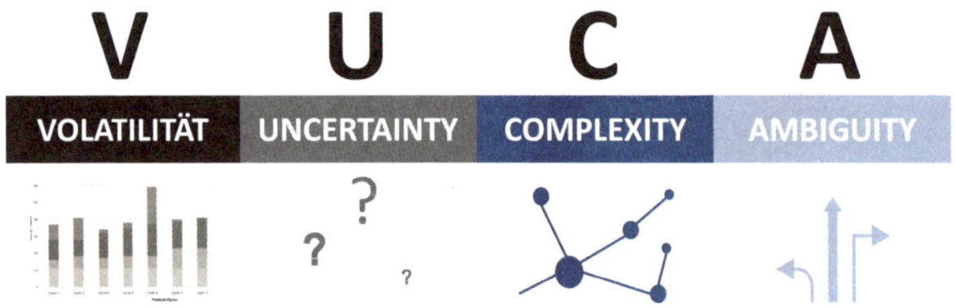

Bild 1.6 Die vier Eigenschaften der VUCA-Welt

Hinter diesem Akronym verstecken sich die Faktoren, die es für Unternehmen notwendig machen, agile Marktteilnehmer zu sein. Unsere Welt ist volatil, unsicher, komplex und mehrdeutig. Das passt nicht mit Projektmanagern zusammen, die ein SAP-Projekt mit der Wasserfallmethode bewältigen wollen. Denn wenn wir davon ausgehen, dass sich pro Monat drei Prozent der Anforderungen verändern, ist bis zum Ende des Projekts die Hälfte aller Anforderungen obsolet.

Klar, der Projektmanager kann sich auf die Schulter klopfen, wenn er „in time" und „in budget" geliefert hat. Das sind seine KPIs, an denen er gemessen wird oder zumindest an denen er in der Vergangenheit gemessen wurde. Einem Unternehmen, das dafür Geld zahlt, ist aber nicht zu helfen – es zahlt nämlich Wartungskosten für weite Teile einer Software und von Prozessen, die zwar entwickelt wurden, aber nicht gebraucht werden. Es zahlt viel Geld für eine Menge Schrott. Fast zynisch ist es dann, am Ende des Projekts mit viel Getöse eine „Lessons-learned-Session" abzuhalten. Klasse – ein eintägiger Workshop, der in der

Lean-Management-Diktion nichts als „Waste“ ist. Die Erkenntnisse kommen nämlich viel zu spät und interessieren am Ende des Projekts wirklich niemanden mehr.

Die Antwort auf VUCA kann nur VUCA lauten:

Vision	Vision
Understanding	Verstehen
Clarity	Klarheit
Agility	Agilität

Mit dem agilen Framework Scrum und mit Scrum@Scale können wir den Herausforderungen der VUCA-Welt auch in SAP-Projekten begegnen:

> **Wir priorisieren alle zwei Wochen neu, legen einen zweiwöchigen Sprint hin und übergeben dem Kunden nach diesen zwei Wochen nutzbare Software!**

2 Die Grundlagen von Scrum

Inzwischen gibt es viele Bücher über Scrum, in denen das Rahmenwerk (Framework) in allen Details beschrieben wird. Dieses Rahmenwerk setzt sich aus dedizierten Rollen, Ereignissen, Artefakten und Regeln zusammen. Ich möchte mich auf die wichtigsten Begriffe für das Arbeiten mit Scrum konzentrieren, die wir für die Tipps und Tricks im Laufe der folgenden Kapitel brauchen werden. Bei den Begrifflichkeiten halte ich mich sehr eng an den Scrum Guide (Schwaber, Sutherland 2017 und 2020).

Erlauben Sie mir eine Anmerkung zum Scrum Guide 2020: Dieser „Happy Birthday Scrum Guide" anlässlich des 25-Jahre-Jubiläums von Scrum wird wohl als „Short Scrum Guide" in die Geschichte eingehen. Der Guide wurde von 23 auf 13 Seiten gekürzt. Dadurch wurde manches klarer und unmissverständlicher, um Scrum - berechtigterweise - endgültig aus der IT-Ecke zu holen und für die Anwendung in den unterschiedlichsten Bereichen zu öffnen. Leider wurden dabei aber auch viele hilfreiche Erklärungen einfach gestrichen, obwohl sie nach wie vor ihre Gültigkeit haben und für das Verstehen der Funktionsweise essenziell sind. Für das bessere Verständnis von Scrum habe ich in diesem Buch daher im Wesentlichen die Erklärungen aus der Vorgängerversion, dem Scrum Guide 2017, beibehalten.

In Kapitel 1 habe ich gesagt, dass eines der gängigsten Argumente gegen die Kombination von Scrum und SAP lautet: „Wir entwickeln nicht!" Ich persönlich hätte die Klarstellung von Ken Schwaber und Jeff Sutherland, dass Scrum nicht nur für die Softwareentwicklung nutzbar ist, nicht gebraucht. Seit Jahren habe ich Scrum für mich ohnehin etwas weiter definiert.

Meine persönliche Scrum-Definition

Scrum ist ein Modell für die Entwicklung, Auslieferung und Erhaltung komplexer Produkte. Sehr oft handelt es sich dabei um IT-Produkte, Programme und Prozesse. Mit Hilfe von Scrum lassen sich komplexe Aufgabenstellungen bewältigen und Produkte mit dem höchstmöglichen Wert für den Kunden liefern.

Scrum ist kein Prozess, keine Technik und auch keine vollständige Methode.

Es ist ein Rahmenwerk (engl. Framework), das mit verschiedenen Prozessen und Techniken kombiniert werden kann. Scrum zeigt seine Wirksamkeit dadurch, dass kontinuierlich *wert*volle Produkte und Lösungen fertiggestellt und diese Produkte ausgeliefert werden können. Die Komponenten des Modells, das ausführende Team und die Arbeitsumgebung werden ständig verbessert.

2.1 Was Scrum wirksam macht

Teams, die mit Scrum arbeiten, haben einen wesentlichen Vorteil: Sie erkennen Risiken im Entwicklungsprozess früher, können die Risiken daher gezielt reduzieren und früher für den Kunden wertvolle Software liefern. Das Prinzip dahinter lautet „empirische Prozesssteuerung“. Das bedeutet, dass durch regelmäßige Reflexion der Erfahrungen wichtiges Wissen gewonnen wird. Entscheidungen können auf diese Weise auf Basis eines aktuellen Wissensstands getroffen werden. Deshalb werden in Scrum ständig kurze Zyklen – Iterationen oder Sprints – durchlaufen: Die Prognosesicherheit wird optimiert und das Risiko, am Ende der Entwicklung ein nicht mehr passendes Produkt zu liefern, sinkt deutlich.

Die empirische Prozesssteuerung wird in Scrum von drei Säulen getragen (vgl. Schwaber, Sutherland 2020):

1. **Transparenz (transparency):** Für jede beteiligte Person muss nachvollziehbar sein, wie Ergebnisse zustande kommen. Eine wesentliche Bedingung für Transparenz ist, dass alle Involvierten das gleiche oder zumindest ein ähnliches Verständnis zu den Werten, Rollen, Ereignissen und Artefakten des Scrum-Frameworks haben. Einigkeit sollte in einem Scrum-Team vor allem darüber herrschen, wann ein Produktinkrement als „fertig“ oder „done“ bezeichnet werden kann.
2. **Überprüfung (inspect):** Agilität bedeutet ein ständiges Anpassen an Veränderungen. Diese Anpassung kann nur passieren, wenn der Prozess selbst und dessen Fortschritte regelmäßig reflektiert werden. Nur so kann das Team erkennen, ob es vom Ziel eines Sprints abweicht oder noch auf Kurs ist.
3. **Anpassung (adapt):** Während der Arbeit an einem Produkt können sich die Rahmenbedingungen oder die Bedürfnisse der Kunden verändern. In diesen Fällen muss sich ein Scrum-Team entsprechend neu orientieren. Anpassung kann aber auch erforderlich werden, wenn die Überprüfung ergibt, dass der Prozess in seinen aktuellen Abläufen nicht zielführend ist oder wenn es in der Zusammenarbeit im Team hakt.

Jeff Sutherland und Ken Schwaber haben vier Formate entwickelt, mit deren Hilfe diese ständige Überprüfung und Anpassung stattfinden kann: Sprint Planning, Daily Scrum, Sprint Review und Sprint Retrospektive. Diese Formate sehen wir uns an späterer Stelle genauer an.

Die Werte von Scrum – der FROCC

Im Scrum Guide 2017 findet sich folgende Aussage:

> *„Wenn die Werte Selbstverpflichtung, Mut, Fokus, Offenheit und Respekt durch das Scrum-Team verkörpert und gelebt werden, werden die Scrum-Säulen Transparenz, Überprüfung und Anpassung lebendig und bauen bei allen Beteiligten Vertrauen zueinander auf. Die Mitglieder des Scrum-Teams lernen und erforschen diese Werte, indem sie mit den Ereignissen, Rollen und Artefakten arbeiten.*
>
> *Der erfolgreiche Einsatz von Scrum beruht darauf, dass alle Beteiligten kompetenter bei der Erfüllung dieser fünf Werte werden. Sie verpflichten sich persönlich dazu, die Ziele des Scrum-Teams zu erreichen. Die Mitglieder des Scrum-Teams haben den Mut, das Richtige zu tun und an schwierigen Problemen zu arbeiten. Jeder fokussiert sich auf die Arbeit im*

Sprint und die Ziele des Scrum-Teams. Das Scrum-Team und seine Stakeholder sind sich einig, offen mit allen Belangen ihrer Arbeit und den damit verbundenen Herausforderungen umzugehen. Mitglieder von Scrum-Teams respektieren sich gegenseitig als fähige, eigenverantwortliche Individuen.“

Auch wenn die fünf Werte im Scrum-Guide erwähnt wurden, blieb doch oft unklar, was sie im Kontext von Scrum genau bedeuten. Deshalb fällt es selbst Teams und Scrum Mastern, die schon länger mit Scrum arbeiten, meistens schwer, die Frage zu beantworten.

Im Laufe der Jahre habe ich mir daher eine kleine Eselsbrücke bzw. eine Froschleiter zurechtgelegt, mit der ich Scrum-Teams bei den Werten auf die Sprünge helfen kann: den FROCC.

F wie Fokus

Das bestmögliche Ergebnis lässt sich in einem Sprint erreichen, wenn sich alle Mitglieder eines Scrum-Teams auch wirklich auf das Ziel konzentrieren (können). Daher muss das Sprintziel zunächst klar und unmissverständlich von Entwicklungsteam, Scrum Master und Product Owner ausgehandelt und ausformuliert werden. Während des Sprints hat in erster Linie der Scrum Master dafür zu sorgen, dass das Entwicklungsteam nicht durch die Wünsche einzelner Personen oder durch zusätzliche Aufgaben von seinem Ziel abgelenkt wird. Und Wünsche an die Entwicklungsteams gibt es massenhaft! Doch jede Bitte, kurz einmal auszuhelfen, wird wertschätzend, aber konsequent abgelehnt. Der Scrum Master achtet also darauf, dass nur Aufgaben (auch Tasks genannt) erledigt werden, die dem Sprint-Ziel dienlich sind. Die Kunst liegt darin, die Menge der nicht getanen Arbeit zu maximieren!

R wie Respekt

Scrum, Kanban oder agiles Arbeiten im Allgemeinen ist Teamarbeit. Wirklich gut und effektiv können die Mitglieder eines Teams nur zusammenarbeiten, wenn sie einander respektieren. Das bedeutet, die individuellen Grenzen von Menschen zu akzeptieren und zu achten. Wir würdigen die Beiträge der einzelnen Teammitglieder und können damit umgehen, dass es unterschiedliche Meinungen gibt. Eine gute Technik, um das aktive und wertschätzende Zuhören zu üben, ist das Reformulieren: Was der andere gesagt hat, wird vom Zuhörer oder den Zuhörenden mit eigenen Worten noch einmal zusammengefasst. Erst wenn wir lernen, genau zuzuhören, können wir unseren eigenen Standpunkt überdenken.

O wie Offenheit

Offenheit und Respekt gehen Hand in Hand. Wer mit anderen zielführend zusammenarbeiten will, muss dazu bereit sein, vorbehaltlos und vorurteilsfrei deren Argumente und Meinungen zu hören. Offenheit spiegelt sich aber noch in einem weiteren Aspekt wider: in der Bereitschaft des Einzelnen, sich auf neue Praktiken, Techniken, Denkweisen und Experimente einzulassen und diese auszuprobieren. Nur so kann ein Scrum-Team zu neuen Erkenntnissen gelangen.

Voraussetzung für die Offenheit ist natürlich, dass mit Informationen transparent umgegangen wird – ganz gleich, ob es sich dabei um Anforderungen und Features, Hindernisse, Probleme im Team oder den Fortschritt im Sprint handelt. Wenn das gelingt, kann sich die Arbeit im Team kontinuierlich verbessern und damit auch die Ergebnisse der Sprints und die Velocity.

C wie Courage (Mut)

Beherztheit, Schneid, Mut, Unerschrockenheit - Veränderung lässt sich damit viel besser bewältigen. Agilität bedeutet ständige Veränderung und wer sich den damit verbundenen Herausforderungen und Risiken stellen will, braucht jeden Tag Courage. Offenheit für Neues braucht Mut, Respekt vor anderen braucht Mut, sich zu fokussieren und auch einmal Nein zu sagen braucht Mut, und sogar die Selbstverpflichtung, ein Ergebnis zu liefern, braucht Mut.

C wie Commitment (Selbstverpflichtung)

Im Duden wird Commitment als „das (Sich)bekennen, (Sich)verpflichten" übersetzt. Wesentlich interessanter wird es aber, wenn man sich den Ursprung des englischen Worts „Commitment" ansieht. Das lateinische „committere" hat gleich mehrere Bedeutungen: Neben „zusammenbringen, verbinden, zusammenfügen" wurde es bei den alten Römern auch im Sinne von „sich oder etwas jemandem anvertrauen" verwendet. Zu einer Sache ein Commitment abzugeben, stellt also eine Verbindlichkeit her. Diese beruht auf dem Vertrauen, dass derjenige, der das Commitment abgibt, eine Sache nach bestem Wissen und Gewissen erledigen wird.

Ein wesentlicher Aspekt von Scrum ist, dass sich das Team darauf verständigt, innerhalb der Iteration bzw. des Sprints ein bestimmtes Ergebnis zu erzielen. Dahinter steht folgende Erkenntnis: Selbstverpflichtung erhöht die Wahrscheinlichkeit, dass die im Sprint Backlog gefassten Pläne auch umgesetzt werden. Das Commitment des Teams ist ein Versprechen, die genannten Storys zu liefern. Das Commitment wurde in den früheren Scrum Guides „weichgespült" und durch „Forecast" ersetzt. Im Umgang mit meinem Team verwende ich nach wie vor das Commitment: das Versprechen, die Pläne im Sprint konsequent umzusetzen.

2.2 Rollen, Meetings und Artefakte

2.2.1 Die Rollen in Scrum

Zu verstehen, dass Scrum bzw. agile Arbeitsweisen im Allgemeinen nicht durch Command & Control, sondern durch Eigenverantwortung und Reflexionsfähigkeit wirksam werden, ist eine wesentliche Voraussetzung für den Erfolg. In Scrum werden aber auch die Zuständigkeiten und Verantwortlichkeiten sehr klar voneinander unterschieden. In der unskalierten Version von Scrum gibt es vier Rollen: das Scrum-Team, den Product Owner, das Entwicklungsteam und den Scrum Master.

Das Scrum-Team

Beginnen wir mit dem Ganzen: Der Product Owner, das Entwicklungsteam und der Scrum Master bilden zusammen das Scrum-Team. Dieses Team arbeitet selbstorganisiert, das heißt, es entscheidet selbst, wie es seine Arbeit am besten erledigt. Das zweite Merkmal: Ein Scrum-Team ist idealerweise interdisziplinär besetzt. Es verfügt also über alle Kompetenzen, die erforderlich sind, um die Arbeit zu erledigen. Dadurch ist es nicht von externen Experten abhängig.

Der Product Owner

Der Product Owner repräsentiert die wirtschaftliche Seite der Entwicklung von Produkten, Services etc. Er hat darauf zu achten, dass die Ergebnisse des Entwicklungsteams sowohl den Wert für das eigene Unternehmen als auch für den Kunden maximieren. Deswegen ist der Product Owner für das Product Backlog hauptverantwortlich und hat dafür zu sorgen, dass die Einträge auf dem aktuellsten Stand und nach ihrem Wert so sortiert sind, dass das Ziel der Entwicklung erreicht werden kann. Er oder sie hat eine klare Produktvision und kann diese Vision dem Scrum-Team auf inspirierende Art und Weise vermitteln. Jeder, der eine Arbeit vom Entwicklungsteam erledigt haben will, muss zunächst mit dem Product Owner sprechen – und der Product Owner hat den Mut, Nein zu sagen.

Das Entwicklungsteam

Auch das Entwicklungsteam (im Scrum Guide 2020 nur noch als „developers", also „Entwickler" bezeichnet) ist interdisziplinär besetzt, es sind also alle Kompetenzen abgebildet, die gebraucht werden, um fertige Produktinkremente zu liefern. Die unterschiedlichen Kompetenzen gehen aber nicht mit einer Hierarchie innerhalb des Teams einher – das Entwicklungsteam ist ein hierarchiefreier Raum, in dem jeder und jede (sich) selbst führt und geführt wird. Wie das Entwicklungsteam zu diesem Inkrement kommt, ist seine eigene Verantwortung. Für die Qualität des Ergebnisses ist auch nie eine einzige Person verantwortlich, sondern immer das gesamte Entwicklungsteam. Damit es diese Verantwortung wahrnehmen kann, müssen die Organisation und im Speziellen die Führung die Rahmenbedingungen schaffen, in denen Selbstorganisation möglich ist.

Der Scrum Master

Der Scrum Master sorgt dafür, dass das Scrum-Team effektiv und das Entwicklungsteam produktiv sein kann. Wie erreicht der Scrum Master das? Zum einen fördert und unterstützt er Scrum entsprechend dem Scrum Guide. Das heißt, der Scrum Master hilft den Mitgliedern des Scrum-Teams, die Theorie, die Regeln, Praktiken und Werte zu verstehen und das Rahmenwerk dadurch richtig anzuwenden. Damit das Entwicklungsteam während des Sprints den Fokus halten kann, sorgt der Scrum Master dafür, dass auftretende Probleme oder Hindernisse gelöst werden. Was seine Haltung betrifft, ist der Scrum Master also ein „Servant Leader".

Der Scrum Master ist keine Opposition zum Management, doch er deponiert sehr klar, was sein Team für den Erfolg braucht und wie das Management unterstützen kann. Er oder sie hilft den Beteiligten im Umfeld eines Scrum-Teams zu verstehen, welche Interaktionen für das Scrum-Team hilfreich sind und welche nicht. Die positiven Interaktionen fördert der Scrum Master aber natürlich auch innerhalb des Scrum-Teams, indem er zum Beispiel immer dabei unterstützt, Konflikte im Team und außerhalb des Teams zu lösen.

2.2.2 Die Scrum-Artefakte

Bei den Artefakten von Scrum handelt es sich einerseits um Ergebnisse des Sprints und andererseits um Werkzeuge, die für einen zielfokussierten Sprint gebraucht werden. Mit Hilfe der Artefakte soll größtmögliche Transparenz geschaffen werden, damit das Scrum-Team die notwendigen Entscheidungen im Entwicklungsprozess treffen kann. Im Scrum Guide finden sich drei Artefakte: der Product Backlog, der Sprint Backlog und das Inkrement.

Der Product Backlog

In Kapitel 1 habe ich geschildert, wie SAP-Projekte in der Vergangenheit abgelaufen sind. Unter anderem wurde versucht, sämtliche Anforderungen an das System vorab in einem umfangreichen Erhebungsprozess herauszufinden und in einem Fachkonzept zusammenzufassen. Am Ende des Projekts war ein großer Teil dieser Anforderungen überflüssig. Scrum nutzt mit dem Product Backlog eine „lebende" oder dynamische Anforderungsliste: Natürlich wird vorab umrissen, was das Produkt können sollte, doch die Details werden von Sprint zu Sprint verfeinert – denn möglicherweise ändert sich etwas an den Rahmenbedingungen, an der Technologie etc. Im Product Backlog werden alle bekannten Anforderungen gesammelt und in eine nach Wert und Dringlichkeit priorisierte Reihenfolge gebracht.

Was ist im Product Backlog abgebildet? Features, Funktionalitäten, Verbesserungen und Fehlerbehebungen. Der Product Owner ist dafür verantwortlich, dass der Product Backlog immer aktuell ist und er bewertet die Einträge nach ihrem wirtschaftlichen Nutzen. Insofern ist der Product Backlog ein wichtiges Werkzeug, mit dem das Entwicklungsteam während des Sprints den Fokus halten kann. Denn das Entwicklungsteam bearbeitet nur Anforderungen aus dem Product Backlog und keine, die auf Umwegen an das Team herangetragen werden.

Der Sprint Backlog

Für jeden Sprint gibt es ein Sprint-Ziel und dementsprechend werden Einträge aus dem Product Backlog ausgewählt. Der Sprint Backlog umfasst also jene Einträge, die im aktuellen Sprint umgesetzt werden sollen bzw. ist darin alles enthalten, was zu tun ist, um das Sprint-Ziel zu erreichen (z. B. Tests, Dokumentation). Der Sprint Backlog ist gleichzeitig ein Commitment des Entwicklungsteams: Es wird alles in seiner Macht Stehende tun, um die ausgewählten Einträge als Inkrement im aktuellen Sprint zu liefern.

So wie der Product Backlog ist auch der Sprint Backlog ein dynamisches Artefakt. Mit jeder abgeschlossenen Aufgabe oder mit jeder neuen Erkenntnis während des Sprints wird der Sprint Backlog aktualisiert. Ein wichtiges Ziel jedes Scrum-Teams ist, sich von Sprint zu Sprint zu verbessern. Daher wird jeder Sprint Backlog mindestens ein Backlog Item umfassen, bei dem es sich um eine Prozessverbesserung handelt. Diese Verbesserungsmaßnahmen sind unter anderem ein Ergebnis der laufenden Auseinandersetzung des Teams mit der eigenen Arbeitsweise im Rahmen der Retrospektive.

Das Inkrement

Ein Produkt oder eine Dienstleistung setzt sich in der Regel aus vielen kleineren Teilleistungen oder „Inkrementen" zusammen. Das Inkrement ergibt sich aus allen Einträgen des Product Backlogs, die im laufenden Sprint und in allen vorangegangenen Sprints fertiggestellt wurden. Wichtigstes Kriterium für ein Inkrement ist die Nutzbarkeit, die unter anderem durch die „Definition of Done" (DoD) bestimmt wird. Die Definition of Done ist eine Übereinkunft innerhalb des Scrum-Teams darüber, wann ein Produktinkrement als fertig bezeichnet werden kann (z. B. wenn bestimmte Qualitätskriterien erfüllt sind). Dabei spielt es keine Rolle, ob das Inkrement tatsächlich nach dem Sprint ausgeliefert und bereits eingesetzt wird oder nicht – es muss die Kriterien der DoD erfüllen.

Das Inkrement steht am Ende eines Prozesses bzw. eines Sprints, der in einem Rahmen von einer bis vier Wochen durch vier Scrum-Ereignisse oder Scrum-Events strukturiert wird.

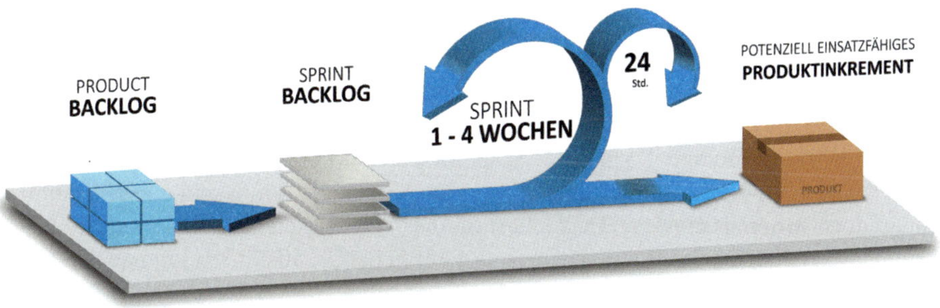

Bild 2.1 Die Artefakte von Scrum im Rahmen des Scrum-Prozesses

2.2.3 Die Scrum-Ereignisse oder Scrum-Events

Wie bereits erwähnt, wird der ständige Prozess der Überprüfung und Anpassung in Scrum durch ein Set an Ereignissen unterstützt - auch „Events" genannt. Diese Ereignisse strukturieren einen Sprint.

- Im **Sprint Planning** stellt sich das Scrum-Team zwei wichtige Fragen: *Was* kann im kommenden Sprint fertiggestellt werden? *Wie* können wir diese Arbeit erledigen?
- Beim **Daily Scrum** teilen die Mitglieder des Entwicklungsteams ihre Arbeitsergebnisse und setzen sich die Ziele für den kommenden Tag.
- Das **Sprint Review** dient dazu, die Ergebnisse des Sprints dem Product Owner vorzustellen und dazu Feedback einzuholen.
- Im Rahmen der **Sprint Retrospektive** analysiert das Scrum-Team die Zusammenarbeit im vergangenen Sprint und leitet daraus Verbesserungsmaßnahmen für den nächsten Sprint ab.

Das Sprint Planning

Die wichtigste Grundlage für das Sprint Planning ist ein aktuelles Product Backlog - dafür hat der Product Owner zu sorgen. Das Sprint Planning beginnt mit einer priorisierten Liste jener User Storys aus dem Product Backlog, die im kommenden Sprint umgesetzt werden sollen. Doch das Entwicklungsteam akzeptiert diese Liste nicht einfach und legt mit der Arbeit los. Jede Story wird nach verschiedenen Kriterien überprüft: nach den Inhalten, den Akzeptanzkriterien und den INVEST-Kriterien, die wir später noch kennenlernen werden. Das Scrum-Team hinterfragt: Was ist drin in dieser Story und was nicht? Was gehört *nicht* zur Story? Manche Scrum-Teams orientieren sich dabei auch am Konzept des „Minimum Viable Product" (MVP): Dabei handelt es sich um eine minimale Version, die dem Kunden oder Nutzer einen ersten Eindruck von der Lösungsidee bzw. von der „Absicht" eines Produkts gibt. Bei dieser Herangehensweise stellt sich das Team also die Frage, welche Storys zuerst in einem MVP gezeigt werden. Der Vorteil ist, dass das Team dadurch sehr hilfreiches Feedback generieren kann und das Risiko im weiteren Verlauf der Produktentwicklung reduziert.

Ein „Go" für einzelne Storys gibt es von Scrum-Team erst, wenn die Anforderungen verstanden wurden und die einzelnen Tasks - also die Schritte bis zur Fertigstellung des Inkrements - durchgedacht wurden. Natürlich werden einzelne Storys auf Basis dieser Überprüfung auch angepasst, bevor es eine Zusage für die Fertigstellung der Storys im nächsten Sprint gibt.

Jede Anpassung wird dokumentiert: zunächst während des Planning auf Klebezetteln und gegebenenfalls später in einem elektronischen Tool.

Wenn die Storys für den nächsten Sprint (die Sprint Backlog Items) ausgewählt wurden, stellt sich das Team die nächste Frage zu jeder einzelnen Story: „Wie kann dieses Sprint Backlog Item fertiggestellt werden?" Dazu muss es die Akzeptanzkriterien genau verstehen: Hierbei handelt es sich um jene Anforderungen an eine User Story, die erfüllt sein müssen, damit sie vom Product Owner als umgesetzt akzeptiert werden. Zum Beispiel soll das Produkt aufgrund der umgesetzten User Story eine bestimmte Funktionalität ausführen können. Festgelegt wird im Sprint Planning aber auch, in welchen Schritten (Tasks) die gültige „Definition of Done" für alle User Storys im Sprint Backlog – also für das Produktinkrement – erarbeitet wird. Das sind alle Aufgaben und Maßnahmen, die erledigt sein müssen, damit das Inkrement zusammen mit den Akzeptanzkriterien als „fertig" betrachtet werden und vom User verwendet werden kann.

Jetzt kann das Scrum-Team einen Umsetzungsplan für den nächsten Sprint erstellen. Dieser Plan besteht aus „Tasks", das sind einzelne, kleinere Aufgaben, die für die Umsetzung einer User Story zu erledigen sind. Die Tasks werden aufgelistet, in eine Reihenfolge gebracht und es wird geprüft, ob mehrere Teammitglieder parallel an verschiedenen Tasks derselben User Story arbeiten können (was fast immer möglich ist): Ein Mitglied zieht zum Beispiel den Task „Testdatenerstellung", ein anderes sieht sich das Customizing an.

Eine besondere Rolle im kommenden Sprint bekommen jedes Mal die sogenannten „Continuous Improvement Process Items" oder „CIPs" (in der Literatur werden sie mit CIPI abgekürzt, aber mir gefällt CIP besser). Dabei handelt es sich um Maßnahmen, die in der Sprint Retrospektive vom Scrum-Team identifiziert wurden, um den kontinuierlichen Verbesserungsprozess mit neuen Elementen in kleinen Schritten voranzutreiben. Im Sprint Backlog auf dem Scrum Board stehen sie an oberster Stelle und ihnen ist jeweils eine verantwortliche Person im Team zugeordnet, die dafür sorgt, dass die Maßnahmen tatsächlich umgesetzt werden. Diese Person ruft die Maßnahmen immer wieder in Erinnerung, beobachtet die Umsetzung und prüft, ob das Ergebnis den vereinbarten Akzeptanzkriterien entspricht.

Das Daily Scrum

Wie der Name schon sagt, ist das Daily Scrum (oder auch Daily Standup) ein täglich stattfindendes Event für das Entwicklungsteam. Es ist ein reines Informationsmeeting. Laut Scrum Guide sollte es maximal 15 Minuten dauern und jeden Tag um die gleiche Uhrzeit und am gleichen Ort – vor dem Scrum Board – stattfinden. Im Daily Scrum plant das Entwicklungsteam seine Arbeit bis zum nächsten Daily, also im Prinzip für den aktuellen Tag. Die Teammitglieder geben ein Update zu ihren Arbeitsergebnissen, die sie seit dem letzten Daily erzielt haben und einen Ausblick auf die noch anstehende Arbeit im Sprint. Damit wollen sie die Zusammenarbeit optimieren und sich jeden Tag aufs Neue auf das Ziel des Sprints ausrichten.

Das Daily Scrum ist auch ein „Re-Planning-Meeting", bei dem die vom Entwicklungsteam gemachten Zusagen – die Commitments – auf den Prüfstand gestellt werden. Es werden nämlich auch alle sogenannten „Impediments" offengelegt, also Probleme bzw. Störungen, die das Entwicklungsteam daran hindern, die gemachten Zusagen einzuhalten. Wenn das Entwicklungsteam diese Impediments nicht selbst lösen kann, weil zum Beispiel das Management dafür benötigt wird, kümmert sich der Scrum Master um eine möglichst rasche Lösung.

Sollte das Team feststellen, dass es aus irgendeinem Grund die Zusage für eine Story zurücknehmen muss, wird der Product Owner davon umgehend nach dem Daily Scrum informiert (falls er nicht ohnehin dabei ist).

Der Ablauf eines Daily Scrums

Mit meinen Teams werfe ich am Anfang des Daily immer zunächst einen Blick entweder auf das Burndown Chart (ein Diagramm, das zeigt, wie viele User Storys noch abzuarbeiten sind) oder auf den Sprint Health Check. Wir sehen uns die gemachten Zusagen - unser Commitment - an, die abgeschlossenen Storys und die verbleibenden Tage im Sprint. Das dauert meistens nicht einmal eine Minute, aber es ruft uns in Erinnerung, was wir in diesem Sprint noch zu tun haben. Dann gehen wir Teammitglied für Teammitglied die folgenden drei Fragen durch:

1. **Was habe ich gestern gemacht, um das Team dem Sprint-Ziel näherzubringen?**
2. **Was werde ich heute tun, um das Team dem Sprint-Ziel näherzubringen?**
3. **Welche Impediments behindern meine Arbeit und brauche ich Unterstützung?**

Falls es ein Impediment gibt, fragt sich jedes Teammitglied, ob es helfen kann, und meldet sich gegebenenfalls per Handzeichen. Die Details werden aber erst nach dem Daily Scrum diskutiert.

Der letzte Punkt des Daily Scrum sollte der Check des Sprint-Ziels sein: Liegen wir noch richtig mit unseren Planungen, erreichen wir das Sprint-Ziel oder müssen wir etwas verändern?

Unter den elektronischen Tools ist der Sprint Health Check einer meiner Lieblingsreports, denn er zeigt alles auf einen Blick:

1. Wie lange läuft der Sprint noch? Wie viele Sprint-Tage haben wir noch?
2. Wie viel der geplanten Arbeit (Storys) haben wir bereits erledigt („Work complete")?
3. Gab es Änderungen am Scope („Scope change")?
4. Mit wie vielen Impediments haben wir zu kämpfen („Flagged")?

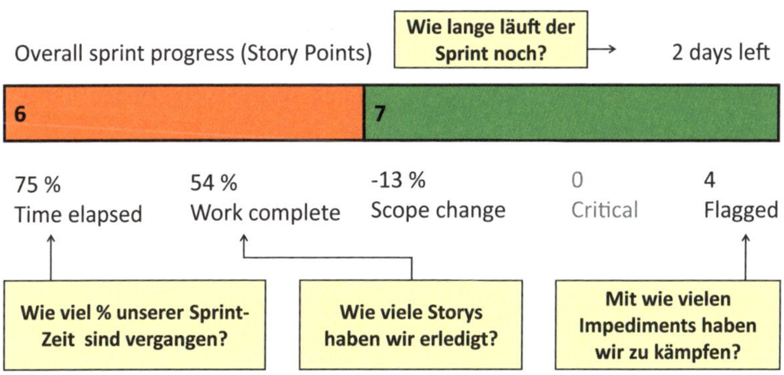

Bild 2.2 Beispiel-Dashboard: Sprint Health Check

Das Sprint Review

Eine der Stärken von Scrum ist das frühe Feedback, das ein Scrum-Team regelmäßig zu den Ergebnissen seiner Sprints einholt. Diese Reviews finden am Ende eines Sprints statt und dazu werden vom Product Owner die Stakeholder, Kunden und/oder potenzielle Nutzer des Produkts eingeladen. Durch das Review entstehen neue Einträge im Product Backlog (andere werden ggf. verworfen), die den Wert des Produkts weiter steigern.

Speziell das Entwicklungsteam sollte sich darüber im Klaren sein, dass es im Sprint Review nicht Bericht erstattet. Das Team stellt selbstbewusst seine Arbeit vor – die Teammitglieder sind die Expertinnen und Experten für das geschaffene Produktinkrement. Mit den Stakeholdern und Nutzern sucht das Team den konstruktiven Austausch, damit der Nutzen und der Wert des Produkts von Sprint zu Sprint noch klarer herausgearbeitet werden kann.

Wie läuft ein Review ab?

1. **Rückblick:** Gestartet wird mit einer kurzen Zusammenfassung des Sprints. Worauf wurde in diesem Sprint der Fokus gelegt? Was war unser Sprint-Ziel? Dabei wird auch hervorgehoben, bei welcher Story welche Impediments aufgetreten sind.
2. **Überblick:** Damit alle Teilnehmenden auf den aktuellen Stand gebracht werden, zeigt der Product Owner, welche Einträge aus dem Sprint Backlog bereits umgesetzt wurden.
3. **Vorstellung:** Das Entwicklungsteam beschreibt, wie der Sprint verlaufen ist, stellt die Ergebnisse des vergangenen Sprints in einer Live-Demo vor und beantwortet Fragen zum fertigen Produktinkrement.
4. **Vorschau:** Nachdem alle Fragen beantwortet wurden und das Entwicklungsteam das Feedback gesammelt hat, stellt der Product Owner den aktuellen Stand des Product Backlog dar und zeigt die nächsten Umsetzungsschritte auf.
5. **Nächste Schritte:** Alle Teilnehmer erarbeiten gemeinsam, was als Nächstes zu tun ist. Hat sich durch das Review eine neue Anordnung der nächsten „wertvollen" Schritte ergeben? Dabei wird in Betracht gezogen, ob sich die Rahmenbedingungen oder die Anforderungen an das Produkt inzwischen geändert haben.

Nach dem Sprint Review weiß das Scrum-Team, ob es sich im Entwicklungsprozess auf dem richtigen Weg befindet, ob es davon abgewichen ist oder ob es überhaupt einen neuen Weg einschlagen muss. Anhand des Feedbacks werden die Einträge im Product Backlog gegebenenfalls überarbeitet.

Die Sprint Retrospektive

Die Sprint Retrospektive ist ein regelmäßiges Event, das zwischen dem Sprint Review und dem nächsten Sprint Planning stattfindet. Es ist für das Scrum-Team die wichtigste Gelegenheit, um die Zusammenarbeit im Team zu überprüfen und Verbesserungsmöglichkeiten für den kommenden Sprint zu identifizieren. Als Richtwert für die Dauer der Retrospektive wird bei zweiwöchigen Sprints eine Obergrenze von 90 Minuten angesetzt, bei kürzeren Sprints wird die Dauer entsprechend angepasst. Der Scrum Master sorgt dafür, dass die Retrospektive wirklich regelmäßig stattfindet, dass die Teilnehmer den Zweck verstehen und konstruktiv zusammenarbeiten.

Laut Scrum Guide (vgl. Schwaber, Sutherland 2017 und 2020, S. 10) wird die Retrospektive durchgeführt,

- um zu überprüfen, wie der vergangene Sprint in Bezug auf die beteiligten Personen, Beziehungen, Prozesse und Werkzeuge verlaufen ist.

- um herauszufinden, was warum gut gelaufen ist, was warum nicht so gut gelaufen ist und welche Verbesserungen in welcher Reihenfolge gesetzt werden sollten.
- um einen Plan für Verbesserungen an der Arbeitsweise zu erstellen.

Für den Scrum Master ist der Wechsel zwischen Review und Retrospektive eine besondere Herausforderung. Seine Aufgabe ist es, die Retrospektive so zu gestalten, dass sie konstruktiv und produktiv ist und die Timebox eingehalten wird. Er oder sie muss das Team aus der Faktenorientierung einer Live-Demo der abgeschlossenen Storys nun auf eine ganz andere Ebene führen. Plötzlich geht es für die Teammitglieder darum, in sich zu gehen und zu erkennen, was im letzten Sprint gut war und wo es Möglichkeiten zur Verbesserung gibt. Diese Potenziale zu konkretisieren und zu benennen, fällt vielen nicht so leicht.

Ich leite die Retrospektive deshalb gerne mit zwei Minuten Entspannungsmusik ein und verteile Gummibärchen. Ja – richtige, echte Gummibärchen. Das macht den Übergang in die Retrospektive nach dem anstrengenden Review leichter. Wer jetzt sofort „Ja, aber bei verteilten Teams?" denkt, dem fehlt ganz einfach die Fantasie. Scrum Master haben Verbündete und Gleichgesinnte auf der ganzen Welt. Egal, ob – wie in meinem Fall – ein Teil des Teams in München und der andere Teil in Südafrika sitzt. Ein Scrum Master, der mit Kollegen an verschiedenen Standorten und in verschiedenen Zeitzonen arbeitet, braucht ein wenig mehr Übung, ein wenig mehr Vorbereitung und das Team braucht ein wenig mehr Disziplin. Doch das ist machbar.

Aber zurück zum eigentlichen Thema! Es wird gerne unterschätzt, wie wichtig die Retrospektive ist – daher wird sie einfach weggelassen. Nach den ersten Sprints höre ich oft: „Brauchen wir nicht, ist doch alles gut gelaufen!" Leider höre ich auch ausgerechnet von den Product Ownern: „Keine Zeit, lasst uns arbeiten."

Meine Antwort darauf ist immer die gleiche: „Wir lassen keine einzige Retrospektive ausfallen. Wir haben nämlich keine Verbesserungspotenziale zu verschenken." Im SAP-Umfeld braucht es eine gewisse Sturheit, um agil arbeiten zu können. Aus dem klassischen Projekt-Wasserfallmanagement sind wir es schließlich gewöhnt, erst ganz am Ende eine Stunde „Lessons learned" in den Kalender zu quetschen – wenn überhaupt. Echte Scrum-Teams lassen hingegen keine Möglichkeit aus, um sich zu verbessern. Diese Möglichkeiten bieten sich jedes Mal, nachdem ein weiteres Produktinkrement geliefert wurde. Die Erinnerung an die Vorkommnisse im Sprint ist dann noch frisch und nicht romantisch verklärt. Nur wenn es einmal ganz eng werden sollte und ich mit einem bereits erfahrenen Scrum-Team arbeite, lasse ich mich zu zwei oder drei Kurz-Retrospektiven überreden. Doch die Retro ganz ausfallen lassen? Gibt's bei mir nicht.

Merke:
Die Retrospektive fällt niemals, wirklich niemals, aus. Das Team findet immer einen kreativen Weg, um an seinen Verbesserungspotenzialen zu arbeiten und aus dem gerade absolvierten Sprint zu lernen.

Das Product Backlog Refinement

Damit im Scrum-Prozess überhaupt ein Sprint geplant werden kann, muss der Product Backlog immer gut gepflegt sein. Das heißt: Die Einträge (Items – zum Beispiel User Storys) werden anhand der Entwicklungen von Sprint zu Sprint kontinuierlich aktualisiert und gegebenenfalls neu priorisiert, es kommen neue Details und Schätzungen hinzu. Beim Product

Backlog Refinement werden diese Items so aufbereitet, dass sie gut verstanden werden und im folgenden Sprint Planning ein klares Sprint Backlog daraus erstellt werden kann.

Das Refinement ist kein eigentliches Scrum Event, es wird im Scrum Guide auch nicht als solches erwähnt. Vielmehr wird das Refinement als kontinuierlicher Vorgang bezeichnet, der während des Sprints stattfinden muss, damit im Product Backlog immer genügend Arbeit für die nächsten zwei bis drei Sprints bereitliegt. Durch das Refinement werden die Backlog-Einträge immer klarer und logischerweise sollten die am höchsten priorisierten Einträge auch den höchsten Verfeinerungsgrad aufweisen. Jene Einträge, die das Entwicklungsteam im kommenden Sprint umsetzen soll bzw. will, müssen so klar („ready") sein, dass sie innerhalb des Sprints fertiggestellt werden können.

Wann und wie die Refinements stattfinden, sollte vom Scrum-Team (also Entwicklungsteam, Product Owner und Scrum Master) bestimmt werden, das Entwicklungsteam für sich gesehen sollte allerdings nicht mehr als 10 Prozent seiner Kapazität darauf verwenden müssen. Der Product Owner kann natürlich jederzeit am Backlog arbeiten und es aktualisieren. Jeff Sutherland sagt in seinen Trainings immer:

> *„As a Scrum Master I need to dedicate up to 10 % of my team's time to Product Backlog Refinement in order to double my team's performance."*

Die ins Refinement investierte Zeit kann die Produktivität des Entwicklungsteams aus seiner Sicht also verdoppeln. Das ist jede Menge Zeit, die da ins Refinement fließt! Wenn wir zweiwöchige Sprints haben, sollten wir in diesen zwei Wochen jeweils zwei Nachmittage zu je drei bis vier Stunden für das Refinement vorsehen. Genau diesen Split schlage ich vor: zwei Nachmittage zu je vier Stunden - regelmäßig an festen Tagen, zu festen Zeiten, mit einem festgelegten Ablauf. Wie sich das zielgerichtet, effektiv und auch online mit verteilten Teams machen lässt, bespreche ich in den folgenden Kapiteln.

Jedes Event in Scrum dient also dazu, den ständigen Zyklus der Verbesserung zu durchlaufen. Zu diesem Zweck generiert jedes Event Artefakte und Ergebnisse, an denen sich die Fortschritte im Prozess ablesen lassen. Welche Artefakte mit Hilfe welches Events entstehen, ist in Tabelle 2.1 noch einmal zusammengefasst.

Tabelle 2.1 „Inspect and adapt" auf die einzelnen Scrum Events übertragen

Event	Überprüfen (Inspect)	Anpassen (Adapt)
Sprint Planning	Product Backlog Definition of Done CIPs	Sprint Backlog Sprint-Ziel Commitment
Daily Scrum	Täglicher Arbeitsfortschritt Blick auf das Sprint-Ziel	Sprint Backlog Tagesplan
Sprint Review	Inkrement Fertige User Story	Product Backlog
Sprint Retrospektive	Commitment Definition of Done Zusammenarbeit im Team (engl.: Team-Charta oder Working Agreement)	CIPs Verbesserungspotenziale in den nächsten Sprint aufnehmen

2.3 Planen und Schätzen in Scrum

Noch immer hält sich hartnäckig ein Gerücht: In Scrum gibt es keine Planung! Vielleicht stammt diese falsche Annahme von „Scrum-Teams“, die gerade erst gestartet sind und keine Erfahrung mit dem relativen Schätzen haben oder vielleicht noch in Manntagen denken und schätzen oder auch gar nicht schätzen. Ich kann Ihnen versichern: Agiles Arbeiten funktioniert nicht ohne Plan. Die Planung und die Priorisierung erfolgen nur mit komplett anderen Methoden als in der Vergangenheit.

Sobald Sie einmal mit Scrum arbeiten, werden Sie möglicherweise davon überrascht sein, wie viel geplant wird. Ist ja auch ganz klar: Wenn die Arbeiten, die die einzelnen Teammitglieder zu einem Thema (User Story) leisten, nicht exakt getrennt und aufeinander abgestimmt werden, werden viele Dinge doppelt gemacht. Es wird an den falschen Dingen gearbeitet oder Arbeit bleibt einfach liegen.

Planung ist also immens wichtig, um die Arbeit von mehreren Menschen in einem Team zu koordinieren. Dabei ist es vollkommen egal, ob ein Team nach der Wasserfallmethode oder nach Scrum arbeitet. Der Unterschied zwischen den beiden Vorgehensweisen liegt in den Zeitpunkten, zu denen die Planung stattfindet:

- **Agile Teams** planen Schritt für Schritt, aufeinander aufbauend oder auch „inkrementell“ genannt, vor jedem Sprint oder vor jedem Release.
- **Beim klassischen Vorgehen** findet die Planung in der Regel zu Beginn eines Projekts statt und wird danach nur in unregelmäßigen Abständen oder gar nicht mehr angepasst. Die Planung verändert sich meistens nur nach Eskalationsphasen oder wenn Meilensteine verbummelt werden.

> **Was ist der Vorteil der inkrementellen Planung?**
> Inkrementelle Planung senkt die Kosten und erlaubt, schnell auf Änderungen, neue Anforderungen und neue Prioritäten zu reagieren. Die Priorisierung erfolgt mit jeder Iteration, mit jedem Sprint aufs Neue.

2.3.1 Die Planungsspannen in Scrum

Genau betrachtet ist das Planen in Scrum wie eine dieser russischen Matrjoschka-Puppen (Bild 2.3): Es gibt eine Planung in der Planung in der Planung in der Planung. Es gibt eine langfristige Planung für mehrere Wochen, eine Sprint-Planung für die kommende Iteration und eine tägliche Planung.

Die 24-Stunden-Planung

Die kürzeste Zeitspanne, für die ein Scrum-Team plant, ist jene von Daily Scrum zu Daily Scrum. Wie wir bereits gesehen haben, dient das Daily Scrum der täglichen Koordination der Arbeit im Team und es wird überprüft, ob das Team dem Sprint-Ziel nähergekommen ist.

Die drei Fragen, die jedes Teammitglied im Rahmen des Daily beantwortet, helfen dabei, die Arbeit der letzten 24 Stunden mit den anderen zu teilen und die nächsten 24 Stunden zu planen.

Wenn sich das Team nach dem Update das Burndown Chart oder das Sprint Dashboard (Sprint Health Check) ansieht, kann es seinen bisherigen Fortschritt genau sehen und die Teammitglieder werden daran erinnert, was sie alles umsetzen wollten. Jetzt besteht im Daily die Möglichkeit und die Verpflichtung, umzuplanen und gegenzusteuern. Mit einem Blick auf das Burndown Chart kann das Entwicklungsteam gegenüber dem Product Owner die Aussage treffen, ob es die für diesen Sprint geplanten Anforderungen pünktlich und wie versprochen (= committet) umsetzen kann oder nicht.

Die Sprint-Planung

Vor jedem Sprint plant das Scrum-Team, welche Storys innerhalb des kommenden Sprints umzusetzen sind. Wenn wir uns an den Scrum Guide halten, können Sprints eine Länge von einer bis vier Wochen haben. Das bedeutet also, dass mindestens alle vier Wochen geplant wird.

Bei der Sprint-Planung spielt der Product Owner die wichtigste Rolle. Er sorgt dafür, dass immer genügend User Storys mit einer entsprechenden Priorität vorbereitet sind. Je höher die Priorität einer Story, desto größer ist die Wahrscheinlichkeit, dass sie vom Entwicklungsteam für den nächsten Sprint gezogen und umgesetzt wird. Die Planung für den Sprint wird wiederum täglich im Daily Scrum überprüft und angepasst.

Die langfristige Planung

Natürlich hangelt sich ein Scrum-Team nicht einfach von Sprint zu Sprint und lässt sich davon überraschen, welches Produkt am Ende entsteht. Auch ein Scrum-Team hat einen weiteren Planungshorizont: Es will wissen, mit welchen Schwerpunkten und Prioritäten es in den folgenden Sprints weitergehen wird. Im SAP-Umfeld haben wir mit der Product Roadmap dafür ein einfaches Hilfsmittel (im Scrum Guide bis zu den Neuerungen im November 2020 als „Release" bezeichnet). In Kapitel 5 werden wir auch die Planung von Product Cycles sehen, die sich über drei Monate erstecken, und von Domain Cycles mit Planungshorizonten von bis zu einem Jahr.

Gute Product Owner bereiten im Durchschnitt bis zu drei Sprints vor, sehr gute Product Owner haben bis zu sechs Sprints gut vorbereitet in der Tasche. Mit „gut vorbereitet" ist Folgendes gemeint:

1. Die Storys wurden mit dem Entwicklungsteam im Refinement durchgesprochen.
2. Alle Fragen des Entwicklungsteams wurden dabei beantwortet.
3. Die Akzeptanzkriterien für die Storys wurden definiert.
4. Das Entwicklungsteam hat sein eindeutiges Okay, sein „ready ready", gegeben – es hat die Story(s) verstanden.

Gut vorbereitet bedeutet aber auch, dass die Storys vom Entwicklungsteam geschätzt wurden.

Zu guter Letzt fehlt noch die Priorisierung durch den Product Owner. Mit Priorisierung meine ich nicht eine lasche Kategorisierung der Storys in Very high, High, Medium und Low oder 15 Storys mit der Priorität 1, sondern eine echte Priorisierung. Das bedeutet: Die Storys wurden in eine wirkliche Reihenfolge der Abarbeitung gebracht. Jeder Anforderung wurde also eine Zahl zugeordnet, daher gibt es jede Priorität exakt nur ein einziges Mal: Prio 1, Prio 2, Prio 3, Prio 4 usw.

Immer dann, wenn mehr als ein Sprint vorbereitet ist, bringt das Ruhe in das Scrum-Team. Es erleichtert außerdem die Zusammenarbeit mit anderen Teams, denn alle wissen, was auf sie zukommen wird. Das Scrum-Team verschafft sich damit außerdem Zeit, um sich mit Anforderungen zu befassen, die noch nicht so klar sind.

Bild 2.3 Die Planungshorizonte in Scrum

2.3.2 Schätzen in Scrum

Im klassischen Wasserfalldenken haben wir uns das Schätzen sehr einfach gemacht: Wir haben Aufwände in Tagen, Wochen oder Monaten auf der Grundlage von Manntagen geschätzt. Heute sagen wir dazu „Personentage", aber das war auch schon das Einzige, was sich in der klassischen Herangehensweise an das Schätzen geändert hat. Diese Methode stützt sich auf die Annahme, welche Arbeitsmenge eine Person innerhalb eines Tages erledigen kann. Um zu einem halbwegs brauchbaren Schätzergebnis zu kommen, wurden Maximalschätzungen und Minimalschätzungen angestellt, dann wurde daraus der Durchschnitt gebildet und Überlegungen zu den Risiken angestellt. Auf allen Ebenen, vom Gruppen- bis zum Abteilungsleiter, wurden dann nochmal ein paar Prozent aufgeschlagen. Auch heute ist das Schätzen in Personentagen noch immer die am häufigsten genutzte Methode - es begegnet mir sogar in agilen Projekten.

Warum schätzen wir überhaupt? Unser SAP-Arbeitsumfeld bzw. das Umfeld der Softwareentwicklung ist sehr komplex, das heißt, es gibt viele unberechenbare Variablen in der täglichen Arbeit. Trotzdem gibt es zeitliche Vorgaben und es wird eine Vorhersage verlangt: Wann wird es fertig? Verbindlichkeit und Zusagen werden auch in Scrum nicht obsolet und sie sind sogar notwendig, um Ordnung in das eigene Vorgehen zu bringen. Also wird geschätzt, denn das bindet das Wissen aller Experten in einem Team ein und hilft dabei, die Aufgabe besser zu verstehen.

Das, wozu sich ein Team in einem Sprint „committet", muss geliefert werden. Doch innerhalb der Vorher- und Zusagen erlauben wir uns Flexibilität: Unwichtige Funktionen mit niedriger Priorität werden später geliefert. Durch dieses Vorgehen bemerken Kunden oft, dass sie gewisse ursprünglich gewünschte Funktionalitäten gar nicht brauchen.

Bild 2.4 Der tägliche Schätz-Wahnsinn

Der Vorteil des Personentage-Konzepts ist: Es ist leicht zu verstehen. Doch diese Methode hat einige große Nachteile. Angenommen, der Entwickler bzw. das Teammitglied protokolliert die Anzahl der tatsächlich geleisteten Stunden mit. Das ist ein zweischneidiges Schwert: Wird die Menge der zuvor geschätzten Stunden überschritten, bedeutet das automatisch, dass nicht genug Leistung erbracht wurde. Wird ein Sprint hingegen in weniger als der geschätzten Anzahl an Personentagen abgeschlossen, stimmt etwas mit der Schätzung nicht. Wenn ein Entwickler oder Berater eine Aufgabe schätzt, aber eine andere Person die Aufgabe erledigt, wird die Schätzung ungültig, denn: Die Zeit, die man benötigt, um eine Aufgabe zu erledigen, hängt vom Erfahrungsgrad und von den Fähigkeiten der Entwickler oder Berater ab.

Es entstehen unweigerlich Abstimmungsschwierigkeiten und es werden automatisch Silos aufgebaut. Also werden die vorhandenen Kapazitäten an den Aufwand in Personentagen angeglichen – jetzt scheint die Planung stabiler zu sein. Dadurch wiegen wir uns in einem falschen Gefühl der Sicherheit und Kontrolle, denn im Allgemeinen unterschätzen Teams die Hindernisse, auf die sie im Laufe der Arbeit stoßen können. Meistens orientieren sie sich am Best Case und planen ihre volle Kapazität aus.

Da ist mir das Schätzen in Story Points um einiges lieber. Sehen wir uns an warum.

2.3.2.1 Was sind Story Points?

Okay, wir haben es begriffen: Menschen wollen im Grunde eine Form von Sicherheit, dass etwas zu einem bestimmten Zeitpunkt oder innerhalb eines bestimmten Zeitraums abgeschlossen sein wird. Daher kommen wir um das Schätzen auch im agilen Kontext nicht herum. Allerdings sollte uns eines immer bewusst sein:

> **!** Schätzungen heißen Schätzungen, weil sie Schätzungen sind! „Genaue" Schätzungen sind ein Widerspruch in sich, ein Oxymoron. Schätzungen sind bestenfalls Annäherungen, basierend auf den Informationen, die einem Team zu einem bestimmten Zeitpunkt zur Verfügung gestanden haben.

Aus dieser Not heraus hat Ron Jeffries seinerzeit im Rahmen von Extreme Programming (XP) die Story Points entwickelt. Ihm war klar, dass die traditionellen Schätzungen in Personentagen einen substanziellen Makel hatten (vgl. Jeffries 2019): Sie gingen von einer idealen Welt aus, in der Entwickler sich wirklich den ganzen Tag nur auf ihre Arbeit konzentrieren können und dabei nicht von zwischendurch eingeworfenen Sonderwünschen gestört werden, die natürlich alle dringend sind. Also lieferten Ron und sein Team zunächst Schätzungen in „ideal days" - das waren die Personentage multipliziert mit einem „load factor" von 3. Das bedeutet: Ein idealer Personentag ohne Störungen entspricht drei realen Personentagen mit Störungen. Das verstanden die Stakeholder nicht, wie Ron in seinem Blogpost „Story Points Revisited" (Jeffries 2019) schreibt, denn warum wurden drei Tage angesetzt, wenn die Arbeit ja in einem Tag zu schaffen war (die von jedem Entwickler nachvollziehbare Tatsache der Störungen wurde wegignoriert)?

Deshalb bezeichneten Ron und seine Teamkollegen die „ideal days" irgendwann nur noch als „points", um das Denken in Tagen zu vermeiden. Wenn eine Story mit drei Story Points bewertet wurde, bedeutete das: Es braucht ungefähr neun Tage, bis sie fertiggestellt ist. Es wurde ein Maximum an Points für jeden Sprint festgelegt - fertig. Ron Jeffries betont in dem genannten Blogpost aber, wie leicht dieses Konzept (so wie jedes andere) als Druckmittel gegen Entwicklungsteams eingesetzt werden kann, weil Vergleiche zwischen Teams oder irreführende Messungen angestellt werden. Meistens wird ja nicht die Qualität des Gelieferten gemessen, sondern die Quantität des Gelieferten. Ron sagt heute, dass eigentlich gar nicht mehr geschätzt werden sollte. Der Fokus sollte darauf liegen, in kurzen Abständen etwas Qualitätsvolles zu liefern. Aber gut, so weit sind wir in vielen Organisationen noch nicht. Also sehen wir uns die Story Points noch einmal im Detail an.

Mike Cohn definiert Story Points folgendermaßen (vgl. Cohn 2010):

> *Story points are the effort to do something based on the volume, risk, uncertainty and complexity of work.*

Frei übersetzt: Story Points sind Schätzungen des Aufwands, basierend auf der Menge, der Komplexität, den Risiken und der Unsicherheit der Arbeit.

Um herauszufinden, wie schnell ein Team ist, zählen wir einfach die User Storys, die das Team in einem Sprint fertigstellt. Die Geschwindigkeit eines Teams beträgt dann zum Beispiel sechs Storys. Nun kommen natürlich noch einige Faktoren hinzu: Eine Story ist nicht wie die andere. Manche sind komplexer und mit mehr Risiken behaftet, andere sind einfacher. Das heißt, wir sollten eine Unterscheidung treffen und das geht einfach, indem jede Story mit einer anderen Punktezahl bewertet wird. Eine komplexe und risikobehaftete Story ist dann zum Beispiel eine 5, eine einfache und risikolose Story ist eine 1. Story Points drücken also die Größe einer User Story in Relation zu anderen User Storys aus.

Wenn wir die Story Points aller in einem Sprint abgeschlossenen Storys zusammenzählen, bekommen wir die Geschwindigkeit des Teams.

Jetzt fragen Sie sich vielleicht: „Gut, und was ist nun der Vorteil des relativen Schätzens?" Wenn Menschen zum Beispiel die Entfernung eines Gegenstands schätzen sollen, fällt es den meisten sehr schwer, eine metergenaue Angabe zu machen. Ganz anders sieht das aus, wenn die Entfernung des Gegenstands in Relation zu einem zweiten Gegenstand eingeschätzt werden soll: Dann lässt sich sagen, ob der Gegenstand weiter entfernt oder näher ist. Pascal Gugenberger nennt in einem Blogbeitrag noch fünf weitere Gründe, die für das Schätzen in Story Points sprechen (vgl. Gugenberger 2018):

1. **Story Points sind stabiler als Zeitschätzungen.** Wenn sich ein Team im Laufe der Zeit verbessert und schneller wird, müsste es die Aufwände in Personentagen ständig neu schätzen. Story Points betrachten aber die Beschaffenheit der User Story und nicht jene des Teams.

2. **Relatives Schätzen geht schneller.** Wie gesagt haben Menschen große Schwierigkeiten damit, in absoluten Einheiten zu schätzen. Wie Pascal Gugenberger richtig schreibt, sind Schätzungen daher nicht mehr als Vermutungen. Um den Stakeholdern gerecht zu werden, wird aber viel Zeit in Recherchen und Überlegungen gesteckt, um eine vermeintlich genaue Schätzung abgeben zu können.
3. **Story Points sind unabhängig von den Personen, die eine User Story umsetzen werden.** Eine absolute Schätzung am Beginn eines Projekts für die gesamte Dauer eines Projekts setzt voraus, dass wir zum Zeitpunkt des Schätzens genau wissen, wer was wann wie tun wird - das ist unmöglich. In Scrum hingegen wird immer erst vor dem nächsten Sprint im Planning festgelegt, wie die User Storys umgesetzt werden.
4. **Story Points sind fehlertoleranter.** Es kann immer mal passieren, dass irgendein Punkt in der Schätzung nicht berücksichtigt wird, weil er entweder übersehen wurde oder weil manches erst im Entwicklungsprozess selbst deutlich wird. Die Schätzung in Personentagen kann man in solchen Fällen wegwerfen, um sie anschließend neu zu machen. Bei der Schätzung mit Story Points ändert sich nichts an der relativen Größe der User Storys - die Velocity des Teams nimmt lediglich etwas ab, weil es eine zusätzliche Arbeit erledigen muss.
5. **Story Points kombinieren Expertenwissen.** In der Umsetzung einer User Story gibt es so viele Details, die ein Product Owner unmöglich berücksichtigen kann, wenn er mit der Priorisierung von User Storys jemals fertig werden will. In die Schätzung mit Story Points fließt das Wissen des gesamten Teams, das sich später um die Details kümmern wird.

Jetzt wissen wir also, warum das Schätzen mit Story Points eine ganz gute Idee ist. Schauen wir uns an, wie das Schätzen abläuft.

2.3.2.2 Schätzen mit Story Points

Zunächst möchte ich eines vorausschicken: Wenn mit Story Points geschätzt wird, ist das immer eine Angelegenheit des gesamten Teams und nicht einer einzigen Person. Das gesamte Know-how wird also in die Waagschale geworfen, um die Komplexität, das Risiko und die mit der Umsetzung einer User Story verbundenen Unsicherheiten einschätzen zu können.

Bei der Schätzung mit Story Points werden User Storys in Relation zueinander gesetzt. Um das machen zu können, brauchen wir eine Skala, die diese Relationen anzeigt. In Scrum hat sich dafür die Fibonacci-Skala durchgesetzt (siehe Bild 2.5). Bei dieser Skala ist die nächste Zahl immer die Summe der beiden vorhergehenden Zahlen. Dadurch werden die Abstände zwischen diesen Zahlen automatisch größer. Die Einstufung beginnt mit einer ganzen positiven Zahl (Minimum 1).

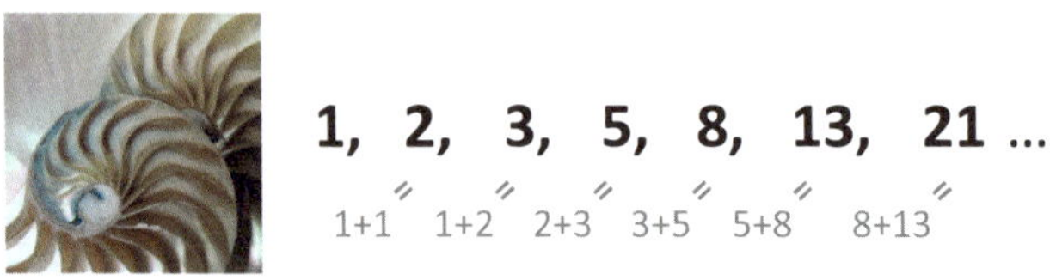

Bild 2.5 Fibonacci-Skala

Die Größe einer User Story in Story Points ergibt sich aus ihrer Komplexität (siehe Bild 2.6). Diese Komplexität ist das Ergebnis von Aufwand, Risiko und Unsicherheit.

Die Größe ergibt sich aus der Komplexität einer Story
(= Aufwand + Risiko + Unsicherheit)

Story Points	Beschreibung
1	Kleinstmögliche Komplexität
2	Sehr kleine Komplexität
3	Kleine Komplexität, etwa eine Story mit der kleinstmöglichen Komplexität und eine Story mit sehr kleiner Komplexität gemeinsam
5	Mittlere Komplexität
8	Große Komplexität
13	Sehr große Komplexität
20	Riesige Komplexität

0,1,1,2,3,5,8,13

(optional) 0+1 1+1 1+2 2+3 3+5 5+8

13, 20, 30, 100 ... – Diese User Storys sind zu groß, sie müssen in kleinere Storys zerlegt werden.

Die Schätzung umfasst alle Aktivitäten
von der DoR (Definition of Ready) **bis zur DoD** (Definition of Done)

Bild 2.6 Die Größen von User Storys

Übung zum relativen Schätzen

Wenn ich Teams an das relative Schätzen mit Story Points heranführe, verwende ich dafür immer möglichst plakative Vergleiche.

Frage: Wie schwer sind die folgenden Tiere in Kilogramm?

- Bulle
- Schwein
- Tiger
- Elch
- Flusspferd
- Breitmaulnashorn
- Pferd
- Hausschaf

Ein kleiner Tipp: Ein Hausschaf wiegt ca. 160 kg.

Für diese absolute Schätzung bekommen die Teammitglieder fünf Minuten Zeit. Danach werden die Schätzungen mit dem tatsächlichen Gewicht der Tiere in der folgenden Tabelle verglichen:

Tier	Gewicht in kg
Breitmaulnashorn	2300
Flusspferd	1600
Bulle	1100
Elch	800
Pferd	500
Schwein	340
Tiger	310
Hausschaf	160
Gesamt	7110

Wie weit ist das Team bei den Schätzungen in kg danebengelegen?

Nun verwenden wir die Fibonacci-Zahlenreihe (1-2-3-5-8-13) und machen mit „Weight Points“ eine relative Schätzung. Als Referenz dient wieder das Hausschaf mit seinen 160 kg. Wenn wir das Ganze relativ angehen, fällt das Ergebnis vermutlich besser aus.

Tier	Gewicht in kg	Weight Points
Breitmaulnashorn	2300	13
Flusspferd	1600	8
Bulle	1100	8
Elch	800	5
Pferd	500	3
Schwein	340	2
Tiger	310	2
Hausschaf	160	1
Gesamt	7110	42 (*160 = 6720)

Es ist viel einfacher, eine Referenz, wie zum Beispiel das Hausschaf heranzuziehen und die anderen Tiere im Vergleich dazu einzustufen. Der Tiger und das Schwein sind vermutlich doppelt so schwer wie das Hausschaf. Das Pferd ist auf jeden Fall schwerer als der Tiger. Meistens kommen auch alle auf die Idee, dass das Breitmaulnashorn in dieser Runde von Tieren das schwerste ist und das Flusspferd vielleicht etwas leichter ist.

Einfach gar nicht mehr schätzen?

Diese Übung zeigt, dass es uns tatsächlich leichter fällt, in Relationen statt absolut zu schätzen. Doch mit oder ohne Story Points: Die Schätzerei ist mühsam. Sollten wir nicht einfach überhaupt aufhören zu schätzen? Es gibt innerhalb der Agile Community die „No-Estimation-Bewegung“, die endlich Schluss machen will mit dem mühsamen Schätzen. Das wesentliche Argument ist, dass Schätzungen immer falsch sein werden, wenn etwas Neues entwickelt wird – denn es fehlt die Erfahrung. Für die No-Estimation-Kollegen heißt es: „Estimation is a Wombat – Waste of money, budget and time.“ Schätzen ist aus ihrer Sicht also reine Zeit- und Geldverschwendung. Deswegen betrachten sie die Anzahl der umgesetzten User Storys als einzige sinnvolle Messgröße. Die Teams geben überhaupt keine Prognose ab, sondern schneiden alle User Storys gleich groß und arbeiten dann nur an priorisierten Items. Die Anzahl der User Storys ist das Einzige, was zählt.

Ich kann den Gedankengang verstehen und die Methode kann auch funktionieren, aber man nimmt dabei auch große Opfer in Kauf.

Auch wenn es unangenehm ist, hat der Anforderer einer Leistung das Recht, eine Auskunft darüber zu bekommen, wann die Arbeit ungefähr abgeschlossen sein wird. Wenn wir nicht schätzen, können wir keine Aussagen über Releases und Release-Pläne treffen, vor allem nicht für einen längeren Zeitraum – der Anforderer bleibt völlig im Dunkeln. Für die Entwickler selbst mag es angenehm sein, gar nicht zu schätzen. Sie schaffen dadurch aber Intransparenz, die wiederum die flexible Reaktion auf Veränderungen blockiert. Das Commitment wird mit jedem Sprint unschärfer und letztlich bedeutet das mehr Stress für das Team.

Da kommt wieder der Mythos „In Scrum wird nicht geplant“ zum Tragen. Wer würde ein agiles SAP-Projekt unter diesen Voraussetzungen starten?

2.3.3 Agiles Schätzen mit Hilfe von Magic Estimation

Mein Vorschlag lautet also: Schätzen wir auch weiterhin. Zum Abschluss dieses Kapitels möchte ich mit der von Boris Gloger entwickelten „Magic Estimation“ eine der bewährtesten Schätzmethoden vorstellen. Sie eignet sich vor allem, um viele User Storys in kurzer Zeit zu schätzen. Dabei geht es nicht um Präzision, sondern um eine erste Einschätzung. Ich habe allerdings die Erfahrung gemacht, dass sich Magic Estimation in der ursprünglichen Form nicht ganz für SAP-Teams eignet. Daher werde ich Ihnen in Kapitel 4 ein paar sinnvolle Erweiterungen vorstellen. Doch sehen wir uns zunächst die ursprüngliche Version an.

Wie bereits bei der Übung zur Schätzung eines Hausschafs demonstriert, kann der Mensch Relationen besser erkennen und einordnen als absolute Werte. Das heißt, es fällt uns leichter zu sagen, dass ein Baum doppelt so weit weg ist wie ein anderer, als die Aussage zu treffen: „Der Baum ist 2341 Meter von meinem Standpunkt entfernt.“

Das bedeutet also, dass wir Referenzpunkte brauchen. Die erste Einschätzung von User Storys mithilfe von Magic Estimation macht sich genau diese Erkenntnis zunutze: Wir brauchen eine Referenzstory. Alle anderen Storys werden in Relation zu dieser Story geschätzt.

Zur Erinnerung: Bitte nie den Aufwand mit der benötigten Zeit gleichsetzen, denn dadurch wird eine unrealistische Genauigkeit vorgegaukelt! Daher schätzen wir in Story Points.

Für die Durchführung der Schätzung wird zunächst die Fibonacci-Skala von 1 bis 13 vorbereitet: Entweder wird sie mit entsprechend großen Zetteln als Linie auf dem Boden ausgelegt oder an einer Pinwand angebracht (Bild 2.7).

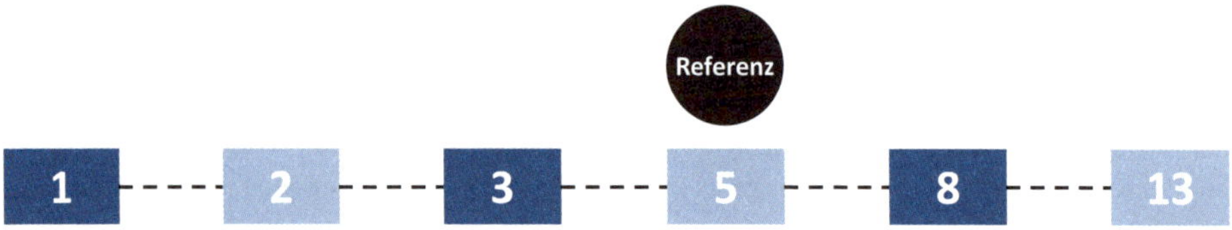

Bild 2.7 Auf der ausgelegten Skala wird eine Referenz-Story markiert

Wie läuft das Schätzen nun ab?

- Zunächst wird die Größe einer Referenz-Story festgelegt, deren Aufwand, Komplexität, Risiko und Unsicherheit bekannt sind. Nehmen wir an, diese Story wird mit fünf Story Points bewertet. Wenn eine User Story später zum Beispiel mit acht bewertet wird, bedeutet das, dass sie fast doppelt so aufwendig, komplex, riskant und unsicher ist wie die Referenz-Story. Eine mit drei bewertete User Story ist ungefähr halb so aufwendig, komplex, riskant und unsicher.
- Die Referenz-Story wird auf der Skala zur 5 gelegt. Alle übrigen User Storys werden unter den Teammitgliedern verteilt.
- Jedes Teammitglied sieht sich „seine" Storys an und überlegt, wo es diese auf der Skala im Vergleich zur Referenz-Story zuordnen würde.
- Ohne miteinander zu reden, legen die Teammitglieder nun ihre Storys entlang der Skala aus. Die Storys müssen immer direkt einer Zahl zugeordnet werden und dürfen nicht zwischen zwei Zahlen platziert werden.
- Sobald alle Teammitglieder die Storys platziert haben, sehen sie sich die Zuordnungen der anderen an (noch immer still!). Wer der Meinung ist, dass eine Story an der „falschen" Stelle liegt, ordnet sie der aus seiner Sicht richtigen Zahl zu.
- Wichtig ist in diesem Teil der Schätzung, dass der Scrum Master aufmerksam zusieht. Er sollte beobachten, welche Storys oft hin und her verschoben werden („Jumper"). Daran wird nämlich deutlich, dass die Story noch nicht ganz klar ist und noch einmal besprochen werden sollte. Diese Storys nimmt der Scrum Master nach dem zweiten oder dritten Verschieben aus dem Schätzvorgang heraus.
- Wenn sich keine Storys mehr bewegen, ist die Magic Estimation abgeschlossen. Es darf wieder gesprochen werden.

Nach der Schätzung klärt das Team, moderiert vom Scrum Master, offene fachliche Fragen bzw. die Unklarheiten, die bei den hüpfenden User Storys aufgetaucht sind. Sobald die Storys klar sind, werden sie auf der Skala entsprechend eingeordnet. Das Ergebnis der Magic Estimation könnte aussehen wie in Bild 2.8.

Mit Magic Estimation lassen sich mit relativ geringem Zeitaufwand aussagekräftige Schätzungen für viele Storys erstellen. Dabei geht es nicht um Präzision, sondern lediglich um eine erste Einschätzung, die relativ auf einer Referenz-Story basiert.

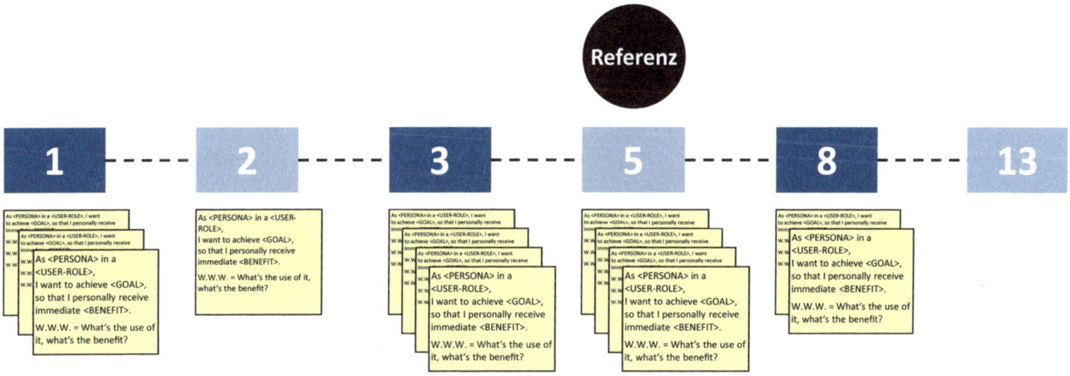

Bild 2.8 Ergebnis der Magic Estimation: deutlich zugeordnete User Storys

In der Praxis von agilen SAP-Teams funktioniert die ursprüngliche Variante nicht so gut. Es sind ein paar sinnvolle Erweiterungen nötig:

- Wir brauchen einen Blick auf die Akzeptanzkriterien der Story.
- Wir müssen uns die Umsetzungsschritte (Tasks, Sub-Tasks) ansehen.
- Wir müssen die Komplexität in Betracht ziehen.
- Wir müssen die Risiken der Story berücksichtigen.

Diese erweiterte Methode werde ich in Kapitel 4 anhand eines Beispiels genauer beschreiben. Dort werde ich auch erklären, warum es sinnvoll sein kann, die Storys bereits im Refinement zu schätzen.

3 Mit verteilten SAP-Teams remote arbeiten

2020 wurden Millionen von Menschen dazu gezwungen, von zuhause aus miteinander zu arbeiten. „Remote-Arbeit", also die Arbeit an Projekten von jedem beliebigen Ort aus, ist dadurch zu einer neuen Selbstverständlichkeit geworden – und die Lockdowns in sämtlichen Ländern der Erde haben gezeigt, dass diese Form der Zusammenarbeit mit etwas Übung sehr gut funktioniert. Ich hätte keine Pandemie gebraucht, um das zu erkennen, denn ich arbeite seit rund 20 Jahren mit SAP-Teams, deren Mitglieder um den ganzen Globus verstreut sind. Ein typisches Projekt sieht in meinem beruflichen Kontext ungefähr so aus:

- Der Product Owner arbeitet in München.
- Der Scrum Master befindet sich meistens in der Nähe, also auch in oder bei München.
- Das für die Applikation verantwortliche Team ist auf Stuttgart und Johannesburg in Südafrika verteilt.
- Einzelne Teammitglieder arbeiten von Großbritannien aus.

Bild 3.1 Beispiel für die Remote-Situation in vielen meiner Projekte

Wenn ich von Remote-Arbeit spreche, verstehe ich darunter also die Kollaboration mit (weltweit) verteilten Teams – egal, ob die Menschen von zuhause aus, im Büro oder mit einer schnellen Internetverbindung auf einer Berghütte arbeiten.

3.1 Grundlagen der Kommunikation oder 55–38–7

Lassen Sie mich ein wenig ausholen, bevor ich darauf eingehe, was ein erfolgreiches Online-Event ausmacht. Es ist mir ein Anliegen, weil ich gerade aufgrund der Covid-19-Online-Situation bemerkt habe, wie viele mit dem grundlegenden Verständnis von Kommunikation kämpfen. Natürlich ist die Kommunikation zwischen Menschen eine komplexe Angelegenheit. Doch wenn man es auf das Essenzielle herunterbricht, so nimmt jeder von uns in einer Interaktion zwei Rollen ein: Einmal sind wir die Sender von Botschaften, dann sind wir wieder die Empfänger von Botschaften. Claude E. Shannon und Warren Weaver haben dies Anfang der 1950er-Jahre, beeinflusst durch die Weiterentwicklung des Telefons, sehr technisch in ihrem Buch „The Mathematical Theory of Communication" dargestellt. Das Sender-Empfänger-Modell beschreibt ganz einfach, dass der Sender eine Botschaft durch verschiedene Signale codiert, die vom Empfänger der Botschaft wiederum decodiert werden müssen. Je nachdem, wie der Empfänger die Botschaft decodiert und interpretiert, setzt er anschließend eine bestimmte Reaktion.

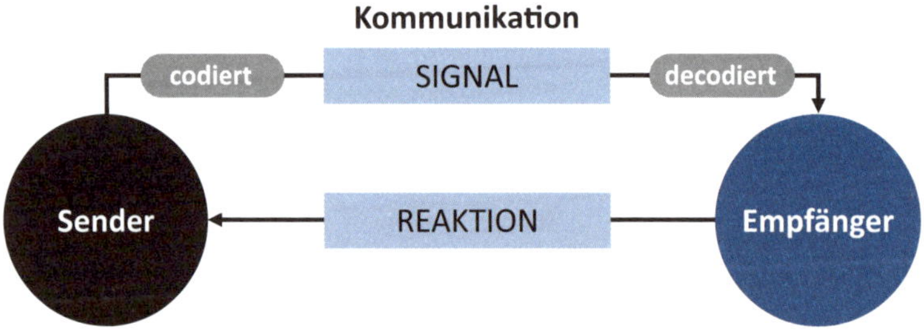

Bild 3.2 Sender-Empfänger-Modell nach Shannon/Weaver

Wenn die codierte und decodierte Information nicht deckungsgleich ist, zum Beispiel aufgrund von Störungen, kann es zu Verwerfungen in der Kommunikation kommen – man versteht sich nicht.

Die Mittel, mit denen wir Kommunikationssignale setzen können, sind vielfältig: verbal durch Sprache, paraverbal durch den Tonfall, nonverbal durch Mimik und Gestik. Die nonverbalen und paraverbalen Signale können die Sprache sogar ersetzen – das Schweigen etwa ist in manchen Situationen aussagekräftiger als jedes gesprochene Wort. Ohne etwas zu sagen, können wir also sehr deutlich machen, ob wir gerade interessiert, abgelenkt oder müde sind und wie wir unseren Gesprächspartnern gegenüber eingestellt sind.

Wenn wir nun wieder an die weltweit verteilten Teams denken, kommt erschwerend hinzu, dass alle diese Signale je nach Kulturkreis eine andere Bedeutung haben können. Ich selbst habe oft mit Kolleginnen und Kollegen aus Japan zusammengearbeitet, auch online. Sofern man die kulturellen Feinheiten nicht kennt, kann es leicht zu Missverständnissen kommen: Schließt ein Japaner bei einer Online-Session die Augen und dreht sich von der Kamera weg, dann ist er nicht etwa gelangweilt. Er drückt damit sein Interesse an dem Vortrag oder dem Thema aus.

Was hat es nun mit der seltsamen Zahlenfolge in der Überschrift auf sich? Gut, dann lüfte ich mal das Geheimnis. In einer vielzitierten Studie hat der Psychologe Albert Mehrabian beobachtet, welche Faktoren in Face-to-face-Gesprächen über Emotionen und Einstellungen bestimmen, ob wir unser Gegenüber mögen oder nicht (vgl. Kommunikationsmacher 2019). Die nonverbale Kommunikation ist dabei zu 55 Prozent bestimmend, die Stimme, Tonfall und Tonlage zu 38 Prozent und nur 7 Prozent entfallen auf die ausgesprochenen Inhalte.

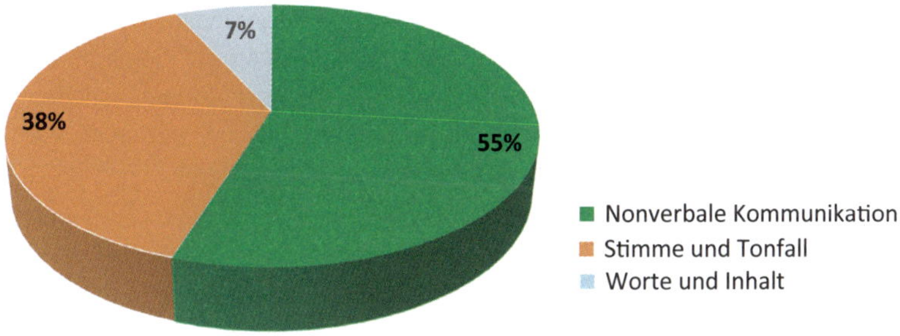

Bild 3.3 Wie die Kommunikation beeinflusst, ob wir jemanden mögen oder nicht

Vermutlich hat das seine Ursache darin, dass die Urmenschen einst gar keine ausgefeilte Sprache hatten, sondern auf andere Signale achten mussten, um herauszufinden, was wirklich Sache ist. Wenn die Aussagen nicht mit dem beobachtbaren Verhalten zusammenpassen, sind wir irritiert.

So, und nun schalten wir bei Online-Meetings einfach so mir nichts dir nichts die Kamera weg. Keine gute Idee, denn so nehmen wir uns gegenseitig die Möglichkeit, einander richtig zu verstehen beziehungsweise zu erkennen, wenn etwas nicht passt.

Das heißt: **Bei einem Online-Event sind die Kameras immer an!** Klingt selbstverständlich, ist es aber nicht - diese Erfahrung habe ich 2020 gemacht, als plötzlich alle online kommunizieren mussten. Einmal mehr habe ich das „Ja, aber ..." gehört:

- Ja, aber die Bandbreite reicht nicht, daher konzentrieren wir uns auf die Sprachübertragung.
- Ja, aber wir kleben die Kamera immer ab, damit wir nicht ausspioniert werden können.
- Ja, aber der ehemalige FBI-Chef tut das doch auch. (James Comey hat das in der Tat zugegeben.)
- Ja, aber Mark Zuckerberg hat die Kamera auch immer überklebt. (Das konnte man auf einem Foto sehen, das ein Facebook-Mitarbeiter von ihm gemacht hat.)

Dass es hinterlistige Angriffe von Hackern gibt und geben kann, bestreite ich gar nicht - das schaffen halbwegs begabte Jugendliche locker mit Programmen, die sie billigst im Internet kaufen können. Doch selbst Jeff Sutherland, einer der „Erfinder" von Scrum, hat das im Zuge der Pandemie in einer Twitter-Message ungefähr so formuliert (freie Übersetzung):

> *„Wir sind visuell orientierte Geschöpfe. Ein wichtiger Teil unseres Gehirns arbeitet immer daran, Emotionen und Gedanken zu erkennen und zu lesen, die auf einem menschlichen Gesicht sichtbar sind. Daraus haben wir einen Überlebensmechanismus aufgebaut. Die menschliche Stimme ist nur ein schwaches Abbild der Kommunikation. Gesichter sprechen hingegen Bände."*

Also: Kamera an!

3.2 Voraussetzungen für erfolgreiche Online-Events

Agile Coaches sind Geschichtenerzähler, daher möchte ich mit einer Geschichte beginnen.

Ende Juni 2020 erhielt ich von einem Münchner Kollegen die Einladung zu einem Online-Meetup. Das Thema lautete „Multi Team Online Refinement“, Zeitfenster 19.00 bis 21.00 Uhr. Die ausgewählten Tools: Microsoft Teams für die Kommunikation, Videoübertragung und Mural für das Refinement. So weit, so gut. Das Meetup fand drei Monate, nachdem Covid-19 alle zum Zuhausebleiben gezwungen hatte, statt. Die Agile Coaches hatten also drei Monate Zeit gehabt, um sich mit den Tools und Werkzeugen zu beschäftigen.

19.00 Uhr am Tag des Meetups, 25 Teilnehmerinnen und Teilnehmer waren zugelassen. In der kurzen Vorstellungsrunde betonten so gut wie alle Teilnehmenden, dass sie mehr als zehn Jahre agile Erfahrung haben. Also: 25 Teilnehmende, davon etwa 20 mit mehr als zehn Jahren Erfahrung, die anderen Menschen agiles Arbeiten beibringen, verabreden sich zu einem Online-Refinement um 19.00 Uhr.

Tatsächlich ging es um 19.20 Uhr los. Davor gab es jede Menge technische Probleme und erfolglose Versuche, sich telefonisch einzuwählen.

19.25 Uhr, die erste Frage: Kamera ein oder aus? Ich dachte mir: „Es gibt wirklich noch Agile Coaches, die nicht verstehen, warum die Kamera ein absolutes Muss ist.“

Endlich ging es richtig los. Das Epic wurde vorgestellt, genauso wie die Idee und die Akzeptanzkriterien, es wurden fünf Refinement-Teams mit je fünf Mitgliedern gebildet. Die Gruppenarbeit sollte mit MS Teams ablaufen, die Links wurden in Mural pro Gruppe aufgeteilt. Allerdings konnte man die Links kaum finden, weil sie so versteckt waren, dass man zuerst in die Mural-Details gehen und mit der Maus Millimeterarbeit leisten musste. Es wurde vereinbart, dass wir uns nach der Gruppenarbeit wieder in der gemeinsamen Session treffen würden.

MS Teams kennt keine Breakout-Sessions mit automatischem Ende – also einer Timebox. Zumindest zum Zeitpunkt des Meetups noch nicht, diese Erweiterung wurde für September 2020 angekündigt. Also mussten sich alle darauf verlassen, dass die Teilnehmenden nach 15 Minuten wieder zurückkehren würden. Mir war klar, was tatsächlich passieren würde: Aus den 15 Minuten wurden 25. Diese Sessions wiederholten wir dreimal, immer mit dem gleichen Ergebnis. Wenn auch nur eine Gruppe um zehn Minuten später zurückkehrte, wartete eben die ganze Truppe.

Jetzt stellen Sie sich das bitte in einer SAP-Umgebung vor. 25 hochbezahlte SAP-Profis machen gemeinsam ein „Multi-Team-Refinement“. Bis es losgeht, bezahlen Sie ergebnislose 25 Mal 20 Minuten. Weitere 25 Mal zehn Minuten bezahlen Sie, bis alle wieder aus der Teamarbeit zurückkehren – und wir haben das gleich dreimal gemacht, immer mit der gleichen Verzögerung. Rechnen wir es aus: Mit einer solchen Moderation, Vorbereitung und Technik gehen 23 wertvolle Stunden der teuren SAP-Berater und -Teammitglieder den Bach runter (siehe Bild 3.4).

Selbst ein Daily Standup, das vier Minuten später startet, ist eine Verschwendung, wenn man daran denkt, dass es sechs bis neun Teammitglieder und einen Scrum Master gibt. Bitte halten Sie mich nicht für einen Pedanten, der jede Minute zählt, aber: Wie wollen wir das Doppelte oder das Dreifache in der halben Zeit erreichen, wenn wir diese Zeitverschwendung zulassen?

TN	Verzögerung (min)	Grund	Sum	
25	25	technische Probleme und schlechtes Time Boxing der Coaches	625	Minuten
25	10	1. Grupenarbeit zu spät beendet - Wartezeiten für die anderern	250	Minuten
25	10	2. Grupenarbeit zu spät beendet - Wartezeiten für die anderern	250	Minuten
25	10	3. Grupenarbeit zu spät beendet - Wartezeiten für die anderern	250	Minuten
		Verschwendung in Minuten	**1375**	Minuten
		Verschwendung in Stunden	**23**	Stunden

Bild 3.4 Zeitverlust durch schlechte Vorbereitung

Wir werden später noch sehen, dass Zoom die bessere Lösung gewesen wäre. Zoom beendet die Gruppensessions nach Ablauf der vereinbarten Dauer eiskalt. Eine Minute vor Ablauf der vom Moderator angesetzten Timebox gibt es eine Benachrichtigung. Eine Sekunde nach Ablauf der Timebox sind auch alle schon wieder in der großen Runde.

Merken wir uns also: Wir befinden uns im Jahr 2020 und nicht 2002. Es gibt viele tolle technische Möglichkeiten, die pünktliches Arbeiten unterstützen.

In einem Online-Meeting zählt wirklich jede Minute. Die Regeln lauten also:

- Wir kommen immer top vorbereitet und keine Minute zu spät zum Meeting. Jeder weiß, worum es im Meeting geht, wie der Ablauf aussieht und was der erwartete Output ist.
- Für jedes Online-Scrum-Event gibt es eine klare Agenda – bei den Refinements, Plannings und Reviews baut diese Agenda auf der Priorisierung des Product Owner auf.
- Alle Events sind „timeboxed". Sie haben einen klaren zeitlichen Rahmen, der nicht gesprengt wird.

Als Agile Coach und Berater musste ich mich schon viele Jahre vor der Covid-19-Pandemie mit der effektiven Online-Zusammenarbeit beschäftigen. Im Wesentlichen geht es um gute Praktiken in diesen Handlungsfeldern:

1. Technische Herausforderungen und Anforderungen
2. Umgang mit Hintergrundgeräuschen
3. Umgang mit Ablenkungen
4. Umgang mit Teilnehmern, die das Meeting kapern
5. Arbeit in unterschiedlichen Zeitzonen

Technische Herausforderungen und Anforderungen

Wenn die Technik auch nur bei einem einzigen Teilnehmer einer Online-Session nicht funktioniert, kann sich dadurch die Arbeit aller anderen massiv verzögern. Dabei gibt es heute so gut wie überall die Möglichkeit, die entsprechenden technischen Voraussetzungen für einen reibungslosen Ablauf zu schaffen. Was dafür gebraucht wird, ist eine stabile und schnelle Internetverbindung und eine qualitativ hochwertige technische Ausstattung.

Die Internetverbindung muss, einfach gesagt, sowohl Audio als auch Video und die gemeinsame Arbeit in einem Collaboration-Tool „aushalten". Bei allen bekannten Videokonferenz-Tools ist zwar die Trennung von Audio und Video möglich, doch das spielt in der Praxis kaum eine Rolle. Agile Events brauchen die volle Aufmerksamkeit aller Teammitglieder, daher ist es nicht sinnvoll, einzelne Mitglieder per Telefon zuzuschalten. Manchmal geht es natürlich nicht anders, aber es sollte die absolute Ausnahme und nicht die Regel sein.

So selbstverständlich wie eine gute Internetverbindung sollte bei der professionellen Remote-Zusammenarbeit auch die gute technische Ausstattung sein. Trotzdem sehe ich immer noch Teilnehmer, die mit dem weißen Apple-Standard-Kopfhörer im Online-Meeting sitzen. Die Mikrofone kratzen bei jeder Bewegung an der Kleidung und erzeugen für die anderen oft unerträgliche Geräusche. Für diese Fälle braucht der Scrum Master einen schnellen Zugriff auf die Stummschaltung. Deswegen ist auch die Kombination von Video und Audio so wichtig: Wenn der Scrum Master nicht sieht, wo das Problem liegt, muss er sich erst durchfragen.

Schaffen Sie die technischen Voraussetzungen für reibungslose Online-Meetings.

- Nominieren Sie einen Teamverantwortlichen für die Technik.
- Stellen Sie sicher, dass alle Teilnehmer eine gute Internetverbindung haben.
- Statten Sie die Mitglieder Ihres Teams mit qualitativ hochwertigen Headsets, Mikrofonen, Kameras etc. aus.
- Ermöglichen Sie allen Teammitgliedern den Zugang zu einem guten und effektiven Video-Konferenz-Tool.
- Beschaffen Sie ein Werkzeug für die visuelle Zusammenarbeit.
- Testen Sie die Technologie und die Tools mindestens drei Minuten vor Beginn des Meetings.

Umgang mit Hintergrundgeräuschen

Während der Covid-19-Pandemie mussten Millionen von Menschen plötzlich von zuhause arbeiten und dort waren sie natürlich nicht allein. Eltern mussten nebenbei ihre Kinder unterrichten und hatten es nicht einfach, ein ruhiges Plätzchen und ruhige Stunden für die vielen Online-Meetings zu finden. Ich habe in dieser Zeit die Erfahrung gemacht: Alle haben sich gefreut, wenn es dank der Kinder mal laut wurde, das Söhnchen oder Töchterchen „Hallooooo" gerufen und in die Kamera gewunken oder sich die Katze auf die Tastatur gelegt hat. Das sind liebenswerte Unterbrechungen, die uns zwischendurch bewusst machen, dass wir ein Leben außerhalb des Berufs haben.

Trotzdem muss das Online-Meeting über die Bühne gebracht werden, damit es sich nicht länger als nötig dahinzieht. Mir und meinen Teams half in dieser Zeit die generelle Vereinbarung: Wenn es laut wird, schalten die entsprechenden Teilnehmer einfach das Mikrofon aus. Aber auch ohne pandemiebedingte Herausforderungen ist es sinnvoll, die folgenden Punkte für die Geräuschminderung zu beachten:

- Sofern es möglich ist: Arbeiten und konferieren Sie nur in ruhigen Umgebungen.
- Nutzen Sie Headsets mit der Option „Noise Cancelling".
- Schalten Sie Ihr Mikrofon aus, wenn Sie gerade nur zuhören.
- Deaktivieren Sie alle Töne, die das Konferenz-Tool von sich gibt (Skype bimmelt zum Beispiel standardmäßig, wenn jemand das Meeting betritt oder verlässt).

Umgang mit Ablenkungen

Im Grunde sind Menschen darauf programmiert, den Weg der geringsten Anstrengung zu gehen, um Energie zu sparen. In den meisten Online-Meetings stehen daher nicht die vorhandenen oder nicht vorhandenen Tools der Produktivität im Wege, sondern wir selbst. Das Homeoffice bietet viele Möglichkeiten zur Ablenkung, weil uns die Kolleginnen und Kollegen ja nicht über die Schulter schauen können: mal schnell auf Instagram nachschauen, was die Freunde posten, nebenbei eine Mail schreiben und die Nachrichten verfolgen. Wenn wir abgelenkt sind, kann es bis zu 20 Minuten dauern, bis wir mit unserer Aufmerksamkeit wieder ganz beim eigentlichen, gerade wichtigen Thema sind. Selbst die Zehntelsekunden, die wir für das Lesen einer WhatsApp-Nachricht aufwenden, lassen die Produktivität dramatisch sinken. Ja, Online-Meetings können schneller und effektiver über die Bühne gehen, wenn wir diese Ablenkungen einfach ausschalten.

Damit ein Online-Meeting nicht zur Frustration wird, brauchen wir zu 100 Prozent aktive Teilnehmerinnen und Teilnehmer. Wir wollen jeden Beitrag hören, sehen und mitgestalten.

- Jeder und jede kennt die Agenda-Punkte des Events und die Timebox.
- Binden Sie die Teilnehmer aktiv ein. Fragen Sie nach Feedback – und zwar niemals in einer bestimmten Reihenfolge, sondern ohne Vorwarnung.
- Arbeiten Sie nach Möglichkeit immer mit eingeschalteten Kameras, außer die Bandbreiten reichen nicht aus.
- Bauen Sie Gruppenarbeiten ein.
- Sprechen Sie die Teilnehmerinnen und Teilnehmer wiederholt und gezielt an: „Willy, was ist dein Standpunkt dazu?", „Petra, was meinst du zu ...?"
- Sprech- und Antwortzeiten sollten gleich verteilt sein – jeder und jede sollte an die Reihe kommen.
- Nutzen Sie Collaboration-Tools, um Beiträge zu visualisieren.

Umgang mit Teilnehmern, die das Meeting kapern

Es muss unbedingt noch die eine Anekdote erzählt werden und eigentlich spricht das Teammitglied inzwischen schon über ein ganz anderes Thema. Immer wieder kommt es vor, dass einzelne Teilnehmer das agile Event kapern. Mündige, selbstorganisierte Teams kommen in der Regel mit diesem Problem zurecht und greifen rechtzeitig ein. Lisette Sutherland hat dafür die passende gelbe Karte entwickelt (siehe Bild 3.5 rechts unten): „ELMO" – Enough! Let's move on. Diese Karte hält der Moderator oder die Moderatorin ganz einfach in die Kamera, wenn ein Teammitglied die Redezeit zu sehr ausreizt oder eine Diskussion ausufert.

Ich setze übrigens seit Langem auf die wunderbaren Tipps von Lisette Sutherland. In ihrem Workshop „Collaboration Superpowers" (*https://www.collaborationsuperpowers.com/*) und in ihrem Buch „Work Together Anywhere" (Sutherland, Janene-Nelson 2020) vermittelt sie tolle Grundlagen für das erfolgreiche Online-Arbeiten. Besonders hilfreich sind die Karten, die sie für Online-Meetings entwickelt hat. Damit können die Teilnehmerinnen und Teilnehmer einander ganz klar signalisieren, womit es gerade ein Problem gibt.

Bild 3.5 Kartenset für die visuelle Kommunikation bei Online-Events

Arbeiten in unterschiedlichen Zeitzonen

Die Arbeit mit einem weltweit verteilten Team bedeutet manchmal, dass ein Teil des Teams im Büro erscheint, wenn der andere Teil gerade schlafen geht. Zeitzonen sind ein Feld voll von Stolpersteinen, die Organisation und Kommunikation erfordern.

Ich versuche, die möglichen Stolpersteine von Anfang an in den Working Agreements meiner Teams aus dem Weg zu räumen. Es geht dann darum, für alle Teammitglieder Zeiten zu finden, zu denen die agilen Events und Refinements stattfinden können. Selbstverständlich müssen dabei die gesetzlichen Vorschriften der einzelnen Länder zu Arbeits- und Pausenzeiten berücksichtigt werden. Rücksicht sollten Sie aber auch auf die kulturellen Gegebenheiten in ihrem Team nehmen.

Diese Koordination ist manchmal selbst in Europa nicht einfach. Während wir in Deutschland meistens zwischen 11.30 und 12.30 Uhr relativ kurze Mittagspausen machen und oft nur einen Snack essen, gehört zur spanischen Kultur ein ausgiebiges Mittagessen mit der Familie. Die spanischen Kolleginnen und Kollegen fahren deshalb für die Zeit von 13.00 bis

15.00 Uhr gerne nach Hause - später kommen sie dann wieder und arbeiten bis 18.00 oder 19.00 Uhr weiter. Wenn sich das Team auf mehrere Kontinente verteilt, wird es noch etwas komplizierter.

In Kapitel 5 verwende ich für die Erklärung des Refinement das Beispiel, dass in einem Projekt eine Verkaufsorganisation für die USA umgesetzt werden soll. Ein Teil der Teammitglieder arbeitet in Los Angeles, der andere Teil in München - das sind neun Stunden Zeitverschiebung. Solche Differenzen sollte man wirklich nur in Projekten und daher für eine überschaubare Dauer akzeptieren. Denn wenn das Daily Standup morgens um 8.00 in Los Angeles beginnt, ist es in München 17.00 Uhr. Für das Daily, das maximal 15 bis 30 Minuten dauert, ist das vielleicht noch zu verschmerzen. Beim Review und Refinement hingegen und an den Sprintwechseltagen dauert der Tag für die deutschen Kollegen ewig, während er für die amerikanischen Kollegen sehr früh beginnt. Auf Dauer ist das für alle eine große Anstrengung und sollte daher - wie gesagt - eher eine Ausnahmesituation sein.

Bei einem Projekt auf mehreren Kontinenten gibt uns das wenig Spielraum. Da hilft nur, miteinander zu reden und gemeinsam für die Dauer des Projekts eine Lösung für die agilen Events zu finden. Mit meinen Teams mache ich das in Form von Sprint-Experimenten: Wir probieren ein bis zwei Sprints lang aus, was am besten funktioniert und legen dann einen Rhythmus fest, bei dem wir uns jeden dritten Sprint abwechseln. Der europäische Teamteil muss zum Beispiel drei Sprints lang ganz früh an die Arbeit gehen und startet um 5.00 Uhr morgens. Nach drei Sprints beginnen wir erst um 8.00 Uhr und dafür arbeitet das Team auf der anderen Seite des Ozeans länger.

Ich ergänze dann gerne den One-Calendar-Eintrag (Bild 3.6, siehe auch Abschnitt 4.3) mit der jeweiligen Zeitzone, bezogen auf die Universal Time Coordinated (UTC, früher Greenwich Mean Time). Natürlich ist auch die Sommerzeit zu beachten, die in Europa erst ab 2021 schrittweise abgeschafft wird.

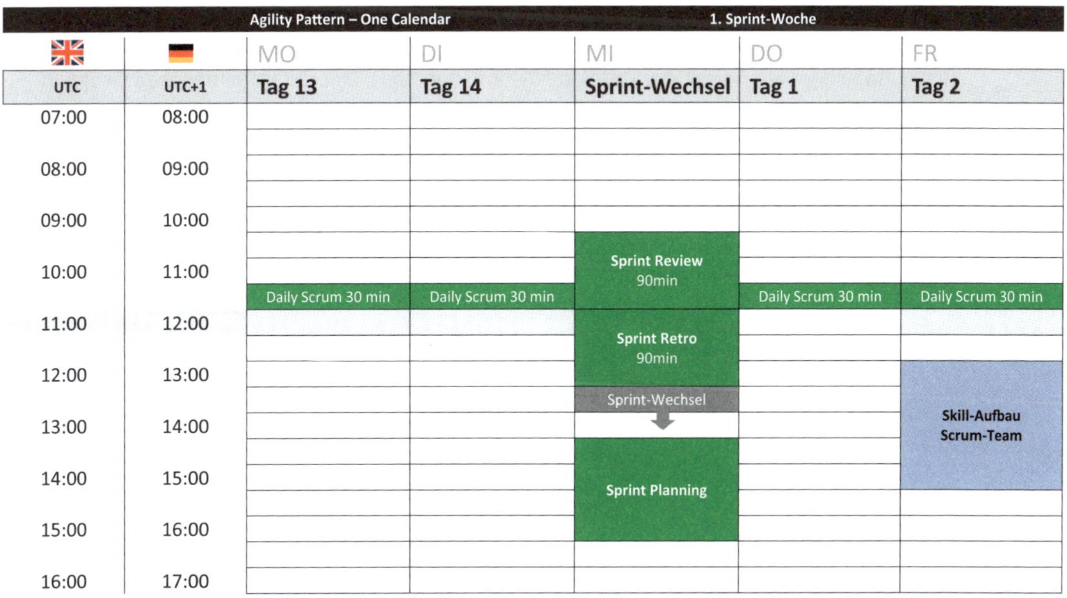

Bild 3.6 Kalender für das Arbeiten in verschiedenen Zeitzonen

3.3 Tools für erfolgreiche agile Remote-Arbeit

Mitarbeiter können die Tools für die Zusammenarbeit bei Videokonferenzen in den seltensten Fällen nach eigenem Gutdünken auswählen. Meistens wird das Tool von Unternehmen erst nach einigen Sicherheitsüberprüfungen zur Verschlüsselung bestimmt und erst dann können sich die Mitarbeiter - also Anwender - auf die Arbeit damit einstellen. Besser gesagt: Sie müssen sich darauf einstellen, denn sie haben ja keine Wahl.

3.3.1 Arbeiten mit Konferenz-Tools

Dennoch möchte ich ein paar Worte zu den gängigsten Konferenz-Tools verlieren, die im Zuge der Covid-19-Pandemie besonders in den Mittelpunkt gerückt sind und auch von mir und meinem beruflichen Umfeld genutzt wurden. Im Wesentlichen waren das Skype, Zoom und Microsoft Teams. Die Perspektive eines Konzerns ist auf diese Werkzeuge natürlich eine andere als die einer Privatperson, die mit Eltern, Freunden oder den Großeltern kommunizieren will.

Beginnen wir mit dem während der Pandemie meistgenutzten Tool: Zoom. Dabei handelt es sich um eine skalierbare, cloudbasierte Plattform, die Online-Meetings, ganze Konferenzen, Webinare, Instant- und Gruppen-Messaging in Unternehmen jeder Größe ermöglicht. Zoom wurde 2011 von Ingenieuren gegründet, die davor bei Cisco und WebEx gearbeitet hatten. HD-Video und die hohe Audioqualität sind natürlich ideal für die Remote-Arbeit im Team. Mit den Desktop- und mobilen Anwendungen lassen sich Verbindungen von überall herstellen, unabhängig davon, ob auf Windows, Mac, iOS, Android, Blackberry oder H.323/SIP-Raumsystemen gearbeitet wird.

Zoom ist derzeit (Stand: September 2020) sicher der Favorit sämtlicher Agile Coaches. Bereits in der einfachen, sehr günstigen Pro-Version kann der Moderator mit verschiedenen Gruppen in voneinander getrennten Gruppenräumen arbeiten (Breakout Sessions). Der Moderator kann die Teammitglieder entweder manuell oder automatisch aufteilen (siehe Bild 3.7), möglich sind bis zu 50 separate Sitzungen.

Bild 3.7 Bilden von Gruppen in Zoom

Bei größeren Gruppen hat die automatische Zuordnung einen unschätzbaren Vorteil, denn 30 Teilnehmer oder mehr manuell zuzuteilen, braucht sehr viel Zeit. Wenn Sie mit einer Gruppe in der Größe eines Scrum-Teams arbeiten, also mit maximal zehn Teilnehmern, ist die manuelle Zuteilung – beim Refinement zum Beispiel nach Schwerpunkten – leichter handhabbar. Der Moderator kann jederzeit zwischen den einzelnen Sitzungen wechseln und sie automatisch nach einer exakt vorgegebenen Zeit beenden, um alle Teilnehmer wieder in die gemeinsame Session zu holen. Das Ende der Gruppensession wird 60 Sekunden vorher angekündigt und dann ist Zoom recht gnadenlos: „Aus“ bedeutet wirklich „aus“ und spart sehr viel Zeit. Das ist genau die Art von technischer Unterstützung, die Agile Coaches, Scrum Master und Product Owner neben einer funktionierenden Audio- und Video-Übertragung brauchen, zum Beispiel für die „Focus – Spread – Focus“-Technik, die ich Ihnen später für das Refinement vorstellen werde.

Zoom war lange das einzige Tool, mit dem diese Aufteilung in Gruppen möglich war. In Skype funktioniert es mehr schlecht als recht mit dem Trick, einzelne Skype-Sessions vorher anzulegen und die Teilnehmer dann zu bitten, die Sessions zu wechseln. Allerdings muss der Zeitpunkt für die Rückkehr in die gemeinsame Session abgesprochen werden – und das funktioniert in der Praxis selten bis nie, weil es immer noch etwas Interessantes zu besprechen gibt. In Microsoft Teams hingegen sind Breakout-Sessions nun auch möglich, allerdings war die Zeitsteuerung der Sessions erst für September 2020 angekündigt. Jedenfalls hat mir die Session-Zeitsteuerung von Zoom jedes Mal viel Wartezeit erspart. Ohne diese Funktion haben zuvor selbst die erfahrensten Agile Coaches die Timeboxes oft um mehr als fünf Minuten überzogen. Wie teuer das ein Unternehmen zu stehen kommt, habe ich ja schon vorgerechnet.

Shortcuts für effizienteres Arbeiten mit Konferenz-Tools

Sie kennen das: Person X ist nicht im Online-Meeting, weil sie die Einladung nicht erhalten hat. Alle suchen verzweifelt nach der richtigen Funktion, um Person X schnell dazuzuholen. Wieder vergeht wertvolle Zeit.

Ganz egal, welches Tool im Einsatz ist: Der Moderator und die Teammitglieder müssen mit dem Tool umgehen können – Werkzeuge sind schließlich nur so gut, wie es die Bedienung durch die Nutzer ist. Mit den Antworten auf die folgenden fünf Fragen können Sie die großen Zeitfresser in Online-Meetings umgehen. Sie und Ihre Scrum Master sollten sich die Shortcuts für die folgenden Aktionen zurechtlegen (in den eckigen Klammern stehen die Befehle für Zoom):

1. Wie lassen sich alle Teilnehmer stumm schalten? [Alt + A]
2. Wie lassen sich alle Teilnehmer mit Ausnahme des Moderators stumm schalten? [Alt + M]
3. Wie werden alle Kameras an- oder ausgeschaltet? [Alt + V]
4. Wie kann ich meinen Bildschirm teilen? [Alt + S]
5. Wie werden Teilnehmer hinzugefügt? [Alt + I]

Erstellen Sie für Ihr Team am besten eine Übersicht der wichtigsten und hilfreichsten Shortcuts, damit das lästige Suchen nach Funktionen abgestellt wird!

3.3.2 Arbeiten mit Collaboration-Tools

Ohne Ruckeln und Rattern miteinander – und vielleicht auch noch in separaten Gruppen – sprechen zu können, ist die eine Anforderung an ein Werkzeug für die Remote-Zusammenarbeit. Scrum-Teams brauchen aber noch etwas mehr: Sie brauchen auch echte „Collaboration"-Tools. Collaboration bedeutet eine effiziente, reibungslose Kommunikation über verschiedene Anwendungen und Kommunikationswege hinweg. Insbesondere bedeutet es die visuelle Zusammenarbeit, um Transparenz zu schaffen und damit Doppelarbeit, Verzögerungen und Fehlentscheidungen zu vermeiden. Für die weltweit verteilten Teammitglieder soll es sich so anfühlen, als würden sie wirklich in einem Raum gemeinsam vor dem Taskboard stehen.

Moderne Remote-Zusammenarbeit umfasst also Tools zur Echtzeit-Kommunikation, Telefonie, Chat, Webkonferenzsysteme, Anwendungen für das Teilen von Dateien und zur Ablage von Dokumenten, für gemeinsam geführte Kalender und das Projektmanagement, Brainstorming und Knowledge-Sharing.

Leider werden Sie bei Zoom & Co feststellen, dass die dazugehörenden Whiteboards nicht immer den Mehrwert bieten, den agile Teams für die professionelle Zusammenarbeit brauchen. Agile Teams brauchen

- ein Werkzeug für die virtuelle Zusammenarbeit,
- einen gemeinsamen virtuellen Raum,
- einen gemeinsamen virtuellen Schreibtisch,
- ein gemeinsames virtuelles Whiteboard und
- eine gemeinsame Trainingsplattform.

Auch wenn die Mitglieder tausende Kilometer voneinander entfernt sind, müssen agile Teams in Echtzeit

- gemeinsam Texte und Notizen erstellen und bearbeiten,
- Dokumente für alle auffindbar ablegen,
- gemeinsam mit PowerPoint arbeiten,
- gemeinsam User Storys bearbeiten („refinen"),
- gemeinsam eine Retrospektive gestalten,
- über Vorschläge abstimmen.

Bild 3.8 zeigt Ihnen eine Übersicht sämtlicher Tools, die für diesen Zweck zur Verfügung stehen. Ich persönlich nutze vorzugsweise DEON – ein deutsches Produkt mit einem Support-Team in Deutschland, das selbst spätabends noch umgehend antwortet und offen für Vorschläge zur technischen Weiterentwicklung des Produkts ist.

Diese Werkzeuge sind in der post-pandemischen agilen Welt noch wichtiger, weil sich in agilen Teams einige Unarten eingeschlichen haben, die nicht zu gebrauchen sind. Viele Teammitglieder finden es zum Beispiel großartig, wenn einer in JIRA an einem Dokument oder einer User Story arbeitet und alle anderen schauen passiv zu (oder machen überhaupt etwas anderes). Diese Form der Arbeitsteilung funktioniert nur so lange, wie alle hochkonzentriert bei der Sache sind. Sobald die Videokameras aber auf ein anderes Geschehen gerichtet sind, werden gleich mal die Mails und Nachrichten gecheckt.

Tool	Screenshare	Video/Audio	Multi-User Collaboration	Multi-User Dok.Bearbeit.	Chat	Voting	Lizenz	Hosting
Whiteboard-Tools								
Mural	Über Konferenz	Über Konferenz	✓	✓	✓	✓	Ja	US
Miro	Über Konferenz	Über Konferenz	✓	✓		manuell	Ja	via AWS
DEON	Über Konferenz	Über Konferenz	✓	✓	✓	✓	Ja	EU
Konferenz-Tools								
Teams	✓	✓	✓	✓	✓	✓		US/EU
Skype	✓	✓	✓	✗	✓	✗		US/EU
Zoom	✓	✓	✓	✗	✓	✗	Nein	US + wählbar
Slack	✗			✗		Mit Plugin	Nein	US/EU
Wiki								
Confluence	Über Konferenz	Über Konferenz	✓	Mit Plugin	✗	✓	Ja	On premise/cloud
Azure DevOps Wiki	Über Konferenz	Über Konferenz	✓	✗	✗	✗	Ja	On premise/cloud
Taskverwaltung/Ticketsystem/Scrum Boards/Kanban Boards								
Jira	Über Konferenz	Über Konferenz	✓	✗	✗	✗	Ja	On premise/cloud
Azure DevOps BL	Über Konferenz	Über Konferenz	✓	✗	✗	✗	Ja	On premise/cloud

Bild 3.8 Bausteine für effiziente Remote-Arbeit

> Für Agile Coaches ist das ein absolutes No-go und daher müssen sie dafür sorgen, dass sowas nicht passiert. Vermitteln Sie den Teammitgliedern, dass in den wenigen agilen Events absolute Konzentration gebraucht wird. Mailprogramme und Chats werden geschlossen, das Handy wird in den Flugmodus versetzt. Die nächsten 15 bis 90 Minuten (je nach Event) sind alle voll konzentriert dabei und für andere einfach nicht erreichbar.

3.4 Effizient remote arbeiten

Wenn Sie wollen, dass Ihr verteiltes agiles SAP-Team effizient arbeitet, ist Disziplin notwendig. Gepflegte Kalender für die agilen Events und Deep-Work-Zeiten (ich spreche gleich darüber), verbindliche Absprachen und das exakte Timeboxing aller agilen Events sind beim weltweit verteilten Arbeiten unverzichtbar. Das führt zum einen zur notwendigen Transparenz unter den Teammitgliedern: Wer ist gerade erreichbar? Zum anderen lässt sich dadurch ein klarer agiler Tagesplan einhalten. Wenn die Dailys, Planning Events und Refinements ständig zu spät beginnen und/oder überzogen werden, entstehen Frustration und Stress, weil es die gesamte Aufgabenplanung für den Tag über den Haufen wirft.

Dass die agilen Events keine Minute zu spät beginnen und entweder vor oder pünktlich zum Ablauf der Timebox enden, habe ich schon mehrmals betont. Mindestens genauso wichtig ist aber die perfekte Vorbereitung auf die agilen Events. In vielen Konzernen in unterschiedlichen Branchen hat es sich in den letzten Jahren eingebürgert, sich erst nach dem Beginn des Meetings mit der Tagesordnung zu beschäftigen und sich dazu Updates zu holen. Vorbereitet ist in den meisten Fällen nur die Person, die den jeweiligen Tagesordnungspunkt vorträgt.

Mit der agilen Arbeitsweise passt das nicht zusammen. Beim Daily Scrum werden zum Beispiel alle Tasks/Aufgaben, die seit dem letzten Daily erledigt wurden, bereits vor dem Daily upgedatet und die Teammitglieder haben sich die anstehenden Aufgaben im Vorhinein überlegt. So gut vorbereitet geht ein agiles SAP-Team in jedes Event!

3.4.1 Deep-Work-Zeiten

Cal Newport, Professor für Informatik an der Georgetown University, zitiert in seinem Buch „Deep Work" (Newport 2016) eine Studie von McKinsey aus dem Jahr 2012: Demnach verbringt der durchschnittliche Wissensarbeiter pro Woche ungefähr 60 Prozent seiner Arbeitszeit mit elektronischer Kommunikation oder Suchen im Internet. Allein 30 Prozent davon entfallen auf das Lesen und Beantworten von E-Mails. Den ganzen Tag über wird so ein Wissensarbeiter etwa 80 Mal gestört. Das sind nicht die besten Voraussetzungen, um das Doppelte in der halben Zeit zu schaffen beziehungsweise um Leistungen in hoher Qualität zu erbringen.

Anzahl der gleichzeitig begleiteten Projekte	Verfügbare Arbeitszeit je Projekt	Reibungsverluste durch Projektwechsel
1	100%	0%
2	40%	20%
3	20%	40%
4	10%	60%
5	5%	75%

Bild 3.9 Je mehr Kontextwechsel desto größer der Verlust an verfügbarer Arbeitszeit (Quelle: Weinberg 1992, S. 284)

Neben der ständigen Gefahr der Ablenkung gibt es noch einen zweiten Faktor, der uns ineffizient werden lässt: das ständige Hin- und Herspringen zwischen verschiedenen Aufgaben und Projekten. Der Kontextwechsel – auch wenn wir dem Kollegen oder der Kollegin nur mal kurz für fünf Minuten helfen – kostet richtig viel Zeit (Bild 3.9). Wenn wir am Tag zwischen drei Projekten springen, geht dadurch beinahe die Hälfte unserer Produktivität verloren.

Nun lässt es sich nicht immer vermeiden, dass manche Teammitglieder Teil von mehr als einem Scrum Team sind. In solchen Fällen sollte aber exakt geplant werden. Konkret bedeutet das, für die Aufgaben in jedem Team jeweils ganze Tage einzuplanen. Reibungsverluste können Sie reduzieren, wenn für Projekte tageweise gearbeitet wird und das mit den jeweiligen Teams auch genau abgesprochen wird. So weiß jedes Teammitglied, an welchen Projekttagen auf wen zurückgegriffen werden kann.

Falls Ihnen die Weinberg-Studie zu alt ist und Ihnen die Reibungsverluste zu überzogen vorkommen, empfehle ich Ihnen und Ihrem Team einen Selbstversuch mit der „A-1-I-Simulation“[1]. Innerhalb von 20 Minuten können Sie damit erfahren, wie sich häufige Kontextwechsel auf die Produktivität auswirken. Dieses Experiment läuft in zwei Durchgängen ab:

1. Im ersten Durchgang werden die Projekte A, 1 und I parallel abgearbeitet.
2. Im zweiten Durchgang wird bei jedem Schritt zwischen den Projekten hin- und hergesprungen.

Die Regeln für die Simulation sehen Sie in Bild 3.10.

Zeitlicher Ablauf der A-1-I-Simulation (Zeitbedarf: 20 Minuten)	
Einführung	2 Minuten
Vorstellen der Regeln	2 Minuten
Stifte, Papier und Stoppuhr vorbereiten	2 Minuten
1. Durchgang	Parallele Abarbeitung von drei Projekten
2. Durchgang	Sequenzielle Abarbeitung von drei Projekten
Debriefing/Erkenntnisse	5 Minuten

[1] Diese Simulation stammt nicht von mir, ich konnte aber nicht mehr nachvollziehen, wer sie entwickelt hat. Danke für zweckdienliche Hinweise!

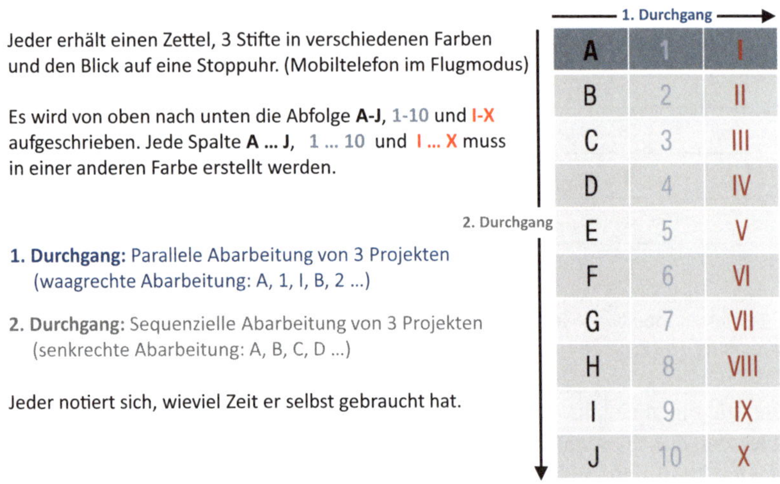

Bild 3.10 Ablauf der A-1-I-Simulation

Das von Cal Newport beschriebene „Deep Work" ist nun eine Methode, die konzentriertes Arbeiten für das einzelne Teammitglied ermöglicht. Man taucht tief in ein Thema ein und dadurch geht die Arbeit an einer Story oder an einem Task mit großen Schritten voran. Dieses tiefe Eintauchen in die eigene Arbeit macht uns produktiver, weil es uns zum berühmten „Flow" verhilft, und es macht uns langfristig entspannter.

Im Grunde geht es darum, Freiräume zu schaffen, in denen wir vollkommenen Fokus bei höchster Konzentration finden können. Das ist natürlich nicht nur in Zeiten einer Pandemie notwendig, sondern immer dann, wenn Menschen in weltweit verteilten Teams zusammenarbeiten. Darum ist der wichtigste Deep-Work-Schritt die komplette Abschottung von der Außenwelt. In diesem Zeitraum verzichten wir auf soziale Kontakte und alles, was nicht für das Erledigen der Aufgabe gebraucht wird.

Ähnlich wie ein Mönch im Kloster zieht man sich zurück, um still einer wichtigen Aufgabe nachzugehen. Das ist ausschlaggebend: Während des „Deep Work" befassen wir uns mit anspruchsvollen Aufgaben und nicht mit „Shallow Work" – also mit Arbeit, die man problemlos erledigen könnte, selbst wenn man etwas abgelenkt ist.

Cal Newport schlägt für effizientes Deep Work die folgenden Strategien vor:

1. Planen Sie Deep-Work-Zeiten im Voraus ein, am besten regelmäßig.
2. Tragen Sie die Deep-Work-Zeiten in Ihren Kalender ein und beraumen Sie mindestens zwei, besser noch drei Stunden dafür an.
3. Lehnen Sie alle Termine ab, die für diese Zeiträume an Sie herangetragen werden.
4. Schaffen Sie sich Rituale für Ihre Deep-Work-Phasen.
5. Schalten Sie Mobiltelefon, E-Mail, Chats etc. in diesem Zeitraum aus.

Ein gemeinsamer Kalender mit Deep-Work-Zeiten könnte zum Beispiel aussehen wie in Bild 3.11. Pro Woche vertiefen sich die Mitglieder dieses Teams in insgesamt fünf Slots in die Arbeit, sie sind für niemanden zu erreichen und genießen den Flow.

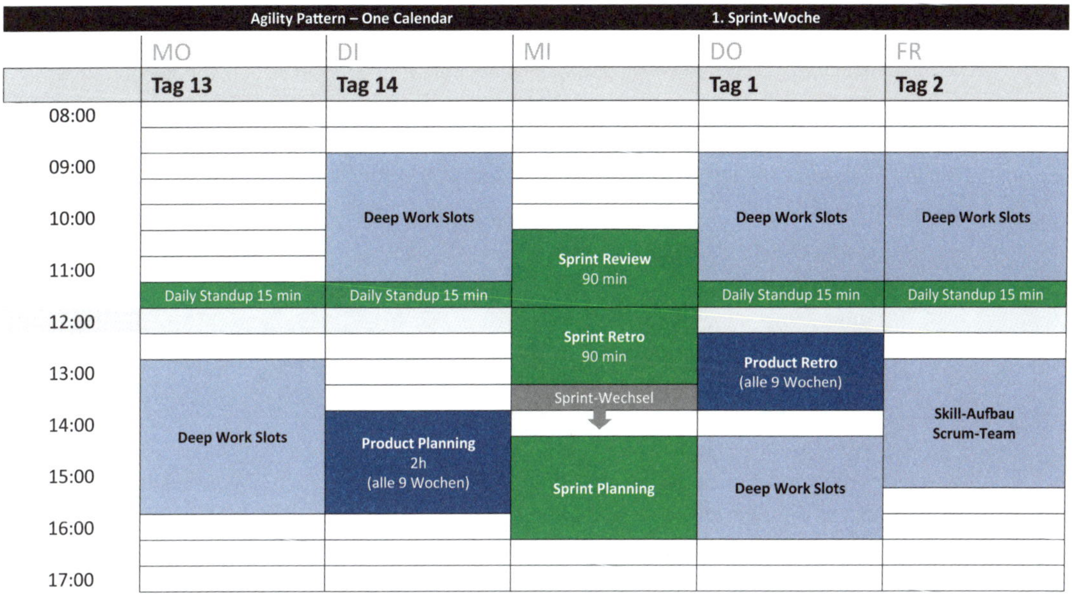

Bild 3.11 Teamkalender mit Deep-Work-Zeiten

Bei diesem Agreement kommen übrigens auch die Spätaufsteher auf ihre Kosten. Wer seinem Organismus um 9.00 Uhr noch kein Deep Work zumuten kann, lässt die morgendlichen Slots einfach weg und hängt nach 16.00 Uhr noch einen Slot dran. Der einzige gemeinsame Morgentermin in dieser ersten Sprint-Woche ist das Sprint Review am Sprintwechseltag, der bei diesem Team auf den Mittwoch fällt.

3.4.2 Working Agreement

Alle Regeln, die sich ein agiles SAP-Team gibt, sind in einem einfachen, aber wirkungsvollen Working Agreement - einer gemeinsamen Vereinbarung - zusammengefasst (auch Team-Charta genannt). Das ist eine Sammlung von Richtlinien, die vom Team für das Team erstellt wird. Das Working Agreement legt fest, was die Teammitglieder voneinander erwarten. Ein gut geschriebenes Agreement trägt immer dazu bei, dass zwischen den Teammitgliedern ein klares, gemeinsames Verständnis darüber herrscht, was als gutes Verhalten und gute Kommunikation anerkannt wird.

Die Anforderungen an ein Working Agreement

- Ein Working Agreement ist eine Liste von Vereinbarungen zu verschiedenen Verantwortungsbereichen des Teams.
- Es ist öffentlich und gut sichtbar – vorzugsweise in großer Schrift – an einem leicht zugänglichen Ort angebracht.
- Das Working Agreement wird von den Teammitgliedern gemeinsam geschaffen und niemandem aufgezwungen.
- Das, was im Working Agreement geschrieben steht, ist leicht zu merken und muss eingehalten werden.
- Ein Working Agreement lebt, das heißt, es entwickelt sich weiter – meistens nach der Retrospektive.

Welche Punkte werden in einem Working Agreement festgehalten? Meistens handelt es sich dabei um die Bereiche Disziplin, Tools, Arbeitsmodell und Werte. Das könnte dann folgendermaßen aussehen:

Teamdisziplin

- Wir erscheinen absolut pünktlich zu den Meetings/Events.
- Wir kommen perfekt vorbereitet zu den Events.
- Bei Unklarheiten stellen wir Fragen.
- Anstatt zu diskutieren oder Streitgespräche zu führen, beraten wir uns gegenseitig.
- Wir hören aktiv zu und nutzen Reformulierungen.
- Während des agilen Events sind unsere Handys ausgeschaltet oder im Flugmodus.
- Wir schalten die Mikrofone aus, wenn wir nicht sprechen und/oder uns in einer lauten Umgebung befinden.

Auch Vorschriften lassen sich nett rüberbringen – zum Beispiel mit aussagekräftigen Bildchen, die die Regeln unmissverständlich aufzeigen (Bild 3.12).

Bild 3.12 Meeting-Regeln – nicht alle ganz ernst gemeint

Tools

- Wir nutzen Zoom für die Kommunikation und Gruppenarbeiten.
- Die Videokameras sind immer an.
- Wir nutzen DEON als Collaboration-Tool.
- Fragen stellen wir im Chat, damit sie für alle sichtbar sind.

Agiles Arbeitsmodell

- Wir arbeiten mit Zwei-Wochen-Sprints.
- Unsere Arbeit dokumentieren wir mit JIRA und Confluence.
- Für Impediments nutzen wir das Impediment Flag auf Story-Ebene und konkretisieren das Impediment im Kommentarfeld der User Story.
- Die Detailplanung für die Umsetzung der Storys erfolgt mit Sub-Tasks oder Tasks.
- Ein Sub-Task hat eine Größe von 3 bis 4 Stunden.
- Wir arbeiten mit der Definition of Ready, Version 2.5 – siehe eigenes Dokument.
- Wir arbeiten mit der Definition of Done, Version 2.9 – siehe eigenes Dokument.
- Es gelten die agilen Dokumentationsrichtlinien in der Version 2.2.
- Alle Tests werden mit XRAY dokumentiert.
- Wir schätzen unsere Storys relativ mit Story Points: 1, 2, 3, 5, 8, 13, 21
- Storys mit mehr als 5 Story Points sind zu groß für einen Sprint und müssen gesplittet werden.
- Die Limitierung unseres Work in Progress (WIP) funktioniert folgendermaßen: ...
- Defects werden nach der gleichen Methode wie Storys geschätzt.
- Jede unserer Retrospektiven endet mit mindestens einem Punkt für die Verbesserung, den wir als CIP in den Sprint Backlog aufnehmen.
- Wir leben und arbeiten im Team nach der Tandem-Regel.
- Für offene Fragen in den Refinements bilden wir Spikes.

Werte

Fokus bedeutet für uns, dass wir uns jeweils auf wenige Storys konzentrieren. So können wir gut zusammenarbeiten und hervorragende Arbeit leisten.

Wir unterstützen einander, fühlen uns daher nicht alleine und haben mehr Ressourcen zur Verfügung. Das gibt uns den *Mut*, uns größeren Herausforderungen zu stellen.

Wenn wir zusammenarbeiten, üben wir uns in *Offenheit*. Wir versuchen auszudrücken, wie es uns geht und was uns im Weg steht. Wir lernen, Bedenken zu äußern und sie anzusprechen.

Unsere Aussagen sind von *Verbindlichkeit* geprägt. Wir haben unser Schicksal selbst in der Hand und setzen uns für den Erfolg ein. Wir teilen Erfolge und Misserfolge und gehen daher *respektvoll* miteinander um. Umgekehrt helfen wir uns gegenseitig, des Respekts würdig zu werden.

Sollten Sie frisch mit einem verteilten agilen SAP-Team starten, das bisher nur klassisch gearbeitet hat, wird es vielleicht etwas dauern, bis die neue Art der Zusammenarbeit verstanden und gelebt wird. Regeln gemeinsam auszuhandeln und zu vereinbaren, ist eine gute Grundlage für das „Heranreifen" eines wirklich agilen Teams. Sehen wir uns abschließend an, welche Reifegrade ein Team dabei durchwandert. Eines vorab: Ich versuche prinzipiell, meine Teams schrittweise bis zum Reifegrad 4 zu bringen.

3.5 Agile Online-Reifegrade verteilter Teams

So wie die wenigsten Staaten der Welt hatten wohl auch die wenigsten Unternehmen der Welt mit einer Pandemie gerechnet, die uns von einem Tag auf den anderen zum Zuhausebleiben zwingt. Dementsprechend wurden unzählige Menschen von der Notwendigkeit überrascht, in erster Linie online zu kommunizieren und ihre Arbeit remote zu erledigen. Was dabei deutlich positiv und in anderen Fällen negativ zutage getreten ist, war einerseits der technische Vorbereitungsgrad auf solche Situationen und andererseits die Fähigkeit von Teams, remote effizient zusammenzuarbeiten und die Produktivität aufrechtzuerhalten. Alle Werkzeuge sind immer nur so gut wie das Können und der Wissensstand der Personen, von denen sie benutzt werden.

Bei einem Workshop mit Lisette Sutherland im März 2020 habe ich zum ersten Mal von den Online-Reifegraden eines Teams gehört. Lisette zeigte uns das Modell von Matt Mullenweg, dem Gründer von Automattic, zu dessen wichtigsten Produkten „Wordpress" gehört.[2] Mullenweg spricht von insgesamt fünf Reifegraden bzw. Levels: Auf Level 1 beginnt ein Unternehmen mit der technischen Minimalausstattung von Mitarbeiterinnen und Mitarbeitern mit E-Mail, auf die sie auch von zuhause aus zugreifen können und einem Smartphone, über das sie sich zur Not in ein Online-Meeting mit mehreren Leuten einwählen können. Level 5 wäre nach Mullenweg das „Nirvana": Die verteilten Teams arbeiten remote besser zusammen, als es ein Team in einem gemeinsamen Büro jemals könnte. Das Nirvana kommt für Mullenweg nach Level 4, der asynchronen Zusammenarbeit. Dabei wird berücksichtigt, dass Menschen im wahrsten Sinne des Wortes biorhythmisch unterschiedlich ticken und nicht gezwungen werden sollten, immer sofort eine Antwort auf etwas zu geben, worüber man eigentlich eine Weile nachdenken sollte. Level 5 ist selbst laut Mullenweg kaum zu erreichen. Es ist erreicht, wenn jeder im Unternehmen auch seine geistige Gesundheit pflegen kann und die Mitarbeiter ihr bestes Selbst und ihr höchstes Maß an Kreativität einbringen, um die beste Arbeit zu leisten und einfach nur Spaß zu haben.

Zugegebenermaßen kann ich mit dem Nirvana-Level wenig anfangen. Als Agile Coach kann ich mir nicht vorstellen, es einfach den Teammitgliedern zu überlassen, ob sie zu einem agilen Event kommen oder nicht. „Ich komme, wann ich will", verbunden mit „ich arbeite, wann ich will" ist sicher ein guter Ansatz von Mullenweg, um die Produktivität von Nachteulen und Frühaufstehern zu steigern. Mir sind diese Grenzen aber zu weit offen. Die beinahe gleichen Freiheiten bietet ja auch der gemeinsame Teamkalender: Die Deep-Work-Zeiten sind frei wählbar. Die Teilnahme an den agilen Events des Teams ist für mich einfach ein Muss.

---

2 Matt Mullenweg spricht übrigens in Folge 194 des Podcasts „Making Sense" von Sam Harris über dieses Thema: *https://samharris.org/podcasts/194-new-future-work/*

Deshalb habe ich meine eigene, auf agile Teams zugeschnittene Klassifizierung mit vier Evolutionsstufen entwickelt. Der „Agile Online-Reifegrad“ (AOR) zeigt nicht nur, wie fähig ein Team im Umgang mit Remote-Arbeit ist, sondern auch wie es im Team um das agile Verständnis bestellt ist (Bild 3.13).

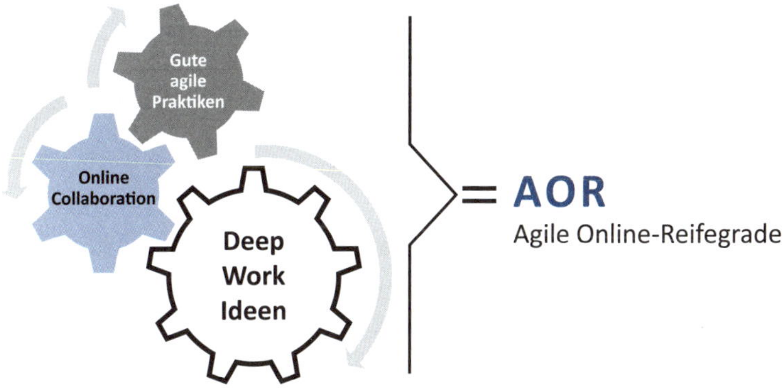

Bild 3.13 Die Elemente der Agilen Online-Reifegrade

Level 1 – Bronze: Steinzeitliche Remote-Arbeit

Als die COVID-19-Pandemie ausgebrochen ist, standen viele Unternehmen in puncto Remote-Arbeit noch völlig am Anfang, obwohl es die Werkzeuge dafür seit Jahren gibt. Das Bronze-Level bedeutet, dass es seitens der Organisation wenig bewusste und wenig geplante Unterstützung des Online-Arbeitens mit verteilten Teams gibt. Das Arbeiten vom Homeoffice aus ist nicht verboten, aber wird nicht explizit angestrebt. Für Telefonkonferenzen wird höchstens Skype ohne Video genutzt, die Mitarbeiterinnen und Mitarbeiter können zuhause ihre E-Mails abrufen und vielleicht noch chatten. Das war's. Die grundlegende Haltung hinter dem Ganzen lautet: Wir können ja nicht wissen, ob die Leute zuhause wirklich ihre Arbeit machen.

Auf diesem Level wird im Prinzip ein typischer Arbeitstag im Büro im Homeoffice reproduziert – nur dass die Meetings eben nicht in einem Raum stattfinden, sondern über ein schlecht genutztes, rudimentäres Tool für die Online-Kommunikation. Der Kollege steht nicht plötzlich neben dem Schreibtisch, sondern schreibt Dutzende E-Mails oder meldet sich ständig im Chat.

Dieser Reifegrad bringt alle Nachteile mit sich, die ich schon besprochen habe: Meetings beginnen nicht, wie anberaumt, um 10.00 Uhr, sondern frühestens um 10.05 Uhr, weil noch technische Probleme beseitigt werden müssen und sich noch nicht alle eingewählt haben. Für einen Scrum Master ist das Bronze-Level also ein Albtraum. Je größer das Team ist, desto mehr Zeit geht verloren und desto größer der „Waste“. Mullenweg vergleicht dieses Stadium mit den Hörspielen der 1930er-Jahre: Das waren im Wesentlichen Theaterstücke, die über das Radio ausgestrahlt und nicht an das neue Medium und die Zuhörer angepasst wurden.

So ist es auch auf dem Bronze-Level der Remote-Arbeit: Wie die Arbeit getan wird bzw. getan werden soll, bleibt im Homeoffice gleich wie im Büro – es gibt halt ein paar ungenügende Tools mehr dafür. Level 1 ist ein erster netter Ansatz, bringt aber nix.

Level 2 – Silber: Neue Werkzeuge dürfen genutzt werden

Nach wie vor werden die Werkzeuge aus Level 1 genutzt, aber ein wenig intensiver. Skype wird mit Video verwendet, PowerPoints werden geteilt, die Teammitglieder besprechen Epics und User Storys in JIRA. Von zehn Teammitgliedern im Call sind zwei aktiv: Einer tippt die Ergebnisse in JIRA ein – die anderen schauen zu und sind passiv.

Auf Level 2 wird von den Mitarbeiterinnen und Mitarbeitern aber immer noch erwartet, dass sie von 9.00 bis 17.00 Uhr online sind. Den Teams werden Outlook-Termine eingestellt und man hat verfügbar zu sein. Agile Events werden noch immer nicht mit Priorität 1 behandelt. Nach wie vor kommen die Teammitglieder unvorbereitet zum Call. Auf dieser Stufe fehlt noch das Verständnis für Pünktlichkeit und Vorbereitung.

Level 3 – Gold: Remote-Arbeit beginnt Spaß zu machen

Das Team nutzt die Online-Werkzeuge jetzt richtig. Neben trivialen Werkzeugen wie Skype kommen nun echte Collaboration-Tools wie DEON, Miro und Whiteboards zum Einsatz, um gemeinsam an einem Thema zu arbeiten, zum Beispiel in einem Refinement oder beim User Story Mapping. Die Videokameras sind grundsätzlich eingeschaltet und es wird das gesamte Spektrum der Kommunikation genutzt.

Das Arbeiten mit Collaboration-Tools bedeutet auch, dass jedes Teammitglied aktiv dabei ist. Die Teilnehmerinnen und Teilnehmer sehen und fühlen jede Interaktion der anderen. Es wird nicht mehr versucht, analoge Arbeitsweisen 1 : 1 in die digitale Arbeitswelt zu übertragen, sondern die agilen Teams passen sich dem Medium an, um alle Vorteile zu nutzen. Dokumente werden gemeinsam bearbeitet, sind für alle sichtbar und werden während eines Events in Echtzeit aktualisiert. Dadurch entsteht ein gemeinsames Verständnis dessen, was diskutiert und entschieden wird – das Risiko von Übersetzungsfehlern und Zeitverlusten sinkt. Für jedes agile Event hat der Agile Coach eine exakte Agenda, eine Timebox und zu einigen Agenda-Punkten werden auch Gäste eingeladen, zum Beispiel die Stakeholder im Rahmen von Reviews. Gezielt wird diesen Gästen zum Beispiel der angepasste SAP-Prozess in einer Live-Demo gezeigt. Auf diesem Level investieren Unternehmen bewusst in gute technische Ausrüstung, weil sie den Vorteil erkennen.

Je mehr die Arbeit an voneinander entfernten Standorten forciert wird, desto wichtiger wird die effektive schriftliche Kommunikation. Wenn über die Refinements und agilen Events hinaus Bedarf an Besprechungen besteht, finden diese nur noch statt, wenn es absolut notwendig ist und die gleichen Ergebnisse nicht durch ein spontanes Ad-hoc-Gespräch, einen Anruf, eine E-Mail oder Sofortnachricht erreicht werden können.

Das Daily Scrum dauert standardmäßig 15 Minuten und geht nur dann länger, wenn es absolut notwendig ist. Je kürzer die Besprechung, desto prägnanter müssen die Inhalte sein und desto weniger Zeit bleibt für sinnlosen Smalltalk und Geschwafel. Jede zusätzliche Besprechung hat eine Tagesordnung und einen Moderator, der auf exaktes Timeboxing achtet.

Level 4 – Platin: Die Produktivität steigt

In der Velocity des Teams zeigt sich, dass die Produktivität deutlich steigt. Alle agilen Events finden mit einer klaren Agenda für jeden Time-Slot und einer unumstößlichen Timebox statt. Der Moderator bzw. der Scrum Master weiß, dass sich bei Online-Meetings spätestens nach 40 Minuten eine gewisse Müdigkeit einstellt. Daher gibt es bei längeren Events spätestens alle 45 Minuten eine Pause und/oder Übungen, mit denen die Teilnehmerinnen und Teilnehmer wieder aufwachen. Während der Online-Events sind alle anderen Kommunikationskanäle offline, nur die Chatfunktionen der Konferenz- und Collaboration-Tools sind an. Im Collaboration-Tool arbeiten alle professionell und gemeinsam an einem Thema. Das Team hat Spaß an der Arbeit und die Effektivität wächst in kleinen Schritten.

Um den Arbeitsablauf zu planen, spricht sich das Team ab und plant im gemeinsamen Kalender ungestörte Deep-Work-Zeiten für das Arbeiten am Sprint Backlog ein. Die Manager kennen diese Absprachen, respektieren und unterstützen sie. Vor allem das Sprint Planning und das Refinement sind Events, bei denen es hochkonzentriert zur Sache geht. Tools und vor allem die Möglichkeit zur Gruppenarbeit spielen eine wesentliche Rolle (siehe Bild 3.14).

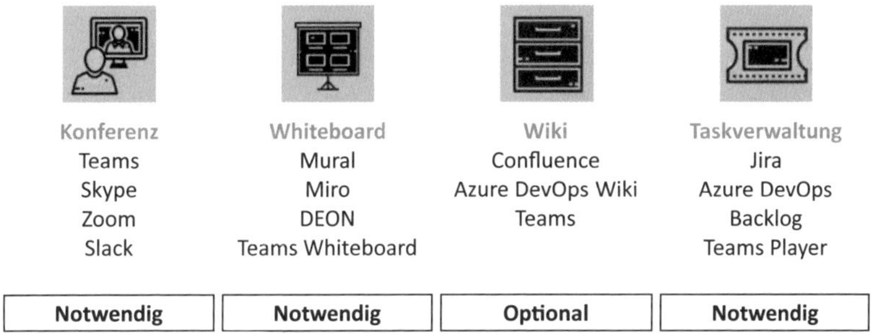

Bild 3.14 Tools für das Remote-Refinement und Planning

Außerhalb der agilen Events läuft die Kommunikation asynchron. Während am Sprint Backlog gearbeitet wird, sind die Teammitglieder nicht erreichbar. Wenn wir genau überlegen, erkennen wir ja auch: Auf die meisten Dinge muss man nicht sofort reagieren – manchmal ist es sogar besser, nicht sofort zu reagieren. Sollte etwas wirklich extrem wichtig sein, wird dafür die Absprache getroffen, in einem Chat oder E-Mail im Betreff den Zusatz „WICHTIG“ zu verwenden. Die Nachricht muss dann alle Informationen enthalten, die für den Empfänger wichtig sind. Hier zum Beispiel die Nachricht eines Product Owners an einen Stakeholder:

Hallo Davina,

für das Refinement am 22. Juli findest du im Anhang deine zusammengefassten Anforderungen in Form einer Story. Wenn sie so für dich okay ist, ändere bitte den Workflow-Status der Story bis heute 16.00 Uhr von NEW auf OPEN.

Falls du Bedenken hast oder es Fragen gibt, ruf mich bitte unter der Nummer 66 555 1990 an.

Danke

Klaus

Es klingt seltsam, aber für die asynchrone Kommunikation müssen wir erst wieder lernen, die Stille auszuhalten. Als wir einander noch Briefe geschrieben haben, mussten wir doch auch tagelang auf eine Antwort warten und die Welt steht immer noch.

Zusammenfassend finden Sie in Bild 3.15 noch einmal einen Überblick über die vier Levels. Anhand der Checkliste können Sie feststellen, wo Sie sich mit Ihrem Team gerade befinden.

LEVEL 1	LEVEL 2	LEVEL 3	LEVEL 4
Bronze ☐	**Silber** ☐	**Gold** ☐	**Platin** ☐
☒ Nutzung von Skype oder Zoom rudimentär	☒ Bessere Nutzung von Skype oder Zoom	☒ Aktive Skype-Nutzung mit Video	☒ Skype/Zoom mit Gruppenarbeiten
☒ Video immer aus	☒ Video fast immer aus	☒ Collaboration Tools im Einsatz	☒ Es gibt eine detaillierte Agenda und alle Teilnehmer sind top vorbereitet
☒ Meetings starten meist 5 Minuten verspätet	☒ Meetings starten immer noch 3 Minuten verspätet	☒ Agenda mit Timeboxing	☒ Alle nicht genutzten Medien **offline**
☒ Keine weiteren Collaboration Tools	☒ Einer präsentiert aktiv, die anderen sind passiv	☒ Alle Teilnehmer arbeiten aktiv mit	☒ Alle Teilnehmer arbeiten aktiv mit
☒ E-Mail-Empfang möglich	☒ Wenige Teilnehmer sind auf das Event vorbereitet	☒ Alle Teilnehmer sind top auf die Agenda des Events vorbereitet	☒ Niemand arbeitet parallel
☒ Chat möglich	☒ Erste Ansätze von Timeboxing	☒ Es gibt für die Online-Arbeit besseres Equipment	☒ Blocks für Deep-Work-Stunden ohne Störung

Bild 3.15 Welchen agilen Online-Reifegrad hat Ihr Team bzw. Ihr Unternehmen?

4 Mit agilen SAP-Teams starten

Auch wenn ich umgehend wieder das Argument „Aber wir entwickeln doch gar keine Software!" zu hören bekomme, mache ich als Agile Coach und Berater mit jedem neuen Team das Gleiche: Ich werfe mit den Teammitgliedern gleich zu Beginn einen genauen Blick auf das Manifest für Agile Softwareentwicklung:

> *Wir erschließen bessere Wege, Software zu entwickeln, indem wir es selbst tun und anderen dabei helfen. Durch diese Tätigkeit haben wir diese Werte zu schätzen gelernt:*
>
> | | | |
> |---|---|---|
> | *Individuen und Interaktionen* | *mehr als* | *Prozesse und Werkzeuge* |
> | *Funktionierende Software* | *mehr als* | *umfassende Dokumentation* |
> | *Zusammenarbeit mit dem Kunden* | *mehr als* | *Vertragsverhandlungen* |
> | *Reagieren auf Veränderung* | *mehr als* | *das Befolgen eines Plans* |
>
> *Das heißt, obwohl wir die Werte auf der rechten Seite wichtig finden, schätzen wir die Werte auf der linken Seite höher ein.*
>
> *agilemanifesto.org*

Das Agile Manifest wird zwar sehr oft zitiert, allerdings fallen dabei oft die zwölf Prinzipien unter den Tisch, die hinter diesem Manifest stehen. Man kann in diesen zwölf Prinzipien das Wort „Software" durch was auch immer ersetzen – die Aussagen haben universelle Gültigkeit:

1. Unsere höchste Priorität ist es, den Kunden durch frühe und kontinuierliche Auslieferung wertvoller Software zufriedenzustellen.
2. Heiße Anforderungsänderungen selbst spät in der Entwicklung willkommen. Agile Prozesse nutzen Veränderungen als Wettbewerbsvorteil für den Kunden!
3. Liefere funktionierende Software regelmäßig innerhalb weniger Wochen oder Monate und bevorzuge dabei die kürzere Zeitspanne.
4. Fachexperten und Entwickler müssen während des Projekts täglich zusammenarbeiten.
5. Setze Projekte rund um motivierte Individuen auf. Gib ihnen das Umfeld und die Unterstützung, die sie benötigen und vertraue darauf, dass sie die Aufgabe erledigen.
6. Die effizienteste und effektivste Methode, Information an ein und innerhalb eines Entwicklungsteams zu übermitteln, ist das Gespräch von Angesicht zu Angesicht.
7. Funktionierende Software ist das wichtigste Maß für den Fortschritt.
8. Agile Prozesse fördern eine nachhaltige Entwicklung. Die Sponsoren, Entwickler und User sollten in der Lage sein, eine konstante Geschwindigkeit unendlich aufrecht zu erhalten.

9. Das ständige Augenmerk auf technische Exzellenz und gutes Design fördert die Agilität.
10. Einfachheit – die Kunst, die Menge nicht getaner Arbeit zu maximieren – ist essenziell.
11. Die besten Architekturen, Anforderungen und Entwürfe entstehen durch selbstorganisierte Teams.
12. In regelmäßigen Abständen reflektiert das Team, wie es effektiver werden kann und passt sein Verhalten entsprechend an.

Wie ich schon in Kapitel 1 erwähnt habe, wurde der Fokus von Scrum im Scrum Guide schon längst erweitert. Es wird ausdrücklich betont, dass Scrum in allen möglichen Kontexten eingesetzt werden kann. Daher nehme ich das „Aber ..." zwar zur Kenntnis, aber mit Scrum kann man definitiv arbeiten, wenn eine Standardsoftware angepasst werden soll. Es hält der Einführung von Prozessen im Sinne einer erweiterungsfähigen Software stand, deren Release-Fähigkeit wir durch modifikationsfreie Anpassungen und Erweiterungen erreichen wollen.

> **!** Ja, das Agile Manifest gilt mit allen seinen zwölf Prinzipien für jede Art von agilen SAP-Projekten! Deshalb ist es meine Grundlage für die Arbeit mit agilen SAP-Teams.

4.1 Wir brauchen eine Vision

Mein inzwischen emeritierter BWL-Professor sagte in seinen Vorlesungen noch vor Helmut Schmidt: „Wer Visionen hat, sollte zum Arzt gehen." Auch in einem meiner Projekte stellte mein Gegenüber Folgendes fest: „Produktvisionen oder Vision Statements für das neue SAP-Modul, für die S/4-HANA-Implementierung, für das neue SAP-Projekt – das ist ganz oft eine Fehlanzeige. Man hat keine Zeit und ist zu beschäftigt, um über eine Vision nachzudenken. ‚Eine Vision erstellen' klingt immer irgendwie nach Weichei und Zeitverschwendung, das brauchen wir nicht."

Aber wahrscheinlich würden Sie in Ihrem SAP-Projekt gerne den folgenden Zustand sehen:

- Die Teammitglieder wissen, warum sie die Dinge tun.
- Die Teammitglieder wissen, welche Ziele sie haben.
- Die Teammitglieder verstehen, warum welche Prioritäten gesetzt werden.
- Die Teammitglieder wissen, was ihr Produkt auszeichnet.

Im Scrum Guide 2020 wird zwar nur mehr vom „Produkt-Ziel" gesprochen, aber ich möchte hier gerne beim Begriff der Vision bleiben. Visionen sind weder Utopien noch Halluzinationen. Im agilen Kontext sind sie ein Idealbild, die Wunschvorstellung des Product Owners für sein Produkt. Der Product Owner ist nämlich derjenige, der für den Erfolg eines Produkts oder Projekts verantwortlich ist, denn laut Scrum Guide hat er die Aufgabe, den Wert des Produkts zu maximieren. Deshalb wird er die Einträge im Product Backlog auch so sortieren, dass er sein Ziel, seine Mission – seine Vision – erreichen kann. Also ist es richtig und wichtig, dass sich ein Product Owner eine Vision für sein SAP-Projekt entwickelt.

Was ist eine Produktvision?

- Die Produktvision beschreibt den Zweck eines Produkts.
- Die Produktvision reflektiert die Absicht, mit der das Produkt erschaffen wird.
- Die Produktvision zeigt, was die Kunden, die direkte Zielgruppe und die Endanwender mit diesem Produkt erreichen sollen.

Wir sprechen bei einer Vision also über den zukünftigen Zustand des Produkts, eines Prozesses oder eines SAP-Moduls und darüber, welche Probleme damit gelöst werden. Das ist jetzt nichts Verwerfliches und hat auch nichts von Weichei, oder?

Ganz im Gegenteil: Eine glasklare und inspirierende Produktvision hilft dabei, unsere Entwicklungsteams, unsere Stakeholder, unsere Kunden und Anwender zu motivieren – und das ist auch der Unterschied zu einem bloßen Ziel. Sie liefert dem Scrum-Team ein gemeinsames Verständnis der Richtung, in die es sich bewegen soll. Dem Entwicklungsteam hilft sie bei technischen Überlegungen und die Stakeholder erkennen, warum welche Priorität gesetzt wurde und was welchen Wertbeitrag liefert. Für die Anwender ist eine Vision spürbar, weil sie intuitiv verstehen, warum und wie sie das Produkt einsetzen sollen. Darüber hinaus unterstützt die Vision den Product Owner bei allen Entscheidungen, die er jeden Tag treffen muss, denn er hat damit etwas in der Hand, an dem er sich orientieren kann. Es ist daher einfach unglaublich wichtig, eine Produktvision zu haben.

Wichtig ist, dass sich ein Product Owner dieser wichtigen Aufgabe nicht entzieht. Er ist die Quelle und der Treiber der Vision, er wird sie leidenschaftlich vertreten und verbreiten. Wenn er seine Vision vorstellt, muss sein Herz schneller schlagen und das seiner Zuhörer natürlich auch. Ich meine das nicht pathetisch, sondern ernst und genau so: Das Herz muss schneller schlagen – messen Sie doch einfach mal den Puls, wenn Sie Ihre Vision vorstellen! Selbst bei einer SAP-Erweiterung und der Einführung einer Standardsoftware wie S/4 HANA oder SAP ERP geht ohne die Vision gar nichts.

Wer als Product Owner nur eine vorgegebene Roadmap nachplappert, verschenkt eine wichtige Möglichkeit zur Motivation.

Die Vision formulieren

Im Mittelpunkt der Vision sollte immer der Nutzen für den Anwender oder Kunden stehen. Alle technischen Details können Sie bei der Formulierung weglassen. Gehen Sie auf jeden Fall mit der Einstellung an die Formulierung, dass eine Vision niemals in Stein gemeißelt ist. Die Umstände können sich ändern, das hat uns die COVID-19-Pandemie eindrücklich gezeigt. Haben Sie als Product Owner deshalb keine Angst, die Vision anzupassen – die erfolgreichsten Unternehmer dieser Welt machen das ja auch.

Die beste Erfahrung habe ich damit gemacht, Produktvisionen so weit zu schärfen, dass ich sie in einem Elevator Pitch unterbringen kann. Dabei handelt es sich um eine informative und einprägsame Präsentation der Idee für ein Produkt, die sich in maximal drei Minuten unterbringen lässt – besser noch in maximal 120 oder 60 Sekunden, damit man sie dem Vorstand im Aufzug innerhalb von drei Stockwerken vermitteln kann. Gelernt habe ich die Kunst des Elevator Pitches direkt beim Erfinder, nämlich bei Joachim Skambraks.

In einem Kreis von 150 Zuhörerinnen und Zuhörern haben wir geübt, die Leistungen und die Leistungsfähigkeit unserer Unternehmen auf den Punkt zu bringen und zu vermitteln. Nach Skambraks hat ein guter Elevator Pitch drei zentrale Elemente:

1. **Zielgruppe:** An wen genau wollen wir verkaufen bzw. für wen wird das SAP-Modul angepasst und implementiert? Wer sind die Endkunden, Zielkunden, Märkte?
2. **Produkt:** Was zeichnet unser Produkt aus?
3. **Bedürfnisse der Zielgruppe:** Welche Vorteile hat die Zielgruppe durch unser Produkt? Ich frage immer drei Mal: „Was bringt's? Was bringt's? Was bringt's?"

Da wir im SAP-Umfeld fast immer für interne Kunden und Endkunden arbeiten oder länderspezifische Prozesse einführen, füge ich dem Ganzen gerne noch einen vierten Punkt hinzu (siehe Bild 4.1):

4. **Ziele:** Welche geschäftlichen Ziele werden durch die SAP-Einführung verfolgt?

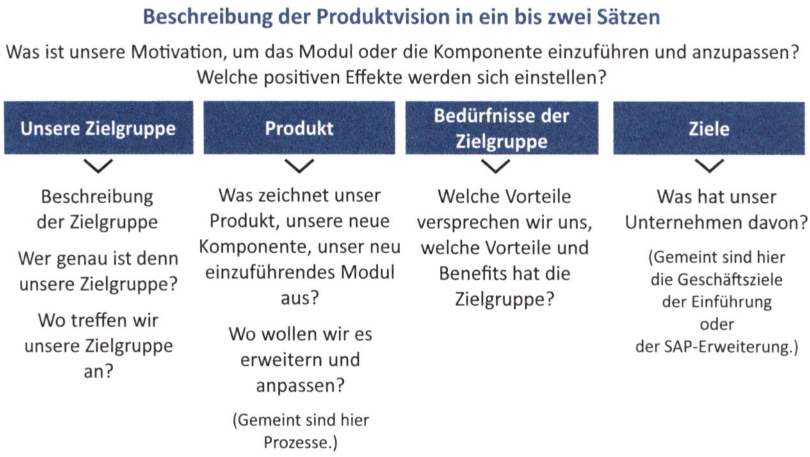

Bild 4.1 Fragen für die Formulierung des Elevator Pitch

Als Formulierungshilfe können Sie sich an der guten AIDA-Formel aus der Werbung orientieren:

- **Attention:** Aufmerksamkeit erregen (z. B. mit einem ersten Satz, der irritiert oder gleich das Bedürfnis auf den Punkt bringt).
- **Interest:** Interesse für das Produkt wecken, damit das Gegenüber mehr darüber wissen will.
- **Desire:** Verlangen nach diesem Produkt erzeugen, indem deutlich gemacht wird, wie das Produkt dem Bedürfnis des Gegenübers entgegenkommt.
- **Action:** Dem Gegenüber wird gezeigt, wie man an dieses Produkt kommt – es kann sofort eine Handlung („Ich will das live sehen!") setzen.

Die AIDA-Formel ist natürlich idealtypisch und zeigt eine lineare Reiz-Reaktion-Situation, aber sie ist ein guter Anhaltspunkt, um wichtige „Trigger" im Elevator Pitch unterzubringen. Erweiterungen dieser Formel fügen am Schluss zum Beispiel noch ein „S" für „Satisfaction" (Zufriedenheit) ein: Auch der Kaufprozess bzw. der Prozess der SAP-Einführung muss so gut verlaufen, dass der Kunde immer wieder auf diese Leistung zurückgreifen würde.

Wenn Sie die Fragen beantwortet haben, können Sie daraus mehrere Varianten der Produktvision formulieren und jeweils das Wichtigste in den Vordergrund stellen:

- Eine Kurzversion für die Fahrt im Aufzug mit dem Vorstand
- Eine Version für die Stakeholder
- Eine Version für die Entwicklungsteams
- Eine Version für Endkunden und/oder Endanwender
- Eine Version in PowerPoint
- Eine Langversion als Arbeitsgrundlage für Sie selbst oder für Präsentation, die einen weiteren zeitlichen Rahmen bieten

4.2 Wir brauchen ein Team

Der Kern von Scrum ist der Teamansatz: Das Entwicklungsteam ist eine kleine Gruppe von Spezialistinnen und Spezialisten, die flexibel und anpassungsfähig sind und selbstorganisiert arbeiten. Diese Fähigkeit zur Zusammenarbeit über die Grenzen der eigenen Profession hinaus wirkt auch zwischen mehreren Entwicklungsteams, wenn zum Beispiel ein größeres Projekt umgesetzt werden soll.

Das passt nun so gar nicht mit meinen Erkenntnissen zusammen, die ich über SAP-Berater und -Entwickler - kurz „SAP-Profis“ - gewonnen habe. Meistens sind das hochspezialisierte Einzelkämpfer, eben die in Kapitel 1 erwähnten Superstars, die schon viele Herausforderungen gemeistert haben. Diese Superstars stecken wir nun in ein kleines, selbstorganisiertes Team mit drei bis neun Mitgliedern und erwarten Teamfähigkeit. Vor allem erwarten wir, dass sie ihre Erfolge mit dem Team teilen, Wissen weitergeben und den anderen Mitgliedern helfen. Richtig: Das passiert nicht einfach so - dafür müssen wir etwas tun!

Allerdings werden Sie nicht viel erreichen, wenn Sie mit diesen Superstars in regelmäßigen Abständen fürs Teambuilding auf Berge steigen, Team-Karaoke-Abende oder Kochevents veranstalten. Da sich das Homeoffice durch COVID-19 als langfristig attraktive Alternative entpuppt hat und SAP-Teams ohnehin die Tendenz zur internationalen Verteilung haben, müssen wir es auch noch schaffen, die Superstars online zu integrieren. Ich nutze dafür die „Personal Map“, eine Idee von Jurgen Appelo.

Personal Maps

Die meiste Zeit arbeiten wir in unseren Jobs mehr nebeneinander statt miteinander, die Kolleginnen und Kollegen kennen sich gar nicht wirklich. Um jemand anderen zu verstehen, sollte man aber etwas über seine Lebensgeschichte wissen, über seine Ziele, Werte und Beweggründe. Bevor ich mit einem neuen Team starte, mache ich daher gerne ein 45-minütiges Mini-Teambuilding mit Hilfe der Personal Map.

Die Personal Map selbst ist im Grunde eine Abwandlung der Mind Map. Rund um einen zentralen Begriff (in diesem Fall eine Person) werden die Gedanken zu Hauptthemen aufgeschrieben, die bei der Personal Map auch vorgegeben sein können (siehe Bild 4.2).

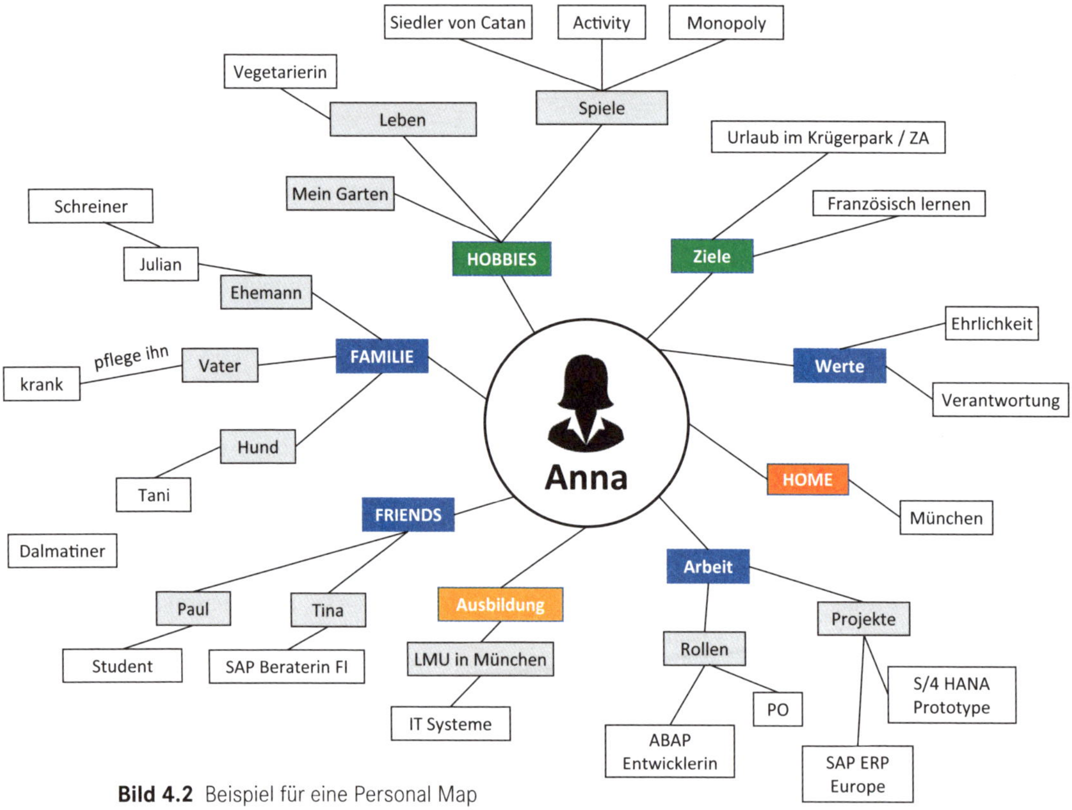

Bild 4.2 Beispiel für eine Personal Map

Der Ablauf

1. Vorstellung der Personal-Map-Idee (5 Minuten)
2. Personal Map anfertigen (10 Minuten)
3. Einen Präsentationspartner finden (2 Minuten)
4. Dem Präsentationspartner die eigene Personal Map erklären (2 Minuten)
5. Die Personal Map des Präsentationspartners wird dem Team präsentiert (2 Minuten pro Person)

Die Regeln

Starte mit deinem Namen in der Mitte des Blatts und erzähle uns etwas über

- deine Ausbildung
- deinen bisherigen Werdegang
- deine Arbeit bis heute
- deine Familie (optional)
- dein Auto (optional)
- dein Motorrad (optional)
- deine Hobbys (optional)
- deine Ziele
- deine Werte

Wie moderieren Sie dieses Mini-Teambuilding?

Natürlich ernte ich zuerst einmal Widerstand, wenn ich die Personal Map vorstelle. Die Argumente sind fast immer die gleichen:

- Wir kennen uns seit Jahren!
- Wir arbeiten doch jeden Tag zusammen!
- Das ist Zeitverschwendung!

Lassen Sie sich von solchen Einwürfen nicht ablenken. Da müssen Sie durch!

Gerade wenn sich Kolleginnen und Kollegen seit vielen Jahren kennen, gibt es immer wieder echte Aha-Erlebnisse:

- Was, du gehst auch gerne wandern?
- Ich wusste gar nicht, dass du töpferst.
- Cool, ich habe auch einen BMW-Oldtimer!

Wenn manche Kolleginnen und Kollegen ihr Privatleben nicht ausbreiten wollen, dann respektieren wir das, daher sind diese Fragen optional. Manchmal kann es schon schwierig sein, offenzulegen, welches Auto oder Motorrad jemand fährt. Wenn man für Mercedes-Benz arbeitet und einen BMW-Oldtimer fährt – naja. Achten Sie also darauf, mit solchen Themen sensibel umzugehen.

Natürlich könnte jedes Teammitglied seine eigene Personal Map präsentieren, aber ich wähle bewusst die Variante, die Map eines Partners vorzustellen. Das hält die Egotrips einiger Kollegen im Zaum und hilft, die Timebox konsequent umzusetzen.

Die Personal Map wird übrigens nicht einmal angefertigt und dann wieder vergessen. Es sind lebendige Artefakte, die im Teamraum oder im Büro des Scrum Masters, Line Managers oder Product Owners hängen und immer wieder ergänzt werden sollten. Vor allem, wenn es einen Grund zum Feiern gibt, zum Beispiel Geburten, Hochzeiten, ein neues Auto oder wenn S/4 HANA auf der Integrationsumgebung läuft.

Wir haben was zu feiern!

Machen Sie aus den Ergänzungen der Personal Maps ruhig ein Ritual.

- Erster Akt: Wir läuten die Teamglocke.
- Zweiter Akt: Die Personal Map wird ergänzt.
- Dritter Akt: Es gibt Kuchen, Weißwurst mit Brezen oder etwas Gesundes – je nach den Vorlieben des Teams.

Die Online-Version

Klar, am einfachsten funktioniert das Teambuilding mit der Personal Map, wenn sich alle Teammitglieder an einem Ort befinden und jedes Mitglied ein Blatt Papier zum Bemalen bekommt, das einfach an die Wand gehängt werden kann. Wenn ein Team aber über Südafrika, Frankreich, Rumänien und Deutschland verteilt ist, müssen wir auf die Personal Map trotzdem nicht verzichten.

Die Online-Version wird mit zwei PowerPoint-Folien anmoderiert, auf denen der Ablauf und die Regeln gezeigt werden. In der gemeinsamen Session werden auch die Präsentationspartner gesucht. Danach kann jede und jeder die Personal Map erstellen, so wie sie oder er möchte: entweder mit PowerPoint oder einem anderen Online-Tool, gerne auch mit Papier und Buntstiften - einfach ein Foto machen und hochladen, fertig.

Für die 2x2 Minuten, um dem Partner oder der Partnerin die eigene Personal Map zu erklären, können Sie in Zoom entsprechend vorbereitete Breakout-Sessions anlegen, die nach vier Minuten automatisch enden und in die gemeinsame Session zurückführen. In Skype oder Teams müssen die Sessions vorher den Partnern zugewiesen werden.

Ob on- oder offline: Dieser kurze Teambuilding-Trip klappt immer wunderbar und regt viele positive Gespräche im Team an.

4.3 Wir brauchen Regeln

Ich bemerke in vielen Unternehmen die Unart, Meetings prinzipiell mit drei bis fünf Minuten Verspätung zu starten. Das gehört quasi zur Unternehmenskultur und wird akzeptiert. Die zweite Unart ist, unvorbereitet in ein Meeting zu gehen. Vielleicht waren Sie es auch viele Jahre so gewöhnt: Per Outlook wird zu einem Meeting eingeladen, man schaut kurz, wer der Einladende ist und wie der Titel des Meetings lautet, und sagt zu oder ab. Im Meeting erwartet man die Vorstellung einer Agenda und eine Einführung zum Thema. Viele von uns haben gar nie daran gedacht, dass wir selbst vorbereitet zum Meeting kommen sollten. Es wurde ja nie verlangt.

Ein agiles Team kann das nicht tolerieren. Für ein Scrum-Team im SAP-Umfeld, für die SAP-Berater und Entwickler, gelten ab sofort zwei Regeln:

1. Wir starten jedes agile Event auf die Minute pünktlich!
2. Wir kommen immer top vorbereitet zu den agilen Events!

Wenn es am Anfang zu Verspätungen kommt, wird der Scrum Master kurz, schmerzlos und wertschätzend erklären, warum absolute Pünktlichkeit ein Pfeiler der Agilität ist. Pünktlichkeit ist der Ausdruck eines der fünf Werte von Scrum: Respekt. Wer pünktlich ist, geht rücksichtsvoll mit der Zeit der anderen um und stellt die gemeinsame Arbeit über persönliche Befindlichkeiten. Sobald die Teammitglieder die agilen Werte verstanden haben und leben, kann der Scrum Master darauf vertrauen, dass sein selbstorganisiertes Team Verspätungen einfach nicht mehr toleriert und sie offen anspricht. Nicht nur gegenüber Teammitgliedern, sondern auch gegenüber Führungskräften und Stakeholdern, die zum Beispiel zu Reviews eingeladen werden.

Genauso gehört das antrainierte „Sich-berieseln-lassen“ in Meetings der Vergangenheit an. Alle agilen Events, inklusive Product Backlog Refinement, haben eine Agenda und einen definierten Input, der vorher adressiert wird. Als Mitglieder eines Scrum-Teams kommen wir vorbereitet zu den Events und erwarten das auch von den Gästen. Zum Beispiel sehen wir uns die Storys für das Refinement im Vorfeld an, wir verändern den Status am Scrum-Board oder bereiten uns mit einer Generalprobe auf das Review vor.

Ein agiles Team lebt diese Regeln vor und alle ziehen mit. Diese Regeln offen anzusprechen, wirkt Wunder!

Komplexität reduzieren mit einem fixen Stundenplan

Eines der wesentlichen Ziele aller agilen Arbeitsweisen ist es, Komplexität in jeglicher Hinsicht zu reduzieren. Scrum verfolgt dieses Ziel bei seinen eigenen agilen Events durch fixe Timeboxen und definierte Start- und Endzeitpunkte. Wenn ich online mit meinen Teams arbeite, reduziere ich die Komplexität zusätzlich, indem wir immer die gleiche Zoom Meeting ID oder den gleichen Skype-Link nutzen. Irgendwann landet man natürlich bei der Idee, einen gemeinsamen Stundenplan für alle agilen Events zu führen, „One Calendar" genannt. In Bild 4.3 sehen Sie beispielhaft den Kalender für eines meiner Teams.

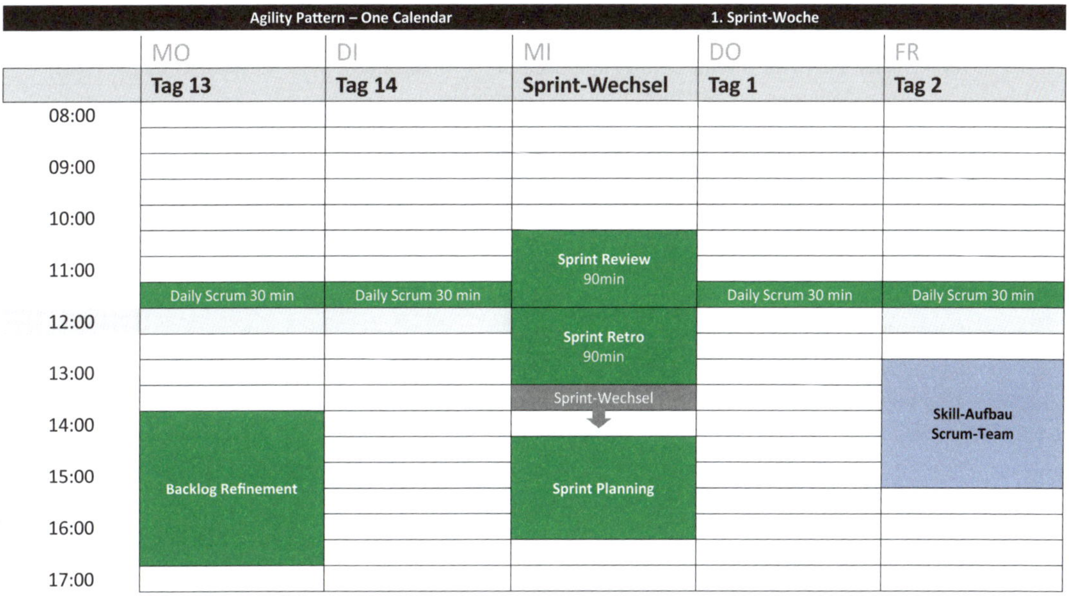

Bild 4.3 One Calendar für Übersichtlichkeit und Routine in den agilen Events

Montagnachmittag findet immer das Product Backlog Refinement statt. Wir haben es so aufgebaut, dass wir im Refinement bereits die Storys schätzen und davor sogar noch die Frage klären: „Wie ist die Story umzusetzen?" Es findet also eine Aufgaben- und Taskplanung statt, wobei hier dazugesagt sei, dass es sich um ein fortgeschrittenes Team handelt. Das erklärt, warum das Sprint Planning zwei Tage später relativ kurz ist.

Das Daily Scrum findet immer zur selben Zeit statt. Viele Agile Coaches und Scrum Master setzen es gleich morgens an, das habe ich früher auch gemacht. Nach der fünften oder zehnten gemeinsamen Überarbeitung des Stundenplans sind wir aber zu dem Schluss gekommen, das Daily kurz vor oder kurz nach der Mittagspause anzusetzen. Damit haben wir auf unsere Langschläfer Rücksicht genommen, aber auch auf den unberechenbaren öffentlichen Personennahverkehr in München oder London. Es ist einfach wichtig, das komplette Team im Daily zu haben, damit jede und jeder über den Arbeitsfortschritt informiert ist.

Wenn wir einen Blick auf den Mittwoch werfen, so ist das der vollkommen durchgetaktete Tag des Sprint-Wechsels. Am Vormittag wird der Sprint abgeschlossen. Mit den immer gleichen Online-Tools und der immer gleichen Zoom-ID starten wir dann in das Sprint Review. In vielen Fällen mache ich vor dem Review mit dem Product Owner und dem Entwicklungsteam eine Generalprobe. Dabei spielen wir einmal durch, was wir den teilnehmenden Stakeholdern in welcher Reihenfolge mit welchen Testdaten live zeigen.

In der Retrospektive gleich nach dem Review blicken wir gemeinsam auf den Sprint zurück. Nach dem Sprint Review wissen wir, wie gut wir mit dem Sprint Forecast gelegen sind. Wir wissen, welche Storys wirklich „done" waren (siehe Abschnitt 4.3.3) und suchen zusammen nach Verbesserungen, die wir in den kommenden Sprints meist noch als Experimente umsetzen wollen. Mit diesen Ergebnissen geht es erst einmal in die Mittagspause.

Der nächste Sprint startet mit dem Sprint Planning am Nachmittag. Wie gesagt, können wir es im Falle dieses Teams durch das ausgereifte Refinement relativ kurz halten, weil es meistens nur noch um den Forecast für den kommenden Sprint geht. Dabei sehen wir uns die priorisierten, bereits im Detail geplanten und geschätzten User Storys an und legen fest, was wir im kommenden Sprint umsetzen werden.

Eine Besonderheit sehen Sie am Freitagnachmittag: Entsprechend unserer Team-Charta setzen wir 2 bis 2,5 Stunden als sogenannte „Knowledge Hour" an. Das ist sozusagen unsere teaminterne Weiterbildung. Es handelt sich dabei um eine vollkommen freiwillige Veranstaltung, die vom Team selbstständig organisiert wird und feste Regeln hat. Jeweils ein Teammitglied erklärt den anderen zielgerichtet seine Erkenntnisse anhand einer Mini-Dokumentation mit Skizzen, Videos, Folien etc. Wann immer möglich, schließt dieses Event mit einer kurzen Übung ab.

Dieser gemeinsame Kalender ist gerade für neue Scrum-Teams besonders wichtig. Er bringt eine Struktur in die Woche, an der sich die Teammitglieder ausrichten können. Genau diese strukturierenden Elemente sind es ja, die den Erfolg agiler Methoden ausmachen – wenn man sie entsprechend einsetzt. Daher gelten natürlich auch für diesen Kalender feste Regeln.

> Die Events starten immer zur gleichen Zeit.
>
> Die Events finden immer am gleichen Tag statt.
>
> Die Events haben einen festen Stundenplan und Ablauf.
>
> Die Events haben immer Priorität 1 und dürfen von niemandem überbucht werden!

4.3.1 Regeln managen mit dem Delegation Board

In der täglichen Arbeit ist es für Manager oft nicht einfach, das richtige Maß an Delegation zu finden. Besonders schwierig ist das in jenen Phasen, in denen sich die gelebten Werte dramatisch ändern oder anders gesagt: wenn sich klassische Hierarchien zu agilen Netzwerken wandeln sollen. Scrum ist tatsächlich eine Revolution, gerade im SAP-Umfeld. Einerseits erwarten die Scrum-Teams größere Freiräume beim Treffen von Entscheidungen, andererseits hoffen Führungskräfte auf mehr Selbstorganisation in den Teams oder es fällt ihnen extrem schwer, Verantwortung und Entscheidungsbefugnis abzugeben. Fehlende Freiräume genauso wie fehlende Delegation bergen die Gefahr des Mikromanagements. Statt Autorität ist aber Kollaboration gefragt, sonst verpufft der agile Spirit gleich wieder.

Die Idee der Selbstorganisation ist nichts Neues. Schon Peter F. Drucker hat in „Management Cases" gesagt:

> *Alle Autorität, die nicht explizit dem obersten Management vorbehalten ist, wird automatisch dem Team gegeben.*
>
> *Alle Autorität, die nicht explizit dem obersten Management vorbehalten ist, wird automatisch dem Team gegeben.*

Nein, wir haben uns nicht verdruckt. Man sollte dieses Zitat einfach zweimal lesen. Den Satz von Drucker ergänzen wir am besten noch durch einen von Jurgen Appelo oft gebrauchten Satz:

> *Manage the system, not the people.*

Wir sollten also nicht Menschen managen, sondern lediglich deren Zusammenarbeit - ob nun zwischen Management und Team oder zwischen dem Team und anderen Parteien. Was man dafür aber braucht, sind glasklare Regeln. Dazu zählt auch die Frage: Welche Entscheidungen trifft das Scrum-Team und welche nicht?

Jurgen zeigt in seinem Buch „Managing for Happiness" ein einfaches Werkzeug, mit dem sich die geltenden und abgestimmten Regeln zu den Entscheidungshorizonten festhalten lassen: das Delegation Board. Dieses Board kann man auf eine Tafel, ein Whiteboard oder in eine Excel-Tabelle zeichnen. Ich bevorzuge PowerPoint oder Confluence, die umfangreiche, funktionale, aber auch kostenpflichtige Wiki-Software von Atlassian. Wie dokumentiert man nun die Regeln mit dem Delegation Board?

In Bild 4.4 sehen Sie waagrecht von links nach rechts die sieben Ebenen der Delegation - also wie weit reicht die Autorität bzw. Entscheidungsbefugnis, die delegiert wird.

	Delegationsebenen						
Entscheidungsbereiche	1 = **TELL** Entscheide als Manager	2 = **SELL** Überzeuge das Team	3 = **CONSULT** Berate Dich mit dem Team	4 = **AGREE** Entscheide im Konsens	5 = **ADVISE** Trage zur Entscheidung bei	6 = **INQUIRE** Lass Dir die Entscheidung mitteilen	7 = **DELEGATE** Team entscheidet
Keine Modifikationen der SAP Standard-Software	X						
Toolentscheidung Nutzung von Jira		X					
24-Stunden-Refinement-Regel			X				
Tandem-Regeln				X			
Daily Rules					X		
Team-Charta/Working Agreement						X	
MVE (1 oder 2 Sprints)							X
CCO Collective Code Ownership				X			

Bild 4.4 Delegation Board

Von oben nach unten sind die Bereiche aufgelistet, in denen Entscheidungen getroffen werden müssen. Lassen Sie mich diese aufgezählten Entscheidungen anhand eines Beispiels aus meiner Praxis erklären.

Beispiel: Modifikation einer SAP-Standard-Software

Bei ERP und S/4HANA wird das komplette Coding immer mit ausgeliefert und kann natürlich modifiziert werden. Diese Modifikation ist in jedem SAP-Projekt ein heißes Thema. Es gibt Anforderungen, die mit dem SAP-Standard nicht erfüllt werden können, also nimmt man das Coding und passt es an. Ein 08/15-SAP-Entwickler versteht aber anfangs nicht, was er damit anrichtet, wenn er die SAP-Software modifiziert. Diese Veränderung verteuert die Wartung der Software immens, denn die Modifikation muss bei jedem Update nachgezogen und neu getestet werden – und Updates gibt es bei SAP im Abstand von drei Monaten. Daher muss ganz klar festgehalten werden, welche Entscheidungen in puncto Software vom Entwicklungsteam getroffen werden können und welche nicht. Das geht nur mit 1 = Tell.

1 = Tell [verkünden]

Über manche Entscheidung kann oder soll es aus den unterschiedlichsten Gründen keine langwierigen Diskussionen geben. „Tell" bedeutet also: Eine Person trifft die Entscheidung und teilt sie den anderen mit, die von dieser Entscheidung betroffen sind, und erklärt idealerweise die Motivation hinter dieser Entscheidung. In unserem Beispiel bedeutet das: Ein Manager verkündet, dass es keine Modifikationen im SAP-System geben wird, ohne Wenn und Aber. „Wir haben eine Standard-Software gekauft. Punkt. Aus." Eine Begründung wird nicht mitgeliefert. Warum auch, denn wer als SAP-Berater dafür eine Begründung braucht, ist in der SAP-Welt wirklich fehl am Platz. Expertinnen und Experten wissen, welche Nachteile SAP-Modifikationen nach sich ziehen und wie groß der Kostenblock ist, der durch eine modifizierte Standardsoftware in der Zukunft entsteht.

2 = Sell [verkaufen]

Auf der zweiten Stufe der Delegation wird die Entscheidung noch immer von einer Person getroffen, aber zumindest wird ein „Warum" mitgeliefert. Der oder die Entscheidende versucht deutlich zu machen, weshalb die Entscheidung richtig ist. In unserem SAP-Projekt wäre das etwa die Entscheidung für ein Collaboration-Tool: Freeware, Paperware – es gibt viele Möglichkeiten, vom Whiteboard an der Wand bis zu JIRA. Warum wird in unserem Beispiel nur JIRA für die Nutzung freigegeben?

JIRA ist der weltweite Standard. Bei den jährlichen Scrum Days fragt Jeff Sutherland jedes Mal, wer von den etwa 600 Teilnehmerinnen und Teilnehmern im Auditorium JIRA nutzt. Jedes Mal gehen fast alle Hände hoch. Ich möchte keine Werbung für JIRA machen, aber damit konnte ich als Agile Coach und Trainer bisher alle Aufgaben und Herausforderungen in Projekten lösen. Selbst wenn es um die richtig großen Fragen im Projektmanagement, Programm-Management, in der Kapazitäts-, Release- oder Test-Planung geht, kommt mit dem „Portfolio-Plug-in" ein mächtiges Add-on zum Zug, das von der ganzen Community genutzt wird. Ergänzt wird JIRA oft um ein Testmanagement-Tool wie Xray: Dieses Tool erlaubt es einem Team, alle Arten von Tests aufzubauen und in Plänen wiederholt und integriert zu testen.

3 = Consult [befragen]

Bevor eine Entscheidung von einer Person getroffen wird, werden die anderen um ihre Sichtweisen gebeten, die so gut wie möglich in die Entscheidung einfließen. Im Falle eines

Scrum-Teams bittet der Product Owner die anderen Teammitglieder um ihren Input. Im Beispiel würde der Product Owner, basierend auf seinem Vorschlag, 24 Stunden vor dem Refinement die Prioritäten und die anstehenden Themen bekannt geben. Das Team kann sich dann gezielt auf das Refinement vorbereiten.

4 = Agree [sich einigen]
Auf Stufe 4 treten alle Beteiligten in eine Diskussion über das zu entscheidende Thema ein. Aus dieser Diskussion entsteht eine gemeinsame Entscheidung im Konsens – jede Stimme ist gleichberechtigt. In meinem Beispiel habe ich dem Team die Collective-Code-Ownership-Regelung vorgestellt. Jede Änderung am Code wird allen Teammitgliedern vorgestellt, denn der Code „gehört" dem Team (siehe dazu Abschnitt 4.9.1). Wir haben sie zuerst in zwei Sprints ausprobiert und dann in unser Working Agreement als verbindliche Regel aufgenommen.

5 = Advise [beraten]
Am fünften Delegation-Level wird den anderen die eigene Meinung lediglich angeboten. Das ist im Grunde die Position des Scrum Masters: Er oder sie kann nur hoffen, dass seine bzw. ihre Sichtweise in die Überlegungen des Teams einbezogen wird, aber das Team trifft schlussendlich die Entscheidung. Meine Aufgabe im Beispiel war es, den Scrum Guide in- und auswendig zu kennen und das Daily Scrum mit seinen Regeln und Abläufen als gute Praxis vorzustellen. Natürlich habe ich gehofft, dass diese Vorschläge vom Team bei der Entscheidung berücksichtigt werden, aber ich konnte (und wollte) die Entscheidung nicht lenken.

6 = Inquire [sich erkundigen]
Die Entscheidung wird völlig dem Team überlassen, zum Beispiel vom Scrum Master oder dem Product Owner. Wie es Jurgen Appelo sagt, ist Level 6 das Spiegelbild von Level 2: Das Team muss den Delegierenden davon überzeugen, dass die Entscheidung sinnvoll und klug ist. In besagtem Projekt war das der Fall mit den Regeln für alle weiteren Meetings und die Team-Organisation. Hilfreich ist es natürlich, wenn das Team diese „Team-Charta" oder das „Working Agreement" für die Mitglieder auf dem Delegation Board visualisiert.

7 = Delegate [delegieren]
Level 7 ist die Meisterklasse der Delegation. Alle Entscheidungen werden dem Team überlassen. Der Berater, Scrum Master, Product Owner oder Manager will gar keine Details mehr dazu haben. Das Team kann zum Beispiel selbstorganisiert bestimmen, wie lange „Minimum Viable Experiments" (MVE) laufen – einen Sprint, zwei, drei oder mehr. Dabei handelt es sich meistens um Ideen aus einer Retrospektive, die für einen begrenzten Zeitraum ausprobiert werden.

Das Delegation Board funktioniert auf jeder Ebene: zur Visualisierung der Regeln innerhalb eines selbstorganisierten Teams, für die Zusammenarbeit mit dem Product Owner und dem Scrum Master oder für die Kooperation mit anderen Teams. Übrigens muss ein Team nicht darauf warten, bis ein Manager mit so einem Board um die Ecke kommt. Jedes Team kann seine Regeln so visualisieren und in jeder Retrospektive hinterfragen, erweitern oder ergänzen.

Das TAD Delegation Board

Im Laufe der Jahre habe ich das Delegation Board für meine Zwecke noch etwas vereinfacht (Bild 4.5). Ich habe nämlich festgestellt, dass manchen Kunden das Delegation Board in seiner ursprünglichen Form zu kompliziert ist – und bevor etwas Sinnvolles nicht verwendet wird, suche ich lieber nach einer simpleren Lösung.

Entscheidungsbereiche	**1 = TELL** Entscheide als Manager	**5 = ADVISE** Trage zur Entscheidung bei	**7 = DELEGATE** Kein Einfluss, Team entscheidet
Sprint-Dauer = 2 Wochen	X		
Development Team arbeitet nach Scrum	X		
Relatives Schätzen	X		
Relatives Schätzen – Fibonacci			X
Magic Estimation		X	
Relatives Schätzen auch für Defects		X	
100 % Agile – Storys und Spikes		X	
Offene Fragen: Spikes nur im Tandem			X
Team-Charta/Working Agreement			X

Bild 4.5 Das TAD Delegation Board

In manchen Fällen reicht es aus, sich auf drei Level zu beschränken. Dadurch wird das Board übersichtlicher und alle Regeln passen auf eine Seite. Die drei Level lauten:

- Delegation Level **T = Tell** oder manchmal auch **V wie verbindlich**
- Delegation Level **A = Agree** – die Entscheidung erfolgt im Konsens
- Delegation Level **D = Delegate** – die Entscheidung liegt beim Team

4.3.2 Die Definition of Ready (DoR)

Bevor das Team ein Product Backlog Item (PBI) in den Sprint nehmen und umsetzen kann, stellt sich die Frage: Ist in der Beschreibung dieses Items schon alles enthalten, was das Team für die Umsetzung wissen muss? Ist das Item also bereit oder „ready“? Jeff Sutherland hat es – frei übersetzt – auf einfachste Weise so beschrieben: „Es ist bereit, wenn das Team sagt: Wir haben's!“ Er bezeichnet das Backlog Item dann auch als „ready ready“.

„Ready“ oder „bereit“ bedeutet, dass ein Product Backlog Item in einem für die Aktion geeigneten Zustand ist. Das wirkt sich direkt auf die Arbeit des Teams aus, denn nur wenn die Anforderung klar ist, lässt sich eine Aufgabe schnell erledigen. Mit einer klaren Definition of Ready haben wir also ein wichtiges Instrument für höhere Produktivität in der Hand. Sie ist eine Liste von Kriterien, die ein Product Backlog Item erfüllen muss, damit das Team mit seiner Arbeit daran im nächsten Sprint beginnen kann. Weder im Scrum Guide 2017 noch 2020 steht zu lesen, welche Kriterien das sind. Im deutschen Scrum Guide 2017 finden wir lediglich folgende Aussage:

> *„Die Product-Backlog-Einträge, mit denen sich das Entwicklungsteam im kommenden Sprint beschäftigen soll, werden so weit verfeinert, dass jeder von ihnen innerhalb des Sprints fertiggestellt werden kann. Product-Backlog-Einträge, für die das der Fall ist, werden als bereit (‚ready‘) für die Auswahl durch das Entwicklungsteam in einem Sprint Planning angesehen.“*

Bill Wake hat aber mit den INVEST-Kriterien eine Liste an notwendigen Eigenschaften eines Product Backlog Item (PBI) formuliert, die sehr hilfreich für die Formulierung von Kriterien sind:

- **Independent and immediately actionable:** Das PBI sollte unabhängig von anderen PBIs sein und sofort umgesetzt werden können.
- **Negotiable:** Die PBIs sind keine Vorschriften, sondern lassen Raum für Beratungen, Rückfragen, Verhandlungen und Verbesserungen.
- **Valuable:** Das PBI liefert einen direkten Wert für den Kunden.
- **Estimable:** Die Größe eines PBI kann geschätzt werden.
- **Small:** Ein PBI ist so groß bzw. so klein, dass es in einem Sprint umgesetzt werden kann.
- **Testable:** Das PBI bzw. dessen Beschreibung liefert die entsprechende Information, damit es nach der Fertigstellung getestet werden kann (im Beispiel anhand der Akzeptanzkriterien).

Zu den INVEST-Kriterien werde ich beim Product Backlog Refinement noch etwas mehr sagen. Fürs Erste zeigt Ihnen Bild 4.6 aber mal eine Definition of Ready, die anhand dieser Kriterien formuliert wurde.

#	DoR-Kriterium	Erklärung
1	Die Story ist klar verständlich	Die Story ist vom Entwicklungsteam „ready, ready" verstanden
2	Die Story ist klein genug für einen Sprint	Hier haben wir oft Team-Regeln dazu aufgebaut
3	Jede Story ist mit Story Points geschätzt	Relativ geschätzt in Story Points
4	Die Story hat Akzeptanzkriterien	Die genannten Akzeptanzkriterien sind auch verstanden!
5	Die Story ist wertvoll	„Was bringt's?" Welchen Nutzen bringt die Story?
6	Die Story hat einen Kurznamen	Wir vermeiden alle technischen Beschreibungen im Kurznamen
7	INVEST-Kriterien sind dokumentiert	Wir nutzen zur Verfeinerung die INVEST-Kriterien
8	Die Story ist vom Product Owner priorisiert	Prio 1, 2, 3, 4, 5, 6 und nicht ⇨ high, medium, low

Bild 4.6 Definition of Ready anhand der INVEST-Kriterien

4.3.3 Die Definition of Done (DoD)

So wie ein Entwicklungsteam wissen muss, wann es mit einem PBI bzw. einer User Story loslegen kann, muss es auch wissen, wann die User Story als umgesetzt betrachtet werden kann. Die Definition of Done sagt uns also, welche Voraussetzungen erfüllt sein müssen, damit etwas als „fertig" bezeichnet werden darf oder wir von einer potenziell auslieferbaren Funktionalität sprechen können. Wir können es auch so ausdrücken: Die Definition of Done ist ein gemeinsames Qualitätsverständnis aller Teammitglieder. Nur wenn die Story, neben den Akzeptanzkriterien, alle angeführten Qualitätsansprüche erfüllt, darf sie als „fertig" bezeichnet und in das Produktinkrement integriert werden. Ist das nicht der Fall, wandert sie wieder in das Product Backlog zurück. In Bild 4.7 sehen Sie ein einfaches DoD-Beispiel aus einem SAP-Projekt. Im echten Leben sind die Regeln umfangreicher, viel technischer und oft mit den entsprechenden Vorgaben oder Confluence verlinkt.

#	DoD-Kriterium	Erklärung
1	SAP Customizing erstellt/angepasst	Sofern notwendig für die User Story
2	SAP Entwicklungen erstellt/angepasst	WRICEF-Standards erfüllt (=modifikationsfrei umgesetzt), Einschränkungen von WRICEF siehe Akzeptanzkriterien
3	Code Review „Grün“	Die Code-Prüfung auf die vorgegebenen Standards ist durchgeführt, das Ergebnis ist grün, die Entwicklungen, ggf. Customizing sind freigegeben, Code Review ist abgelegt.
4	Performance-Check durchgeführt	Bei ABAP-Entwicklungen ist zusätzlich ein Performance-Check durchgeführt.
5	Testfälle überprüft, ggf. um neue Testfälle ergänzt	Wir nutzen dazu das JIRA-Plugin Xray Test Management.
6	Entwicklertest durchgeführt	Entwicklertest mit Xray in der Story dokumentiert
7	Funktionstest durchgeführt	Funktionstests mit Xray in der Story dokumentiert
8	Integrative Testszenarien (WAT) sind in Xray erstellt	Der Werksabnahmetest WAT/UAT wird in einer eigenen User Story abgebildet. Die Test Cases, Testfälle und Testpläne sind vorzubereiten.
9	Produktpräsentation vorbereitet	Wir zeigen im Sprint Review die Ergebnisse der Story „live“ im Integrationssystem. Die Transporte sind dazu durchzuführen, ggf. sind Testdaten aufzubauen.
10	Dokumentation	Dokumentation entsprechend den Doku-Richtlinien in englischer Sprache erstellt
12	Regeln der Collective Code Ownership erfüllt	Das notwendige Customizing, die notwendigen Erweiterungen nach WRICEF, wurde dem Entwicklungsteam vorgestellt. Unsere Clean-Code-Regeln sind geprüft.

Bild 4.7 Beispiel für eine ausformulierte Definition of Done

Das Formulieren der Definition of Done auf Basis der Vorgaben des Unternehmens ist ein Gemeinschaftsprojekt. Das heißt, der Scrum Master, der Product Owner und das Entwicklungsteam arbeiten zusammen daran und bauen die DoD auf Basis der vorhandenen Architektur sowie Dokumentations- und Programmierregeln auf. Die DoD ist eine knallharte Liste, die nur zwei Zustände kennt: „done“ und „nicht done“. Wenn auch nur ein Punkt auf dieser Liste nicht vorhanden ist, dann ist die Story nicht fertig. Es gibt kein Wenn und Aber, keine Diskussion, ob wir vielleicht 80 Prozent der Story Points als Gutschrift bekommen. No way. Die Story kommt nicht in das Sprint Review, sie wird nicht live gezeigt, die Story ist nicht done.

Glauben Sie aber nicht, dass Sie damit für immer von allen Diskussionen über fertig oder nicht fertig sofort verschont bleiben. „Aber der Report ist doch getestet, die Akzeptanzkriterien sind erfüllt, alle sind glücklich, wir könnten live gehen. Die technische Dokumentation fehlt halt noch.“

Versuchen Sie es daher klar, unmissverständlich und ein für alle Mal festzuhalten: Die Story ist unter diesen Umständen nicht done, es gibt in diesem Sprint keine Story Points für diese Story. Die Dokumentation muss nachgeliefert werden - dann, und nur dann ist die Story done. Lassen Sie solche Diskussionen erst gar nicht zu.

Dem Agilisten Scott Downey hat es mit den ewigen Verhandlungen irgendwann gereicht und er hat seine „Shock Therapy“ entwickelt. Mit der Diskutiererei werden Sie es vor allem in frisch formierten Scrum-Teams zu tun haben, die noch entsprechend wenig Ahnung von Scrum und seinen Regeln haben. Deshalb stellt Scott Downey mit mehr oder weniger Nachdruck gleich mal seine Regeln auf: Das Team folgt seinen Ansagen ohne Meckerei und Verhandlungen, bis es hyperproduktiv ist, drei Sprints erfolgreich gemeistert hat und einen guten Grund aus geschäftlicher Sicht gefunden hat, um die Regeln zu ändern. Für die Definition of Done gibt Scott die folgenden Regeln vor:

- Feature fertig
- Code fertig
- Keine bekannten Fehler
- Abgenommen durch den Product Owner
- Bereit für die Übernahme in die Produktivumgebung

Dieser „Schock“ ist so wieder nicht auf gekaufte Standard-Software wie SAP ausgelegt. Aber machen Sie gedanklich einfach die folgenden Änderungen: „Customizing fertig“, „Prozess fertig eingestellt“, „kurz dokumentieren und testen“ – dann kann der Schock schon mal wirken.

Natürlich gibt es in der SAP-Gedankenwelt von den strikten DoD-Regeln eine einzige Ausnahme, die ich in Abschnitt 4.4 genauer beschreiben werde: Design User Storys. Diese nutze ich, um dem Kunden, dem Product Owner oder den Endanwendern einen Prototyp zu zeigen. Sie sind ein Mittel, um Feedback zu sammeln und damit die Risiken bei größeren Add-on-Entwicklungen, Prozessen und komplizierten Reports zu reduzieren. Für diesen Fall nutze ich gerne eine reduzierte Definition of Done, denn Dokumentationen und umfangreiche Tests brauchen wir bei Design-Prototypen eher selten.

4.3.4 Die Sache mit der Dokumentation

Wenn wir gerade bei der Definition of Done sind, kommen wir um das Thema „Dokumentieren – ja, nein, vielleicht?“ nicht umhin. Bei oberflächlicher Betrachtung des agilen Manifests könnte man schnell zu dem Schluss kommen, dass wir von nun an auf alle Dokumentationen verzichten. Schließlich steht da:

> ***Funktionierende Software** mehr als umfassende Dokumentation*

Also liefern wir nur noch funktionierende Software und Prozesse, und die Sache ist geritzt? Aber ich kenne auch das andere Extrem. Auf einer Party nach einem erfolgreichen Release-Go-Live habe ich gehört: „Wir nutzen jetzt agile Prozesse, weil wir aufgehört haben, Dokumentationen zu schreiben!“

So einfach ist das natürlich nicht. Wenn wir im Manifest weiterlesen, steht da durchaus, dass Dokumentation immens wichtig ist. Wir betrachten lediglich funktionierende Software als wichtiger.

Die Doku-Regeln der Vergangenheit

In unseren SAP-Wasserfallprojekten und länderspezifischen Rollouts haben wir dokumentiert, dokumentiert und nochmal dokumentiert. Für jeden Schritt des Customizings, selbst für das SAP-Grund-Customizing, gab es eine Dokumentation. Wenn wir dann noch über eine ABAP-Formroutine die SAP-Preisfindung erweitern mussten, kamen weitere Dokumentationsvorgaben hinzu. So richtig spannend wurde es, wenn wir über ein eigenes ABAP-Programm einen Prozess erweitern oder anpassen mussten: Dann mussten wir eine sogenannte Anbau-Doku (Add-on-Doku) anlegen, versionieren, das Add-on beantragen und auf vielen Seiten das Design mit Visio-Charts beschreiben. Im zweiten Teil wurde dann der ABAP-Code, die technische Dokumentation, in das Word-Dokument kopiert und beschrieben.

Der glasklare, selbsterklärende ABAP-Quellcode musste also noch einmal Schritt für Schritt in Worten erklärt werden – manchmal nur in Deutsch, manchmal in Deutsch und Englisch. Zusätzlich mussten wir die Anwender-Dokumentation mitliefern, und das auch zweisprachig. Allerdings wussten wir nicht, für wen wir diese Dokumentation schrieben – die Zielgruppe blieb im Dunkeln. Für wen erstellen wir die Dokumentation? Für die IT, die zukünftigen Entwickler, für den Fachbereich, für den Endanwender, für Kollegen an der Hotline?

Agile Dokumentationsideen

Natürlich brauchen auch unsere durch User Storys entstandenen Prozesse eine entsprechende, oft auch schriftliche Dokumentation. Allerdings nicht so wie früher, als wir hinter jeden ABAP-Befehl eine Erklärung geschrieben haben.

Die Prozesse, die wir dokumentieren, entstehen in der agilen Welt durch Erzählen, Aufzeichnen, Haftnotizen oder Karteikarten. Wir verlinken unsere Notizen, wir machen Skizzen und Fotos und dokumentieren diese zum Beispiel mit einem Video. Jeff Patton bezeichnet das als den „Urlaubsfaktor der Dokumentation“: Wenn wir die Bilder, Skizzen etc. sehen, erinnern wir uns genau an das, was wir gemacht haben. Entscheidend ist dabei: Diese Dokumentation entsteht nicht im stillen Kämmerlein, sondern im Austausch zwischen allen Teammitgliedern.

Versuchen wir also nicht mehr, die perfekte Dokumentation zu erstellen! Hören wir auf, Word-Dokumente anzulegen, Masken reinzukopieren und diese Feld für Feld mit Pfeilen und Hinweisen zu erklären und zu übersetzen. Wie wir noch beim User Story Mapping sehen werden, sprechen wir in der agilen Software- und Prozessentwicklung von Geschichten (Storys). Wir drücken mit diesen Geschichten aus, wie wir einen Prozess nutzen werden. Wir tauschen uns darüber aus und ergänzen die Geschichten um Bilder, Skizzen und weitere Bilder – und dabei überlegen wir uns genau, für wen wir die Dokumentation erstellen.

Im SAP-Umfeld liegt die Wahrheit sicher zwischen den Extremen, zwischen „gar nicht dokumentieren“ und „penibel und redundant dokumentieren“. Für alle, die nach DIN EN ISO 9001 oder einer entsprechenden Alternative (z. B. C2E – Committed to Excellence) zertifiziert sind oder eine Zertifizierung planen, sind die gerade vorgestellten Doku-Regeln sicher ein Albtraum. Tatsächlich lassen viele Vorgaben der DIN-ISO-9001-Welt, zum Beispiel die notwendigen Prozessbeschreibungen, bereits jetzt viele Darstellungsvarianten zu. Vielleicht können Sie ja doch statt der schwer lesbaren Visio-Charts einige Bilder und Skizzen, die im Team erstellt wurden, einfließen lassen. Inzwischen gibt es viele Tools am Markt, die uns das Dokumentieren auf diese Weise erleichtern.

> [!] So viel wie nötig, so wenig wie möglich – so schaffen Sie eine schlanke QM-Dokumentation. Versuchen Sie generell, die Dokumentation zu verschlanken und zu entschlacken.

Aus meiner eigenen Praxis kann ich Ihnen vier weitere Tipps geben:

1. **Dokumentieren Sie so spät wie möglich.** Wenn Sie mit Ihrem Team agil arbeiten, verändern sich die Ideen, Vorschläge und Designs während der Umsetzung von User Storys ständig. Beginnen Sie mit der Benutzer- und Support-Dokumentation, wenn Sie mit der Entwicklung, dem Customizing oder dem Design fertig sind. Auf diese Weise dokumentieren Sie, was tatsächlich umgesetzt wurde. Eine hohe Qualität ist dadurch gewährleistet und es wird der aktuelle Stand dokumentiert.
2. **Vereinfachen Sie die Dokumentation.** Eine umfangreiche Dokumentation ist keine Garantie für den Projekterfolg. Ganz im Gegenteil: Umfangreiche Dokumentationen sind durch ihre Unübersichtlichkeit fehleranfälliger als kurze und prägnante Aufzeichnungen. Was bringt eine 50-seitige Dokumentation, auf deren ersten zehn Seiten nichts anderes zu finden ist als Einführung, Status und Versionsangaben? Lässt sich die Doku einfacher darstellen und auf fünf Seiten zusammenfassen? Wenn ja, dann tun wir das doch!
3. **Fragen Sie immer nach der Zielgruppe.** Für wen schreiben wir die Dokumentation? Identifizieren Sie zuerst die möglichen Benutzer, bevor Sie mit der Dokumentation loslegen. Es kann zuerst durchaus ein grober Überblick sein, den Sie dann immer mehr nachschärfen.
4. **Gute Kommunikation erleichtert das Verstehen der Dokumentation.** Meistens sind es die Wartungsentwickler oder SAP-Berater, die die Funktionsweise des SAP-Systems für den Prozess verstehen müssen, um ihn im Laufe der Zeit weiterentwickeln zu können. Für diese Personen brauchen wir eine leicht und schnell verständliche Dokumentation. Noch besser ist es, wenn wir den Wissenstransfer schon vorher aktivieren und während des gesamten Projekts mit diesen Personen eine gute Kommunikation pflegen.

Ich gebe zu, dass ich oft keine Möglichkeit hatte, in puncto Dokumentation irgendwie beratend einzugreifen. Je nach Kundensituation gibt es manchmal nur einen Link zu den Dokumentationsvorgaben, die nach der Definition of Done zu erfüllen sind - sonst gibt es bei der Abnahme kein „done“. Das ist auch im Jahr 2020 noch in vielen Projekten die bittere Wahrheit. Doch ich vertrete - so wie viele andere Agile Coaches - weiter meinen Denkansatz und bin sicher, dass sich irgendwann etwas bewegen wird.

4.4 Arbeiten mit dem Minimum Viable Product

Agiles Arbeiten mit Scrum ist in erster Linie eine Möglichkeit, die Risiken in der Entwicklung oder Modifikation von Softwareprodukten zu minimieren. Das ist der Sinn hinter der Arbeit in Iterationen und dem frühem Nutzerfeedback zu sogenannten Produktinkrementen. Dieses Prinzip lässt sich hervorragend mit einem weiteren Ansatz ergänzen, nämlich mit jenem des „Minimum Viable Product“ (oder kurz MVP).

Ursprünglich wurde diese Vorgehensweise von Frank Robinson entwickelt, aber erst durch „The Lean Startup“ von Eric Ries (mit Ideen von Steve Blank) hat sie ihren Durchbruch erlebt. Übersetzt bedeutet Minimum Viable Product so viel wie „minimal überlebensfähiges Produkt“. Es ist eine erste testfähige Version, die nur über die grundlegenden Funktionen verfügt, um den Nutzern den gewünschten Zweck zu demonstrieren. Jeff Patton setzt das MVP mit dem kleinsten Produkt-Release gleich, das erfolgreich die gewünschten Ergebnisse liefert. Ein MVP ist also nicht das mieseste Produkt, das wir anbieten können – obwohl diese Sichtweise in der SAP-Welt einigermaßen verbreitet zu sein scheint.

Wenn ich hier von „Produkt“ spreche, dann meine ich damit in der Praxis große, komplexe Storys, die nur mit den wichtigsten Funktionen ausgestattet werden, um ein erstes Feedback vom Kunden zu bekommen. Wir entwickeln oder customizen einen überlebensfähigen Prototyp, auch gerne eine Prozess-Idee, die wir mit den Anwenderinnen und Anwendern erproben können. Mit dem Feedback zum MVP können wir weitere Erweiterungen und Funktionen planen und in den folgenden Ausbaustufen entwickeln. Daher ist Scrum so ein guter Rahmen für diese Idee, weil die validierten Anforderungen fortlaufend in die nächsten Sprints einfließen und die finale Lösung optimal auf ihre Nutzerinnen und Nutzer zugeschnitten sein wird. Auf diese Weise lässt sich das Produkt also bedarfsgerecht gestalten und wir sparen noch dazu Zeit und Geld.

Hamburger-Prinzip statt Skateboard

Bei der eingehenden Beschäftigung mit dem Minimum Viable Product werden Sie im Internet mit 100-prozentiger Sicherheit auf die Erklärung von Henrik Kniberg stoßen (Bild 4.8).

Bild 4.8 Erklärung des Minimum Viable Products von Henrik Kniberg

Die leicht gekürzte Erklärung lautet folgendermaßen: Der Kunde möchte ein Fortbewegungsmittel, um von A nach B zu kommen. Gemäß dem MVP-Gedanken kommen wir diesem Wunsch zuerst mit einem Skateboard entgegen. Das erfüllt zwar grundsätzlich den Zweck der Fortbewegung, ruft aber noch keine Begeisterungsstürme hervor. Im Feedback zeigt sich, dass der Kunde gerne eine bessere Lenkmöglichkeit hätte, er würde die Geschwindigkeit gerne erhöhen können und überhaupt soll das ganze rot sein. Über Fahrrad und Motorrad landen wir schließlich bei einem Auto.

Das ist jetzt von mir vielleicht etwas lieblos dargestellt, aber ich gebe zu: Ich mag das Bild überhaupt nicht und muss es doch immer wieder erklären. Wer wie ich mit den Führungskräften von Automobilherstellern arbeitet, kriegt sehr schnell zu hören, dass ein Autobauer mit den Ideen nie bei einem Skateboard beginnen würde - selbst wenn das Skateboard die Farbwünsche der Kunden liefern und genauer beschreiben könnte. Für einen Automobilhersteller ist das einfach ein doofes Beispiel. Also habe ich mir mit meinem geschätzten Kollegen Peer etwas anderes ausgedacht, das ein wenig besser in die VUCA-Welt der Automobilhersteller und -zulieferer passt. Wir erklären das Minimum Viable Product anhand des Hamburger-Prinzips.

Statt scheibchenweise kleine Storys auszuliefern, die der Kunde weder nutzen noch zu denen er ein echtes Feedback beisteuern kann, liefern wir ihm lieber kleine, aber dafür komplette Mini-Hamburger. Der Hamburger wird mit jedem Feedback leckerer, weil er mehr und bessere Zutaten bekommt und schließlich in einem tollen Big-Menü geliefert wird (Bild 4.9).

Bild 4.9 MVP anhand des Hamburger-Prinzips

Ein „minimal überlebensfähiges Produkt“ ist für mich also ein Produkt mit den minimalen Anforderungen und Eigenschaften. Es ist ein Produkt in seiner kleinsten Form, ein Prototyp für die Reduzierung des Risikos, eine Grundlage für weitere Ausbaustufen.

Hamburger priorisieren und Hürden meistern

Welche Funktionen sind überlebenswichtig, im Sinne von „viable“? Um diese Frage zu beantworten, lohnt es sich zum einen, bereits umgesetzte Produkte, Prozesse und Storys zu analysieren. Zum anderen müssen Sie einfach mit der Zielgruppe der SAP-Anwender ins Gespräch kommen, um zu verstehen, welche Funktionen am besten ankommen.

Sobald diese Informationen gesammelt sind, werden die gewünschten Funktionen nach der MuSCoW-Methode in vier Gruppen eingeteilt:

1. **Must-have.** Darunter fällt eine begrenzte Anzahl von Funktionen (oder eine einzige Funktion), die wirklich entscheidend sind, um ein MVP-Projekt zu starten und mit den Anwendern zu testen.
2. **Should-have.** Um diese Funktionen können wir das Produkt bei den nächsten Releases erweitern, um für die Anwender einen noch größeren Mehrwert zu schaffen.
3. **Could-have.** Das sind Funktionen, die ganz nett und praktisch sind, aber aus den unterschiedlichsten Gründen jetzt (noch) nicht implementiert werden (müssen).
4. **Won't-have.** Dazu gehören Funktionen, die für die Bedürfnisse der Anwender entweder nicht von Interesse sind oder bereits durch andere Produkte abgedeckt werden.

Wie der Name schon sagt, reicht ein MVP gerade mal so aus. Wenn wir dem Anwender den Mini-Hamburger statt des Big Menüs vorsetzen, lautet das Feedback ziemlich sicher: Ganz nett, **aber** ... Ganz okay, **aber** ... Gute Idee, **aber** ... Das sollte ein Scrum-Team nicht aus der Bahn werfen. Bei der Vorstellung der ersten MVPs dürfen wir uns keine überschwänglichen Reaktionen erwarten, meistens gibt es wenig bis gar keine Begeisterung.

So widersprüchlich es auch klingt: Wenn die ersten Feedbacks zu unserem MVP so oder ähnlich lauten, dann ist das die Bestätigung für uns, dass wir auf dem richtigen Weg sind. Wir müssen damit leben, dass die ersten MVPs immer unterhalb der Anforderungen und der Begeisterungsschwelle liegen werden – es sollte zu unserem Ansporn werden. Wir müssen nur immer im Auge behalten, dass die Story, das Produkt oder der Prozess auch in seinen ersten kleinen Formen immer „viable" ist. Das betone ich gerade im SAP-Umfeld besonders, denn wenn wir uns das Agile Manifesto vor Augen halten, wird dort die funktionierende Software wichtiger eingestuft als eine ausgefeilte Dokumentation. Auf bunte Design-Dokumente und animierte PowerPoints werden wir nicht das Anwender-Feedback bekommen, das wir brauchen. Sie entsprechen nicht dem MVP-Gedanken.

Design User Storys

Bei allen Sprint Backlog Items, die innerhalb eines Sprints umgesetzt werden, muss das Ergebnis – das Inkrement – danach für den Kunden wirklich nutzbar sein.

> *„Das Inkrement ist das Ergebnis aus allen in einem Sprint fertiggestellten Product-Backlog-Einträgen und dem Resultat der Inkremente aller früheren Sprints. Am Ende eines Sprints muss das neue Inkrement fertig („Done") sein; das heißt, es muss in einem verwendbaren Zustand sein und die Definition of Done des Teams erfüllen. Ein Inkrement ist ein Gegenstand inspizierbarer, fertiger Arbeit („Done"), der die Empirie am Ende des Sprints unterstützt. Es muss auch dann im einsatzfähigen Zustand sein, wenn der Product Owner es aktuell noch gar nicht ausliefern will."*
>
> Scrum Guide 2017, S. 17

Im SAP-Umfeld bedeutet das, dass das fertige Inkrement im Produktivsystem landet und sofort vom Kunden genutzt werden kann. Der Scrum Guide lässt sozusagen durch den letzten Satz in diesem Zitat zu, dass Releases gebildet werden. Ich gönne mir hier meine eigene Interpretation mit einer Abweichung vom Scrum Guide:

> SAP ERP, SAP/4HANA oder auch SAP allgemein sowie alle anderen Standard-ERP-Systeme dieser Welt sind so komplex, so ineinander verzahnt und so integriert, dass für mich auch ein vorzeigbarer **Prototyp** als Ergebnis einer Story in Frage kommt.

Bei neuen Prozessen, Anwendungen, Reports bzw. generell bei einer Erweiterung des SAP-Standards erlaube und empfehle ich als Scrum Master oder auch Product Owner sogenannte Design User Storys. Die Voraussetzung: Diese Design User Storys müssen entsprechende Akzeptanzkriterien haben und in einem Prototyp münden, der dem Kunden, Anwender und Product Owner im Sprint Review gezeigt werden kann und der ausprobiert werden kann. Ganz egal, wie wir diese Storys nennen (Mockup, Vorführmodell, Prototyp ...): Es geht immer um das Kundenfeedback. Dieses Prototyping hat das Ziel, anhand der ersten Ergebnisse möglichst früh eine Rückmeldung zum Lösungsansatz zu bekommen. Nur so können wir wissen, ob wir in eine geeignete Richtung arbeiten. Im Bereich der komplexen Standard-Software reduziert das die Risiken signifikant. Es ist also eine erweiterte Praxis zum Minimum Viable Product – und sie hat sich bereits in vielen Projekten bewährt.

Eine Design User Story hat klar definierte Akzeptanzkriterien, die auf dem WRICEF-Standard des SAP Solution Managers aufbauen, der modifikationsfreien Erweiterung aus dem SAP Solution Manager eines SAP-Systems. Wofür steht WRICEF?

W = Workflow

R = Reports

I = Interfaces inbound oder outbound (IDocs, BAPIs etc.)

C = Conversions (die Old-Style-Migrationsmethode mit der SAP LSM Workbench)

E = Enhancements (alle Arten von User Exits, um Programme und Reports zu erweitern)

F = Forms (gemeint sind alle Formulare wie Rechnungen, Angebote, Lieferscheine etc.)

Das alles sind mögliche Erweiterungen eines SAP-Systems, die keine Modifikation darstellen. In der Design Story geben wir die Erweiterungsmöglichkeit vor, zum Beispiel „E (Enhancements) = Prototyp mit einem User Exit“. Genauso geben wir das UI-Design vor (z. B. Fiori App, SAP GUI, UI5 Prototyp oder ein Report aus dem Reporting-Tool) und das Tool, in dem der Prototyp erstellt wird (z. B. SAP Build). Wir erwarten, dass für den Prototyp immer gute Testdaten aufgebaut werden – der Prototyp ist nicht produktiv nutzbar! Für die Erstellung von Prototypen gibt es übrigens mehrere Tools von SAP (zum Beispiel *www.build.me*), mit dem sich innerhalb kurzer Zeit ein Design erstellen und zeigen lässt.

Eine Design User Story hat natürlich eine stark reduzierte Definition of Done (Bild 4.10): Wir erwarten keine umfangreichen Tests durch das Entwicklungsteam, auch keine Tests durch die Endanwender und keine schriftliche Dokumentation. Was wir wollen, ist ein Prototyp zum Anfassen und Vorzeigen sowie eine perfekt vorbereitete Live-Demo im Review.

#	DoD-Kriterium	Erklärung
1	**Prototype/UI/Mockup erstellt**	**Entsprechend den Akzeptanzkriterien der User Story sowie der verfügbaren und erlaubten Design Tools**
~~2~~	~~SAP Entwicklungen erstellt / angepaßt~~	~~WRICEF Standards erfüllt/modifikationsfrei umgesetzt, Einschränkungen von WRICEF siehe Akzeptanzkriterien~~
~~3~~	~~Code Review „Grün“~~	~~Die Code Prüfung auf die vorgegebenen Standard ist durchgeführt, das Ergebnis ist Grün, die Entwicklungen, ggf. Customizing sind freigegeben, Code Review ist abgelegt.~~
4	~~Performance Check durchgeführt~~	~~Bei ABAP Entwicklungen ist zusätzlich ein Performance Check durchgeführt.~~
~~5~~	~~Testfälle überprüft, ggf. um neue Testfälle ergänzt~~	~~Wir nutzen dazu das JIRA Plugin Xray Test Management~~
~~6~~	~~Entwickler Test durchgeführt~~	~~Entwickler Test mit Xray in der Story dokumentiert~~
~~7~~	~~Funktionstest durchgeführt~~	~~Funktionstests mit Xray in der Story dokumentiert~~
~~8~~	~~Integrative Testszenarien (WAT) sind in Xray erstellt~~	~~Der Werksabnahmetest WAT/UAT wird in einer eigenen User Story abgebildet. Die Test Cases, Testfälle und Test Pläne sind vorzubereiten.~~
9	**Produktpräsentation vorbereitet**	**Wir zeigen im Sprint Review die Ergebnisse der Story „live“ im Integrationssystem. Dazu sind die Transporte durchzuführen, ggf. sind Testdaten aufzubauen.**
~~10~~	~~Dokumentation~~	~~Dokumentation entsprechend den Doku Richtlinien in englischer Sprache erstellt~~
~~12~~	~~Collective Code Ownership Regeln erfüllt~~	~~Das notwendige Customizing, die notwendigen Erweiterung nach WRICEF wurden dem Entwicklungsteam vorgestellt. Unsere Clean Code Regeln sind geprüft.~~

Bild 4.10 Verkürzte DoD für die Design User Story

Design User Storys – was bringt's?

- Sie haben schnell ein vorzeigbares Ergebnis.
- Sie bekommen frühes Feedback und können Änderungswünsche früh erkennen.
- Sie wissen gleich am Anfang, ob Sie richtig liegen.
- Sie reduzieren das Risiko einer Fehlentwicklung deutlich.
- Sie sparen Zeit und Geld.

4.5 Komplexe Anforderungen zerlegen mit User Story Mapping

Alle, die im SAP-Umfeld arbeiten, wissen: Die Anforderungen sind oft sehr komplex. Manchmal sind mehrere Stunden oder gar Tage notwendig, um diese Komplexität zu durchdringen und das Ganze zu verstehen. Zusätzlich passiert oft das, was Sie in Bild 4.11 sehen: Ein Team bekommt die Anforderungen schriftlich zugeworfen und soll sich darauf einen Reim machen. Nur leider macht sich jedes Teammitglied seinen eigenen Reim auf das, was in diesen Dokumenten steht. Wenn wir das nun alles undifferenziert in ein Product Backlog packen, kommen wir erst im Laufe der Sprints darauf, was wir eigentlich alles falsch oder ganz anders als unsere Kolleginnen und Kollegen verstanden haben – und das kostet wieder viel Zeit.

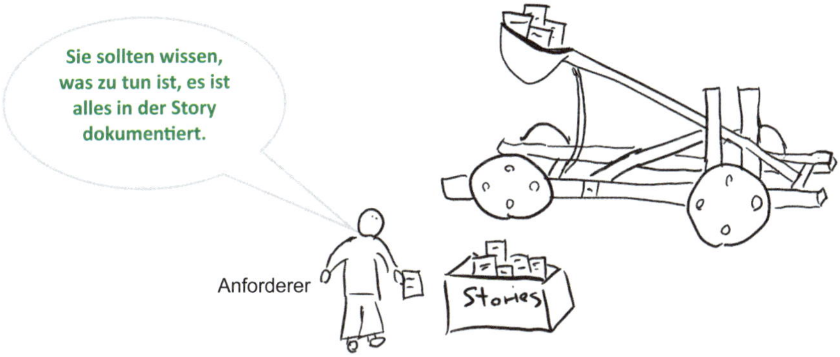

Bild 4.11 Wie Anforderungen auf klassische Weise zum Team gelangen

Außerdem sind Zusammenhänge, Widersprüche oder Irrwege schwerer zu erkennen, wenn die User Storys einfach nur ins Backlog gepackt werden.

Deshalb schätze ich das von Jeff Patton entwickelte User Story Mapping sehr. Ich nutze diese Technik in jedem Projekt und für das Product Backlog Refinement – besonders dann, wenn es unübersichtlich, komplex und schwierig ist. Story Maps helfen mir auch, wenn wir in großen Gruppen, zum Beispiel mit mehreren Teams, ein Epic visualisieren, Prozessschritte abstimmen und mögliche Releases schneiden.

Das User Story Mapping ist eine Methode, um zwischen einem Scrum-Team (den Problemlösern) und dem Anwender ein gemeinsames Verständnis über die Anforderung zu erzeugen. Das heißt, die entstehende Story Map ist ein Gesamtbild der wesentlichen Schritte, die ein Anwender bei der Nutzung des Produkts setzt. Diese wesentlichen Schritte (Backbone) werden noch weiter detailliert. Dadurch ergeben sich einige Vorteile: Zum Beispiel ist es mit der Story Map wesentlich einfacher, ein Minimum Viable Product zu identifizieren, Releases zu schneiden und zu planen oder eine Anforderung aus mehr als einer Perspektive zu betrachten und dadurch auf neue Ideen zu kommen. Wir sehen zwar die Einzelteile, aber wir verlieren nie das Gesamte aus dem Blick.

Welche Vorteile bieten Story Maps für SAP-Teams?

- Komplexe Sachverhalte werden übersichtlich in einem Big Picture dargestellt, das sich am Arbeitsfluss der Anwender orientiert.
- Der Fokus liegt auf der User Experience und den Wirkungen, die wir für die Kunden erzielen wollen.
- Mit der Story Map können wir die ersten Schritte einer Release-Planung machen.
- Die Story Map hilft dabei, die Umfänge der Releases zu reduzieren – wir können leichter das passende Minimum Viable Product finden.
- Mit Hilfe der Story Map lassen sich User Storys nach dem MVP-Gedanken erstellen und weitere User Storys darauf aufbauen.
- Es ist einfach ein gutes Instrument, um über die Anforderungen ins Gespräch zu kommen und sie besser zu verstehen.

Mit der User Story Map von Jeff Patton wird klar, dass eine Story nicht einfach eine Anforderung ist, die über den Zaun geworfen und abgearbeitet wird und es nicht mit dem Schreiben von User Storys und Refinen getan ist. Eine Story ist ein Hilfsmittel: Storys heißen Storys, weil sie eben eine Geschichte erzählen, nämlich jene von der Reise des Kunden oder Anwenders durch die Verwendung des Produkts.

Um eine Story Map bauen zu können, müssen wir daher die Perspektive des Anwenders oder Key Users einnehmen. Das hilft uns dabei, nicht mit einer fixen Idee an die Lösung heranzugehen, sondern uns nur einmal die Frage zu stellen: Was tut der Anwender alles mit diesem Produkt, um sein Ziel zu erreichen? Mit der User Story Map kommen wir weg von kleinlichen Diskussionen über Features und reden stattdessen über das, was die Anwender mit diesem Produkt tatsächlich machen.

Wie wird nun eine User Story Map erstellt (Bild 4.12)?

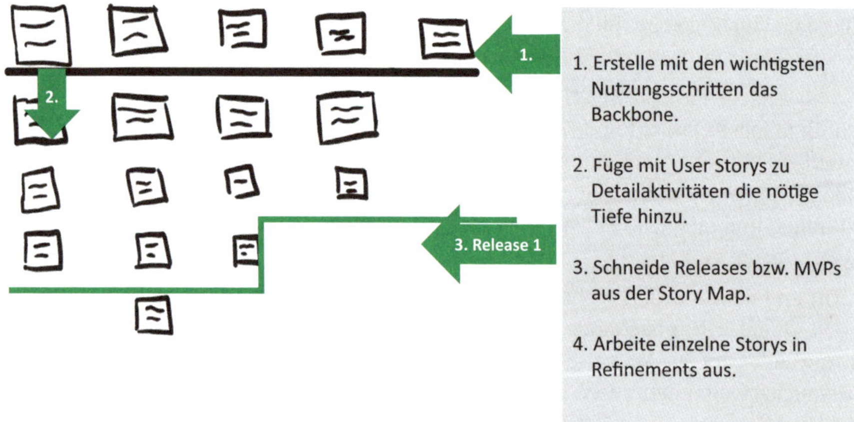

Bild 4.12 In vier Schritten zur Story Map

Schritt 1 – das Backbone erstellen

Das Backbone ist der übergeordnete Prozess der Nutzung eines Produkts oder einer Funktionalität. Er umfasst die wesentlichen Schritte bzw. übergeordnet die wichtigsten Aktivitäten, die der Nutzer bei der Verwendung einer Software bzw. einer bestimmten Funktionalität setzt. Diese chronologische Reihenfolge (Jeff nennt es „Narrative Flow") müssen wir zuerst erforschen und dann „erzählen". Wir bilden auf einem groben Level ab, was sich von außen beobachten lässt, daher werden wirklich alle möglichen Schritte dokumentiert, auch wenn sie zunächst einmal nicht auf derselben Flughöhe sind.

Wichtig ist im Anschluss aber auch, diese Reihenfolge zu hinterfragen, daher ist das User Story Mapping ein ideales Anwendungsgebiet für Haftnotizen. Das Team sortiert so lange um, bis alle mit der Reihenfolge einverstanden sind.

Schritt 2 – die notwendige Tiefe hinzufügen

Jeder Schritt des Backbones umfasst wiederum mehrere Detailaktivitäten, die notwendig sind, um diesen Schritt abzuschließen. Für jeden Schritt stellen wir uns daher die Frage: „Was muss alles passieren, damit wir zum nächsten Schritt weitergehen können?" Hier können wir alternative Verläufe, Variationen und Ausnahmen durchspielen.

Schritt 3 – Releases schneiden

In Schritt 3 kommt unter anderem das Minimum Viable Product ins Spiel: Wie können wir einen Durchstich durch alle Schritte des Backbones schaffen, um den Anwendern einen ersten Eindruck zum Beispiel der Modifikation zu bieten? Das erste Release sollte eine Lernstrategie beinhalten, um unsere eigenen Annahmen zu überprüfen.

Sobald die Map steht, können die einzelnen Storys im Product Backlog Refinement ausgearbeitet werden.

Story Mapping in der Praxis

Als ich in einem neuen SAP-Projekt als Coach gestartet bin, fand ich sehr große User Storys in einem Format vor, das auf den ersten Blick völlig undurchsichtig war. Aus einem Detail- oder Fachkonzept mit 350 Seiten waren einfach Teile herausgeschnitten und mit den User Storys verknüpft worden. Jede einzelne User Story bestand aus 30 bis 40 Seiten an Beschreibungen und wenig aussagekräftigen Akzeptanzkriterien. Mit einer dieser Riesen-Storys gingen wir in das User Story Mapping.

Runde 1 (10 Minuten): Erklärung des Vorgehens und Anlegen eines Template

Das Team, der Product Owner und ich sahen uns die erste große User Story „SAP Auftragsbearbeitung“ an und zerlegten die unübersichtliche Anforderung nach den Ideen des Story Mappings in einzelne übergeordnete Prozessschritte nach dem Prinzip „Talk and Doc“: In einer DEON Collaboration Session schrieben wir alles Wesentliche auf, während wir darüber sprachen. Die Kärtchen, in DEON „Sticky Notes“ genannt, waren bereits im richtigen Format, in der richtigen Größe, in der richtigen Farbe und in einer lesbaren Schrift vorbereitet

Bild 4.13 Vorbereitung für die Erstellung des Backbone und der Detailaktivitäten

(Bild 4.13). Die Teilnehmer konnten einfach eine gelbe Karte ziehen, den Text überschreiben und auf dem Board platzieren.

Runde 2 (15 Minuten): Die übergeordneten Prozessschritte – das Backbone erstellen
Im nächsten Schritt platzierten wir die übergeordneten Prozessschritte der Auftragsbearbeitung in der passenden Reihenfolge (für bessere Lesbarkeit wird die DEON-Oberfläche nur stilisiert dargestellt; Bild 4.14). Nach einer kurzen gegenseitigen Beratung kamen wir zu dem Schluss, zuerst den Kundenauftrag mit den Auftragskopfdaten (dahinter steckt die Auftragsart) zu bearbeiten und danach die Geschäftspartner auszuwählen. Klarer war uns dann, dass anschließend die Auftragspositionen mit den Verkaufspreisen und -steuern ermittelt werden mussten, die Bezahlarten definiert werden sollten und die Auftragsbestätigung in der einfachsten Form zunächst auf Papier gedruckt werden sollte.

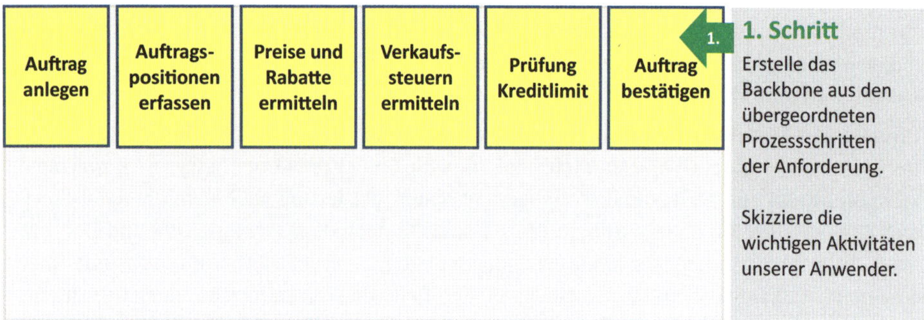

Bild 4.14 Gemeinsam das Backbone erstellen

Runde 3 (15 Minuten): Die Details erarbeiten
Als wir in den Prozessschritten in die Tiefe gingen, wurde deutlich, dass es mehrere Auftragsmöglichkeiten gab: Sofortaufträge, Terminaufträge, Konsignationsläger (die Kundenläger werden beliefert und bestückt, der Kunde bezahlt aber erst bei Warenentnahme) und die recht einfachen Gut- und Lastschriften. Die gleiche Detaillierung wiederholten wir für jeden Prozessschritt (Bild 4.15). Wenn das Story Mapping einmal läuft, sprudeln die Ideen meistens von selbst. Wichtig ist dabei, dass Sie die Ideen gleich aufschreiben und am Board platzieren. Die Teammitglieder können sie dann selbstorganisiert verschieben und sich gegenseitig beraten.

Runde 4 (15 Minuten + Nachspielzeit): Releases bzw. User Storys schneiden
In unserem Beispiel konnten wir noch nicht von Releases sprechen, sondern mussten zunächst User Storys aus dem ursprünglich riesigen Konvolut zurechtschneiden. Natürlich war uns klar, dass die Notizen am Board nur ein Rohformat waren – sie würden dann im Refinement vom Team genauer ausgearbeitet werden. In diesem Fall war die Runde 4 (der dritte Schritt nach Jeff Patton) sehr intensiv, deshalb erweiterten wir die ursprüngliche Timebox von 15 Minuten einmal um zehn Minuten. Das Ergebnis präsentierte sich danach wie in Bild 4.16.

Mit Story 1 schnitten wir ein erstes MVP heraus, um zu zeigen, wie die komplette Auftragserfassung funktionierte. Darauf aufbauend entstanden weitere Ideen zu User Storys – vom Terminauftrag mit Sonderformen der Preisfindung (Story 2) über die Beschickung der Konsignationsläger (Story 3) bis zu Story 4, die den Gutschriftprozess mit der Gutschriftsanforderung einleitet.

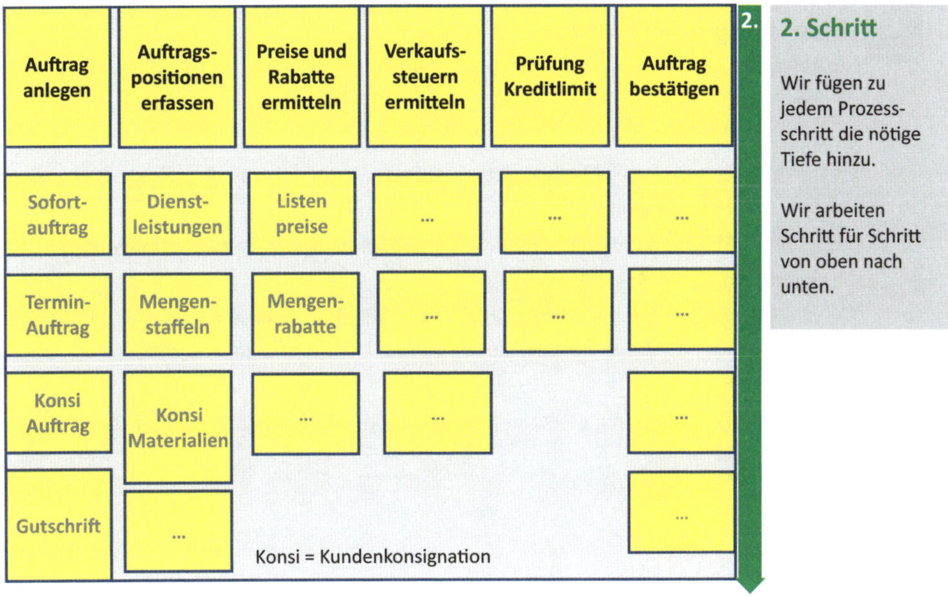

Bild 4.15 Detaillierung der Prozessschritte

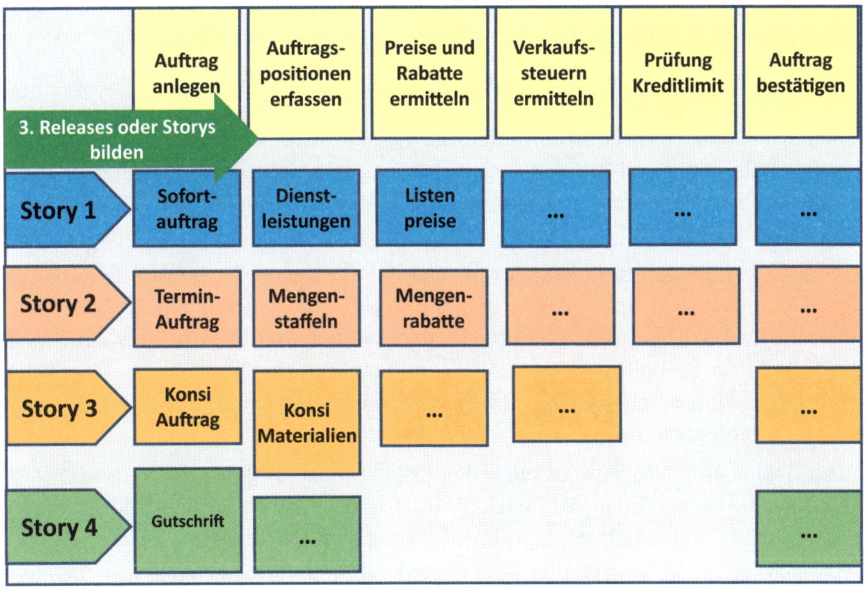

Bild 4.16 Am Ende des Prozesses sind kleinere, sinnvolle User Storys entstanden

Tipps für das Story Mapping

- Nutzen Sie bei einer Online-Session ein gutes und stabiles Collaboration-Tool, das Funktionen wie „Sticky Notes“ bietet. Mit DEON lässt sich das Story-Mapping-Modell sogar als Template vorbereiten.
- Erstellen Sie die Story Maps in gemeinsamen Workshops mit dem Product Owner und den Teammitgliedern.
- Laden Sie – wenn möglich – auch die Stakeholder sowie Anwenderinnen und Anwender zu diesem Workshop ein.
- Mit Haftnotizen können Sie die Story Map einfach visualisieren und bei der Beschäftigung damit die Schritte und einzelnen User Storys immer wieder neu arrangieren.
- Die Gedanken sollten gleich zu Papier gebracht werden, während über die Story gesprochen wird.

4.6 Das Product Backlog Refinement als Motor der Produktivität

4.6.1 Warum das Product Backlog Refinement so wichtig ist

Wahrscheinlich leuchtet es jedem auf Anhieb ein, dass ein Team, das neu an den Start geht, Hilfe beim Teambuilding und mit den Regeln braucht, wie wir sie kennengelernt haben. Auch wenn mit Story Maps Licht in die Komplexität der Anforderungen gebracht wird, hilft das schon einmal enorm.

Nun haben wir es mit Scrum-Teams zu tun, und das noch dazu im SAP-Umfeld. Solche Teams können in einem Sprint nur Geschwindigkeit aufnehmen, wenn der Sprint perfekt vorbereitet wurde. Die Basis dafür sind Product Backlog Items, die „ready ready“ sind (also die Definition of Ready – DoR – erfüllen). Alle Anforderungen sind klar und das Team kann im Sprint sofort loslegen. Jeff Sutherland hat festgestellt, dass sich die Produktivität eines Teams dadurch verdoppeln kann.

Was unsere Teams also brauchen, ist ein ordentliches Product Backlog Refinement. Sehen wir noch einmal im Scrum Guide 2017 nach (S. 14), was das Product Backlog Refinement ist (in der Ausgabe 2020 taucht diese wertvolle Erklärung leider nicht mehr auf):

> *„Als Verfeinerung (Refinement) des Product Backlogs wird der Vorgang angesehen, in dem Details zu Einträgen hinzugefügt, Schätzungen erstellt oder die Reihenfolge der Einträge im Product Backlog bestimmt werden. Die Verfeinerung ist ein kontinuierlicher Prozess, in dem der Product Owner und das Entwicklungsteam gemeinsam die Product-Backlog-Einträge detaillieren. Bei der Verfeinerung des Product Backlogs werden die Einträge begutachtet und revidiert. Das Scrum-Team bestimmt, wann und wie diese Verfeinerungsarbeit erfolgt. Sie sollte normalerweise nicht mehr als 10 % der Kapazität des Entwicklungsteams beanspru-*

chen. Der Product Owner kann jedoch jederzeit die Einträge im Product Backlog aktualisieren oder aktualisieren lassen.“

Für mich hat das Product Backlog Refinement eine immense Bedeutung. Die User Storys lassen sich in diesem Event so gut vorbereiten, dass im gesamten Sprint weniger Probleme auftreten. Es tauchen weniger Fragen auf und man kann schon im Vorhinein sehr viel Sprengstoff aus dem Sprint Planning und den Reviews herausnehmen. Die User Storys sollten den INVEST-Kriterien gerecht werden:

- **Independent:** User Storys dürfen nicht von der Fertigstellung anderer User Storys abhängen. Natürlich dürfen User Storys aber aufeinander aufbauen – insbesondere dann, wenn die Story schon mehrmals gesplittet wurde.
- **Negotiable:** User Storys sind keine festgeschriebenen Gesetze. Sie sind eine gemeinsame Herleitung und eine gemeinsame Formulierung von Anforderungen durch das Team und den Product Owner. Neue Anforderungen innerhalb eines Sprints werden oft zu neuen User Storys formuliert. Die Fragen des Entwicklungsteams und die Antworten des Product Owners dokumentieren wir unter „N“.
- **Valuable:** User Storys liefern einen erkennbaren Mehrwert. Was bringt die Story dem Kunden oder End User? Storys ohne Wert, sogenannte Zero Value Storys, sollten erst gar nicht ins Product Backlog Refinement gebracht werden.
- **Estimable:** User Storys sind überschaubar und daher schätzbar. Geschätzt wird relativ mit Story Points.
- **Small:** User Storys sind oft zu groß. Mit der Prüfung auf „S = Small Enough“ wird überprüft, ob die Story in einen Sprint passt. Die Story muss klein genug für einen Sprint sein!
- **Testable:** User Storys müssen testbar sein. Gemeint sind damit nicht die unzähligen Testfälle, sondern ein Test gegen die Akzeptanzkriterien, die mit dem Product Owner abgestimmt sind.

Die Voraussetzung dafür ist allerdings ein gut vorbereiteter Product Owner, der weiß, welchen Einfluss er auf die Produktivität hat – und das ist leider oft nicht der Fall. In vielen Refinements, zu denen ich eingeladen werde, agiert der Product Owner wie ein Diktator, der von der ersten Sekunde an einen immensen Zeitdruck auf das Entwicklungsteam ausübt:

- JIRA – das Refinement-Tool – ist geöffnet.
- Story mit Prio 1 ist im Edit-Modus geöffnet.
- Die Frage „Was bringt’s?“ wird nicht gestellt und Ideen werden übersprungen.
- Technische Akzeptanzkriterien sind lieblos runtergeschrieben.
- Es wird nicht klar, was zur Story gehört und was nicht. Die Frage „Was ist out of scope?“ wird nicht gestellt.
- Darstellung von Abhängigkeiten zu anderen Teams – Fehlanzeige!

Die Story wird vorgestellt und der Product Owner fragt mit entsprechend genervtem Unterton, ob die Story verstanden wurde. „Ja, okay“, lautet die Antwort und in den Hinterköpfen rattert es. Niemand aus dem Entwicklungsteam traut sich etwas Gegenteiliges zu sagen. Das Unheil nimmt seinen Lauf.

Schauen wir nochmal auf die Werte von Scrum auf Seite 5 der deutschen Ausgabe des Scrum Guide 2017:

„Wenn die Werte Selbstverpflichtung, Mut, Fokus, Offenheit und Respekt durch das Scrum-Team verkörpert und gelebt werden, werden die Scrum-Säulen Transparenz, Überprüfung und Anpassung lebendig und bauen bei allen Beteiligten Vertrauen zueinander auf.“

Ich gebe zu, Offenheit ist ein Wert, der nicht einfach zu verstehen ist, und er ist auch nicht einfach in der Umsetzung. Niemand will sich gerne offenbaren und alles transparent machen. Deshalb kann Offenheit nur durch einen sensiblen Umgang miteinander entstehen. Es kommt auf Formulierungen und die Tonlage an. Jeder und jede Einzelne im Entwicklungsteam muss sich sicher sein, dass Fragen erwünscht und erlaubt sind. Es muss ehrlich ausgesprochen werden dürfen, wenn er oder sie sich durch suggestive und passiv-aggressive Pseudo-Fragen unter Druck gesetzt fühlt. Meistens entsteht das Gefühl, keine Fragen stellen zu dürfen, aus einem künstlich aufgebauten Zeitdruck. Da verlässt einen im wahrsten Sinne des Wortes der Mut, und schon geht ein zweiter Wert von Scrum den Bach hinunter.

Dabei ist es gerade für Menschen aus stark hierarchischen Organisationen schwer, erst einmal den Mut zu finden, sich mit Fragen an einer Entscheidung zu beteiligen. Ohne Mut geht aber nichts weiter: Dann gibt es keine Experimente und es entsteht nichts Neues. Wer in solchen Systemen arbeitet, braucht Hilfe durch einen Prozessverantwortlichen: den Scrum Master. Der Scrum Master hat die Aufgabe, die Definition of Ready hochzuhalten, auf die Einhaltung dieser Regeln zu pochen und damit für ein echtes Refinement zu sorgen.

Mut und Offenheit sind aber leider, wie beschrieben, oft nicht vorhanden. Niemand traut sich, etwas zu sagen, niemand traut sich, etwas zu fragen. Wenn der Scrum Master in die Runde fragt: „Ist die Story von allen verstanden?“, darf er keinen Zuruf vom Product Owner akzeptieren und schon gar kein: „Keine Zeit, lass uns weitermachen.“ Der Scrum Master und der Product Owner sind Führungskräfte, die eines lernen müssen: die Stille auszuhalten, bis eine Antwort aus dem Team kommt. Das heißt, dass ein hingeworfenes „Weiter!“ des Product Owners nicht als Antwort zählt!

> **!** Nur wer seinem Gegenüber Zeit zum Nachdenken gibt, kann eine vernünftige Antwort erwarten. Das zweifache „ready, ready“, das Jeff Sutherland in dieser Situation einfordert, ist ein gutes Zeichen. Es bedeutet: „Ja, wir haben alles verstanden, und ja, die Story hat den Status ‚ready‘. Alle Punkte auf der DoR-Checkliste wurden abgearbeitet, es sind keine Fragen mehr offen. Die nächste Story kann besprochen werden.“ ■

Klar, der Product Owner wird bei der Priorisierung der Product Backlog Items das letzte Wort haben. Aber es geht hier doch um viel mehr als ein bloßes „Ja, verstanden“. Ein guter Product Owner weiß, dass ein gut vorbereitetes Backlog Refinement den Verlauf des Sprints bestimmt und damit direkt für den Erfolg des Produkts verantwortlich ist. Im Refinement wird der Product Backlog auf den aktuellen Stand gebracht und zur Basis für das nächste Sprint Planning. Die Fragen, die das Entwicklungsteam im Backlog Refinement nicht stellt bzw. nicht stellen darf, werden im Sprint Planning wieder auftauchen.

Ein Product Owner hat also gar nichts davon, wenn er Druck ausübt und Fragen abwürgt. Er nimmt sich damit selbst die Möglichkeit, rechtzeitig bis zum Sprint Planning die Antworten zu finden, die zu guter Letzt seinen eigenen Erfolg mit diesem Produkt beeinflussen.

Wenn er die Gelegenheit allerdings nutzt und auf die Fragen des Entwicklungsteams eingeht, kann er die ohnehin anstrengenden Plannings deutlich verkürzen. Ein achtstündiges Sprint Planning bei einem 4-Wochen-Sprint, wie es im Scrum Guide steht, ist ein Albtraum. Das kann der Product Owner sich und seinem Team ersparen: Nach einem guten Backlog Refinement, in dem alle Fragen zugelassen wurden, um das „Was" der Storys zu klären, muss oft nur noch das „Wie" der Umsetzung besprochen werden. Im Idealfall werden die Storys vom Team bereits geschätzt und können gemäß der Velocity im Sprint Planning sofort „gezogen" werden.

Natürlich geht das nicht in jeder Projektsituation. Wenn wir heute in einem Refinement Storys schätzen, die erst in vier Monaten an die Reihe kommen, haben wir bis dahin die Hälfte vergessen und müssen uns neu einarbeiten. Das wäre Verschwendung. Geht es aber um Storys, die in den nächsten zwei bis drei Sprints umgesetzt werden sollen, ist es durchaus sinnvoll, die Storys bereits im Refinement zu schätzen.

Geschwindigkeit und höhere Produktivität sind schon mal ganz passable Vorteile, die ein Product Owner erreichen kann, wenn er für Fragen des Entwicklungsteams offen ist. Es gibt aber noch einen weiteren Vorteil: Durch die Beschäftigung mit den Product Backlog Items entwickeln Product Owner und Entwicklungsteam schneller ein gemeinsames Verständnis der Vision, der Ziele und Aufgaben. Sämtliche Ideen des Entwicklungsteams zur Umsetzung eines Product Backlog Items, zum Beispiel einer User Story, werden im Backlog Refinement notiert. Das heißt, es findet ein enormer Wissenstransfer statt, da der Product Owner dem Entwicklungsteam immer mehr Kontext zum Kunden, zum Geschäftsmodell, zu den Anforderungen und Architekturvorgaben, zu den Akzeptanzkriterien usw. liefert. Umgekehrt lässt sich der Product Owner vom Team zum sogenannten Schneiden oder Splitten der User Storys beraten, damit sie so effizient wie möglich umgesetzt werden können. Unterm Strich bedeutet das also: Je mehr Fragen im Backlog Refinement geklärt wurden, desto fokussierter kann das Entwicklungsteam im Sprint arbeiten. Das wirkt sich direkt auf die Produktivität des Teams aus.

Wie oft sollte ein Product Backlog Refinement stattfinden?

Scrum gibt weder vor, wie oft ein Backlog Refinement stattfinden muss noch wie lange es dauern sollte. Es wird nicht einmal als agiles Event im Scrum Guide beschrieben. Meine Empfehlung lautet:

Setzen Sie ein Refinement pro Woche an. Also zwei Refinements bei Zwei-Wochen-Sprints, drei Refinements bei Drei-Wochen-Sprints.

Wie bei allen agilen Events und Aktivitäten in Scrum empfiehlt sich auch für das Backlog Refinement die regelmäßige Durchführung nach einem festen Rhythmus, damit eine Routine entstehen kann.

4.6.2 Vorbereitung des Product Backlog Refinement

Damit das Product Backlog Refinement seine Wirkung entfalten kann, sollte es gut vorbereitet sein. Dazu setzt sich der Scrum Master mit dem Product Owner vor dem Refinement zusammen. Der Product Owner bestimmt die Prioritäten, also die Reihenfolge der Themen im Refinement. Gemeinsam überprüfen der Scrum Master und der Product Owner den aktuellen Stand der Anforderungen für die einzelnen User Storys bzw. Product Backlog Items, ergänzen sie und priorisieren sie gegebenenfalls neu. Jedem Product Backlog Item bzw. jeder User Story wird dann im Refinement ein genau definierter Slot zugewiesen – in aller Regel reichen 15 Minuten dafür aus.

Essenziell sind natürlich die Vereinbarungen mit dem Team. Daher rege ich bei jedem neuen Team gleich das folgende Vorgehen an: 24 Stunden vor dem Refinement bekommen die Mitglieder des Entwicklungsteams eine Mail. Diese enthält die Priorität und die Reihenfolge der Product Backlog Items/User Storys, die Zeitplanung und den Link zu den Storys (zum Beispiel in JIRA oder Azure DevOps). In dieser Mail findet das Entwicklungsteam auch die geschätzte Vorbereitungszeit pro Story und natürlich die gesamte Vorbereitungszeit für das Product Backlog Refinement.

Einladungsmail zum Product Backlog Refinement

Liebe Kolleginnen und Kollegen, liebe Teammitglieder,

als Product Owner für das SAP Logistik Team lade ich euch herzlich zum nächsten Product Backlog Refinement ein.

Ziel des Refinement

Es geht darum, die User Storys so aufzubereiten, dass sie in einem der folgenden zwei bis drei Sprints umgesetzt werden können. Wir wollen die Zeit nutzen, um die Anforderungen, die Akzeptanzkriterien und die Priorisierung komplett zu verstehen.

Input zu diesem Refinement

Vorbereitete und priorisierte, aber noch unreife Storys aus dem Product Backlog.

Output

Das Entwicklungsteam hat ein gemeinsames Verständnis der Storys für die nächsten zwei bis drei Sprints nach den gültigen Kriterien der Definition of Ready. Sie sind danach bereit für das Sprint Planning.

Hier ist unsere priorisierte Agenda [verknüpft mit dem Backlog in JIRA].

- TOP 1 (14:00 – 14:15) https://agile.grp/JIRA/browse/LXP-1995
- TOP 2 (14:15 – 14:30) https://agile.grp/JIRA/browse/LXP-1999
- TOP 3 (14:30 – 14:45) https://agile.grp/JIRA/browse/LXP-2020
- TOP 4 (14:45 – 15:00) https://agile.grp/JIRA/browse/LXP-2024

Ich bitte euch, die genannten Product Backlog Items vorzubereiten. Ich schätze die Vorbereitungszeit auf rund 40 Minuten für alle Items bzw. 10 Minuten pro Item.

Herzliche Grüße

Max Mustermann

Kleines Detail mit großer Wirkung – die Farben der Sticky Notes

Zur Vorbereitung gehört es für einen Agile Coach oder Scrum Master, sein Handwerkszeug in einer sinnvollen Ordnung zu haben. Haftnotizen oder „Sticky Notes“ und einsatzbereite Stifte gehören zu diesem täglich gebrauchten Handwerkszeug. Als Agile Coach oder Scrum Master habe ich immer einige Stapel an Sticky Notes in vier Signalfarben dabei (siehe Bild 4.17): Gelb, Grün, Orange und Pink. Natürlich müssen wir bei verteilten Teams auch virtuelle Lösungen finden, deshalb werden im Collaboration Tool immer Sticky Notes in denselben Farben vorbereitet.

Farb- und Größenregel

GELB	GRÜN	ORANGE	PINK
Anforderungen Requirements Storys Akzeptanz-kriterien	Impediments und Störungen	Spikes Offene Fragen	Defects Incidents Bugs

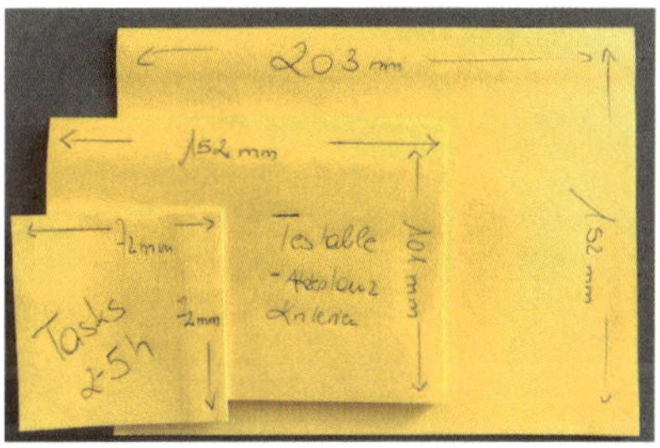

Größe	Verwendung/Aussage
203 x 152 mm	Alle Arten von Anforderungen Sagas, Epics, Storys, Features
152 x 101 mm	T = Tests = Akzeptanzkriterien Welche Akzeptanzkriterien hat der Product Owner festgelegt?
72 x 72 mm	Tasks/Subtasks Mit welchen Schritten [=Tasks] haben wir die Umsetzung im Sprint geplant?

Bild 4.17 Schnelle Orientierung durch ein Sticky-Note-Farb- und -Größensystem

Mit diesem Farbsystem kann das ganze Scrum-Team sofort erkennen, was zu tun ist, und spart damit wieder Zeit:

- Auf dem Schreibtisch des Scrum Master liegen vier grüne Sticky Notes – er arbeitet also an der Beseitigung von Hindernissen (Impediments) und Störungen.
- Bei Teammitglied Tom liegen zwei pinkfarbene Zettel auf dem Schreibtisch und wir wissen: Er merzt gerade zwei Bugs und/oder Defects aus.
- Nach dem Product Backlog Refinement kleben an den Wänden viele gelbe und einige orange Zettel. Es wurden also Anforderungen geklärt (gelb), doch einige Fragen zu den Storys sind noch offengeblieben (orange).

Auch die Größe der verwendeten Haftnotizen hat Aussagekraft: Die größte Version verwende ich mit meinen Teams für alle Arten von Anforderungen, auf die mittelgroßen schreiben wir die Akzeptanzkriterien und auf den Zetteln in Normalgröße halten wir die Tasks fest.

4.6.3 Effektive Gestaltung des Product Backlog Refinement mit „Focus – Spread – Focus“

Die Einladung, mit deren Hilfe sich alle Beteiligten gut auf das Product Backlog Refinement vorbereiten können, ist schon einmal eine gute Grundlage für ein effektives Event. Natürlich sollte sich dieser Gedanke auch durch das Event selbst ziehen. Eine der erfolgreichsten Techniken ist in diesem Zusammenhang „Focus – Spread – Focus“ (siehe Bild 4.18). Dabei wechseln sich gemeinsame Zeitslots – Focus-Sessions genannt – und Gruppenarbeiten, die Spread-Sessions, ab. Die gesamte Session dauert zwei Stunden.

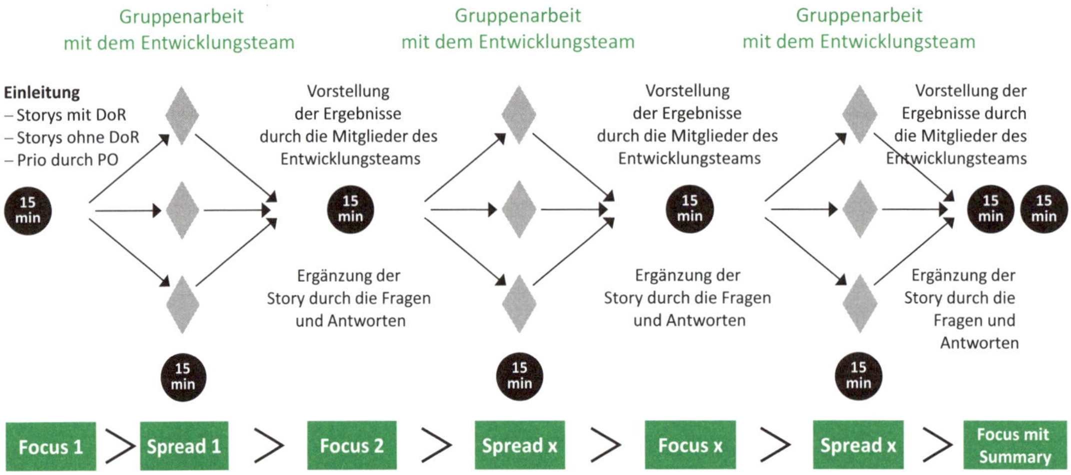

Bild 4.18 Refinement mit Focus – Spread – Focus

Wichtigste Voraussetzung dafür ist: höchste Konzentration. Niemand liest parallel seine E-Mails oder beschäftigt sich mit sonstigen Nebenaktivitäten. Wer zehn Minuten geistig abschaltet, verpasst einiges.

Diese Form des Refinement lässt sich mit entsprechender Vorbereitung natürlich online gut einsetzen, ich verwende dafür meistens Zoom oder DEON. Selbstverständlich sollten alle Teammitglieder mit den Tools vertraut sein und damit umgehen können; vor allem die moderierende Person muss sich perfekt damit auskennen. Wichtig ist, dass alle teilnehmenden Personen in diesem Refinement die Schreibrechte in den verwendeten Tools haben.

Wenn Sie mit Zoom arbeiten, finden alle Focus-Sessions in einer gemeinsamen Zoom-Session statt. Die Spread-Sessions werden in die sogenannten Breakout-Rooms verlegt, die Timebox dafür wird vom Moderator voreingestellt. Nach Ablauf der Zeit werden alle Breakout-Sessions – nach einer kurzen, automatischen Vorankündigung – durch das Tool selbstständig wieder in den gemeinsamen Raum zurückgeholt.

Bei der Arbeit mit DEON haben Sie den Vorteil, dass Sie ein Projekt in beliebig viele Gruppenbereiche aufteilen können. Für die Präsentation der Ergebnisse aus den Spread-Sessions im Plenum bietet sich der Connected View Mode an. Mit diesem Modus stellen Sie sicher, dass alle Teilnehmenden denselben Teil des Projekts oder Bildschirms sehen. Connected View kann von jedem Benutzer jederzeit aktiviert und deaktiviert werden.

Egal, welches Tool eingesetzt wird: Wenn eine Gruppe präsentiert, hören alle anderen aufmerksam zu!

Schritt 1: Focus 1 (die ersten 15 Minuten)

Das Refinement beginnt mit der Vorstellung der priorisierten Epics und Storys durch den Product Owner. Wenn alle Beteiligten die Vorbereitungszeit vor dem Refinement wirklich genutzt haben, sollten sie die Inhalte kennen und die Vorstellung dauert dann gar nicht so lange. Findet das Refinement „offline“ statt, sollte der Product Owner die Epics auf DIN-A1-Blättern und die Storys auf DIN-A3-Blättern ausdrucken und an die Wand hängen. Wenn ich in einem Team die Rolle des Scrum Masters habe, bereite ich diese Unterlagen auch gerne mal für den Product Owner vor. Dabei fühle ich mich nicht als Hilfskraft oder Scrum-Mama - ich weiß einfach den Erfolg solcher Refinements zu schätzen.

Online-Version

Der Moderator der Session hat die Epics und/oder Storys den Voraussetzungen des Tools entsprechend verlinkt oder zeigt sie als Screenshot.

Schritt 2: Spread 1 (Minute 16 bis Minute 30)

Das Entwicklungsteam teilt sich nun in zwei Gruppen auf, bewaffnet mit Klebezetteln und Stiften. Gruppe 1 steht bei der ersten Story, Gruppe 2 bei der zweiten Story. Die Teams gehen die jeweilige Story kurz durch, schauen auf die Akzeptanzkriterien und denken an den MVP-Ansatz. Danach purzeln die Fragen nur so heraus. Jede Frage wird auf einen gelben Klebezettel geschrieben.

Der Product Owner wechselt während der 15-minütigen Spread-Sessions zwischen den Teams hin und her und beantwortet die Fragen. Jede Antwort wird ebenfalls auf einen gelben Klebezettel geschrieben, und zwar so, dass sie von jedem Teammitglied aus drei Meter Abstand lesbar und ohne zusätzliche Erklärungen zu verstehen ist.

Kann der Product Owner eine Frage während der Spread-Session nicht beantworten und kann das Entwicklungsteam auch nicht weiterhelfen, dann formulieren wir einen „Spike“. Für diesen „Stachel“ verwenden wir leuchtend rote oder orange Klebezettel, auf denen wir die offenen Fragen notieren (Bild 4.19).

Was ist ein Spike? Ein Spike ist ein To-do in Form einer Mini-Story. Für die Beantwortung eines Spike gehen wir davon aus, dass wir sie mit zwei Tasks (zu je zwei bis vier Stunden) erledigen können.

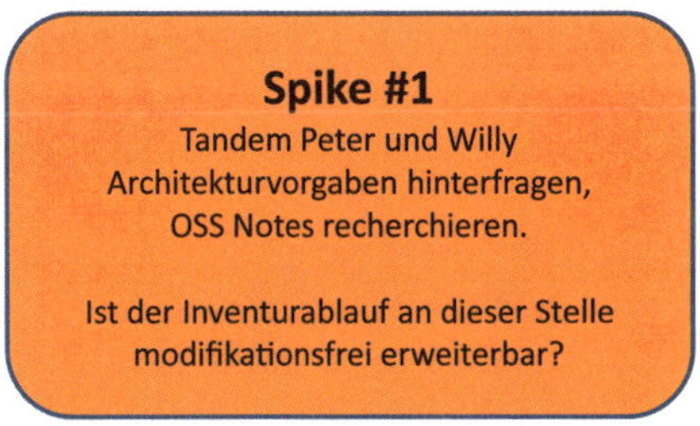

Bild 4.19 Unbeantwortete Fragen werden als Spikes notiert

Als Regel für einen Spike gilt: Er wird immer von einem Tandem gezogen, im Beispiel sind es Peter und Willy. Bis zum nächsten Refinement ist die Antwort fällig und sie wird automatisch geliefert, sobald die Story wieder an der Reihe ist. Wird die Frage nicht beantwortet, kann die Frage nicht als „verstanden" im Sinne der DoR eingestuft werden. Die Regeln für das Spike-Handling werden im Team vereinbart und kommen auf die Team-Charta.

> **Online-Version**
>
> Die Aufteilung in Gruppen kann in Zoom nach dem Zufallsprinzip oder gezielt durch die Auswahl der Teilnehmer pro Gruppe erfolgen.
>
> Für Fragen und Antworten verwenden wir auch online gelbe „Sticky Notes", formatiert in Schriftgröße 32 bis 42 pt. ■

Schritt 3: Focus 2 (Minute 31 bis Minute 45)

Die Gruppen treffen sich nun wieder. Gruppe 1 stellt Gruppe 2 die erarbeiteten Ergebnisse vor. Außerdem wird laut vorgelesen, welche Fragen es gab und wie die Antworten darauf gelautet haben. Diese Klebezettel werden neben das Epic bzw. die Story geklebt. Jedes Team arbeitet auf diese Weise Frage für Frage und Antwort für Antwort durch, während die anderen aufmerksam zuhören.

Erfahrene Teams übergeben ihre Klebezettel mit den Fragen und Antworten dem jeweils anderen Team. Gruppe 1 liest also die Fragen und Antworten von Gruppe 2 vor und umgekehrt. Damit will ich erreichen, dass die Storys so gut formuliert und sauber aufgeschrieben werden, dass sich das andere Team etwas darunter vorstellen kann.

Nach Focus 2 sind nun alle auf dem gleichen Wissensstand. Meistens brauchen nach diesen insgesamt 45 fokussierten Minuten alle mal eine Pause. Ich plane daher sowohl online als auch offline alle 45 Minuten eine zehnminütige Unterbrechung ein – damit habe ich bis jetzt immer die besten Ergebnisse erzielt. „Pause" muss übrigens nicht immer bedeuten, dass alle für zehn Minuten in unterschiedliche Himmelsrichtungen verschwinden. Vor allem bei den Online-Refinements hat es sich bei meinen Teams bewährt, in diesen zehn Minuten gemeinsame Yoga- oder Bewegungsübungen zu machen, um den Kopf wieder frei zu bekommen.

Die Focus- und Spread-Sessions werden dann so lange wiederholt, bis alle Storys abgearbeitet sind. Die letzte Focus-Session (Focus-Summary genannt) ist gleichzeitig eine kurze Retrospektive. Es wird in diesen 15 Minuten zusammengefasst, welche Epics und Storys nun „refined" und somit „ready ready" sind. Wir werfen einen Blick auf die offenen Fragen, auf die gesammelten Spikes und bekommen vom Product Owner einen Ausblick darauf, welche Storys bzw. Work Items demnächst im Refinement anstehen. Abschließend werden auf Klebezetteln Verbesserungsvorschläge gesammelt, um das nächste Refinement noch effektiver zu gestalten.

Roman Voting beim Timeboxing

Timeboxes, also fixe zeitliche Rahmen, sind ein wichtiges Element von agilen Events. Im Scrum Guide werden für die einzelnen Events solche Timeboxes genannt, wobei darunter immer die maximalen Längen zu verstehen sind. Wie gesagt, wird das Backlog Refinement nicht als „echtes" agiles Event im Scrum Guide angeführt. Es wird lediglich darauf hingewiesen, dass das Entwicklungsteam bis zu 10 Prozent seiner Kapazität im laufenden Sprint für das Refinement der kommenden Anforderungen, sprich User Storys, verwenden soll.

Nun sind Timeboxes zwar eine gute Einrichtung und ich bin ein klarer Verfechter davon. Nur passiert es im Backlog Refinement immer wieder, dass die reservierte Zeit pro User Story nicht ausreicht, um alle Fragen zu klären. Wenn nach Ablauf der Timebox abgebrochen wird, geht wertvoller Input unter Umständen verloren, die Story kann nicht abgeschlossen werden und muss im nächsten Backlog Refinement noch einmal bearbeitet werden. Ich setze daher im Backlog Refinement das „Roman Voting" ein, das den meisten zumindest aus „Gladiator" ein Begriff ist. Aber keine Angst, hier geht es nicht um Leben oder Tod, sondern lediglich um die Erweiterung der Timebox.

Wenn also eine Story noch nicht abschließend geklärt ist und die Zeit abgelaufen ist, frage ich die Teammitglieder: „Wollen wir die Diskussion, das Refinement der Story, um zehn Minuten verlängern, um das Thema abzuschließen?" In der Arbeit mit meinen eingespielten Teams verwende ich natürlich die Kurzversion: „Roman Voting 10 Minuten?"

Es gibt dann keine Diskussionen, ob vielleicht, weiß nicht oder Alternativen – es gibt nur zwei Antwortoptionen:

- Daumen hoch = Ja, wir machen das!
- Daumen runter = Nein, bin dagegen!

Wahrscheinlich haben Sie keinen Hollywood-Historien-Schinken gesehen, in dem der Imperator seinen Daumen seitlich gehalten hat, um damit zu signalisieren, dass er keine eigene Meinung hat. Eben, deswegen gibt es das auch bei dieser Anwendung des Roman Votings nicht (Bild 4.20). In einem selbstorganisierten agilen Team werden nämlich Entscheidungen getroffen.

Bild 4.20 Die zwei Optionen im agilen Roman Voting

Trotz der Ausweitung der Timebox ist es weiterhin das Ziel, so rasch wie möglich zu einem Ergebnis zu kommen. Daher werden immer nur kurze Zeitslots von maximal zehn Minuten angehängt, und das auch nicht unendliche Male. Sollten wir bei der ersten Verlängerung nicht zum Ziel kommen, frage ich beim zweiten Mal: „Roman Voting 5 Minuten?"

Das Roman Voting lässt sich natürlich in Online-Meetings ganz einfach durchführen, wenn alle Kameras an sind. Sollte das aus irgendeinem Grund nicht möglich sein, verwende ich einfach die Chat-Funktion: Die Teammitglieder schicken ein Daumen-hoch- oder Daumen-runter-Emoji.

Die Regeln für das Roman Voting verankere ich mit meinen Teams selbstverständlich in der Team Charta, unserem Working Agreement.

4.6.4 Nachbereitung des Product Backlog Refinement

Die 24-Stunden-Regel haben wir für das Refinement ja bereits kennengelernt: 24 Stunden vor dem agilen Event bekommen die Teilnehmerinnen und Teilnehmer alle Informationen, um sich entsprechend darauf vorbereiten zu können.

Für die Nachbereitung halte ich mich als Scrum Master zusätzlich an die 25-Minuten-Regel: Ich setze mir das Ziel, 25 Minuten nach dem Refinement alle Fragen und Antworten – also die Ergebnisse aus dem Refinement – in unserem Product Backlog Refinement Tool (z. B. JIRA) für alle einsehbar zu machen. Das sollte natürlich die Aufgabe des Scrum-Teams sein, doch bei den ersten fünf bis zehn Refinements mache ich das am liebsten selbst. Erstens, um die Ergebnisse sofort digital in JIRA verfügbar zu haben und zweitens, um dem Team zu zeigen, dass die Dokumentation der Fragen und Antworten zu einer User Story wirklich keine Hexerei ist. Fotos, Text, Zeichnungen – alles ist als Doku erlaubt. Sobald sich das Team eingespielt hat, übernimmt es diese Aufgabe selbst.

Gerade JIRA bietet dazu einige Möglichkeiten, um diesen Vorgang blitzschnell abzuschließen. Ich nutze ganz einfach den Zeit- und Datumsstempel sowie die Beschreibungs- und Kommentarfelder als Frage-und-Antwort-Tool. Wer das öfter macht und sich mit der „Clone"-Funktion von JIRA auskennt, entwickelt bei der Refinement-Dokumentation eine imposante Geschwindigkeit.

Was für mich und meine Teams allerdings ein No-go ist: Ein Teammitglied schreibt noch während des Refinements in JIRA mit und die anderen schauen dabei zu. Diese verschwendete Zeit kann das Team sinnvoller investieren.

So wie es eine Einladung vor dem Refinement gegeben hat, geht dann natürlich eine abschließende Mail an alle Teilnehmerinnen und Teilnehmer raus:

> Liebe Kolleginnen und Kollegen,
>
> vielen Dank für das zielgerichtete Refinement. Wir haben nun ein gemeinsames Verständnis über die Priorisierung, den Wert der Storys und natürlich über den Inhalt der Storys mit den gelisteten Akzeptanzkriterien.
>
> Die Ergebnisse inkl. der Story-Splits, sind ab sofort in JIRA verfügbar.
>
> Herzliche Grüße
>
> Klaus

4.7 Magic Estimation für SAP-Teams

Magic Estimation ist eine großartige Idee, um schnell viele Storys schätzen zu können. Mit SAP-Teams funktioniert sie in ihrer ursprünglichen Form, wie wir es in Kapitel 2 kennengelernt haben, meiner Meinung nach nicht ganz so gut. Für die SAP-Scrum-Praxis brauchen wir ein paar Erweiterungen.

Die generellen Ansprüche an das Team bleiben die gleichen: Jedes Teammitglied muss die Regeln des agilen Arbeitens kennen und leben. Zusätzlich halten wir uns beim Schätzen an die folgenden vier Punkte:

1. Wir erstellen den Umsetzungsplan für die Story, bevor wir mit dem Schätzen beginnen.
2. Die Umsetzung wird mit definierten Taskgrößen geplant.
3. Wir schätzen die Storys zuerst anhand von T-Shirt-Größen.
4. Wir legen eine maximale Story-Point-Größe fest, die in einem Sprint noch umsetzbar ist.

Regel 1: Den Umsetzungsplan erstellen, bevor geschätzt wird

Üblicherweise wird von Scrum Mastern empfohlen, die Umsetzungsplanung für eine Story erst im Sprint Planning zu machen. Wenn ich Scrum Master bin, lasse ich die Teammitglieder die Umsetzungsplanung und das Schätzen gerne schon im Backlog Refinement erledigen, unter der Voraussetzung, dass die besprochene Story in den nächsten drei Sprints priorisiert und gezogen wird. Wenn die Priorisierung noch sehr volatil ist, könnten die Schätzung und die Detailplanung mit Tasks im Refinement zur Verschwendung werden. Vergeht zu viel Zeit zwischen Refinement und Sprint, schlägt manchmal das Vergessen zu.

Warum gehe ich so vor? Zu diesem Zeitpunkt sind wir gedanklich ganz tief in der Story und wir haben uns schon detailliert über die Akzeptanzkriterien unterhalten. Daher fällt uns die Planung der Umsetzungsschritte leichter. Kennen wir den Umsetzungsplan, dessen Einzelschritte maximal zwei bis vier Stunden „groß" sein sollten, können wir die Story leichter schätzen.

Wir überlegen uns also, in welchen Schritten eine Story im Sprint umgesetzt werden könnte. Der Scrum Guide 2017 verschiebt diese Tätigkeit ins Sprint Planning, aber er sagt dazu (S. 11):

> *„Nach der Vereinbarung des Sprint-Ziels und der Auswahl der Product-Backlog-Einträge für den Sprint entscheidet das Entwicklungsteam, wie es das Produktinkrement erstellen möchte, damit die Funktionalität in einen ‚Done'-Zustand gebracht werden kann.*
>
> *Als Sprint Backlog bezeichnet man die Auswahl der Product-Backlog-Einträge für den jeweiligen Sprint plus den Umsetzungsplan des Entwicklungsteams.*
>
> *Das Entwicklungsteam beginnt normalerweise mit dem Entwurf des Systems und den Tätigkeiten, die notwendig sind, um ein funktionsfähiges Produktinkrement zu erstellen. Die Arbeiten können sich in der Größe oder dem geschätzten Aufwand unterscheiden. Auf jeden Fall sollte das Entwicklungsteam genug Arbeit planen, um zu prognostizieren, was es im kommenden Sprint schaffen zu können glaubt. Die für die ersten Sprint-Tage geplanten Arbeiten sind nach Abschluss des Meetings in kleinere Einheiten - oft von einem Tag oder weniger - zerlegt.*
>
> *Das Entwicklungsteam organisiert selbst, wie es die Arbeiten im Sprint Backlog angeht, sowohl im Sprint Planning als auch im Sprint selbst."*

Meiner Meinung nach zeigt dieser Auszug ganz klar die Empfehlung, sich vorab zu überlegen, welche Arbeiten für jede User Story zu erledigen sind, und diese in kleinere Einheiten von einem Tag oder weniger zu zerlegen. Einheiten wie „Ich brauche fünf Tage für das Grund-Customizing“ sind schon aus diesem Grund nicht zulässig (siehe Regel 2).

Regel 2: Planung mit definierten Taskgrößen

Es ist essenziell, mit dem SAP-Scrum-Team eine Vereinbarung zu treffen, in welcher Größe die Umsetzungsschritte einer Story geplant werden. Natürlich brauchen wir auch ein gemeinsames Verständnis, wann eine Story „done“ ist.

Wenn ich die SAP-Entwickler frage, wie groß ein Task sein sollte, bekomme ich häufig als Antwort: eine Woche = fünf Tage. Stellen Sie sich mal das Daily Scrum vor, wenn wir mit diesem Verständnis einen Drei-Wochen-Sprint planen würden – es wäre ein Blindflug für alle. Die Entwickler würden auf die zwei wichtigsten Fragen des Daily in der ersten Sprint-Woche immer das Gleiche antworten: „Ich habe mit der Entwicklung und dem Customizing des Programms gestern begonnen (die letzten 24 Stunden) und werde es morgen fortsetzen (die nächsten 24 Stunden).“ Das geht fünf Tage lang so, und kein Teammitglied kann im Fall des Falles helfend eingreifen. Nach dem zweiten Satz wird das Daily nicht zu einem Re-Planning-Event, bei dem wir uns fragen, ob wir das Sprint-Ziel schaffen – es wird stattdessen einfach nur langweilig. Das Daily wird bei diesem Umsetzungsplan zu einer Witzveranstaltung.

So geht das auf keinen Fall! Wenn wir ein echtes Daily Scrum haben wollen, müssen wir in diesem täglich stattfindenden Event etwas berichten können. Die Umsetzung der Tätigkeiten (Tasks) wird also am besten in kleinen Einheiten geplant, von einem Tag oder kleiner.

Ich lege die Größe der Tätigkeiten (Tasks) gerne auf einen halben Tag fest und verankere diese Größe im Working Agreement des Teams. Das heißt, jedes Teammitglied kann eine Tätigkeit vormittags und eine Tätigkeit nachmittags erledigen. Im Daily Scrum können dann für die nächsten 24 Stunden wieder zwei neue Tätigkeiten gezogen werden.

Die Aufteilung der Story in Tasks mit der definierten Größe, die Umsetzungsplanung, macht den Unterschied. Sobald ich das mit den Teams gemacht habe, wird das danach folgende Schätzen mit Story Points fast zum Kinderspiel.

Regel 3: Die Storys anhand von T-Shirt-Größen schätzen

Als Ergänzung zur Magic Estimation lasse ich als Scrum Master die Teammitglieder die Umsetzungsplanung vor der Schätzung für die Story machen. Wir überlegen uns, mit welchen Schritten wir die Story umsetzen wollen und fragen dabei nach der Komplexität einer Story und dem Umsetzungsrisiko. Wie viele unbekannte Elemente gibt es? Wie Bild 4.21 zeigt, leiten wir aus der klar formulierten User Story zunächst die Akzeptanzkriterien ab und daraus entsteht der Umsetzungsplan. Dieser Plan basiert auf einer Absprache im Team über die Größe der Tätigkeiten. Dabei wird auch klar, ab welcher Größe die Story nicht mehr in den Sprint passt.

Der Story mit dem Umsetzungsplan, den Akzeptanzkriterien, den Tasks und unserer Risikoeinschätzung ordnen wir nun die T-Shirt-Größen zu (Bild 4.22). Meiner Erfahrung nach ist dieses Vorgehen als Vorstufe zum relativen Schätzen mit Story Points sehr gut geeignet, denn unter den T-Shirt-Größen können sich die meisten von uns sehr leicht etwas vorstellen.

Viele Agile Coaches arbeiten mit sehr vielen T-Shirt-Größen, zum Beispiel: XXS, XS, S, M, L, XL, XXL. Das ist mir zu komplex und die Größen liegen so nahe beieinander, dass es zeitaufwendig ist, die Nuancen zu erklären und zu verstehen. Deshalb beschränke ich mich auf fünf Größen von XXS bis L.

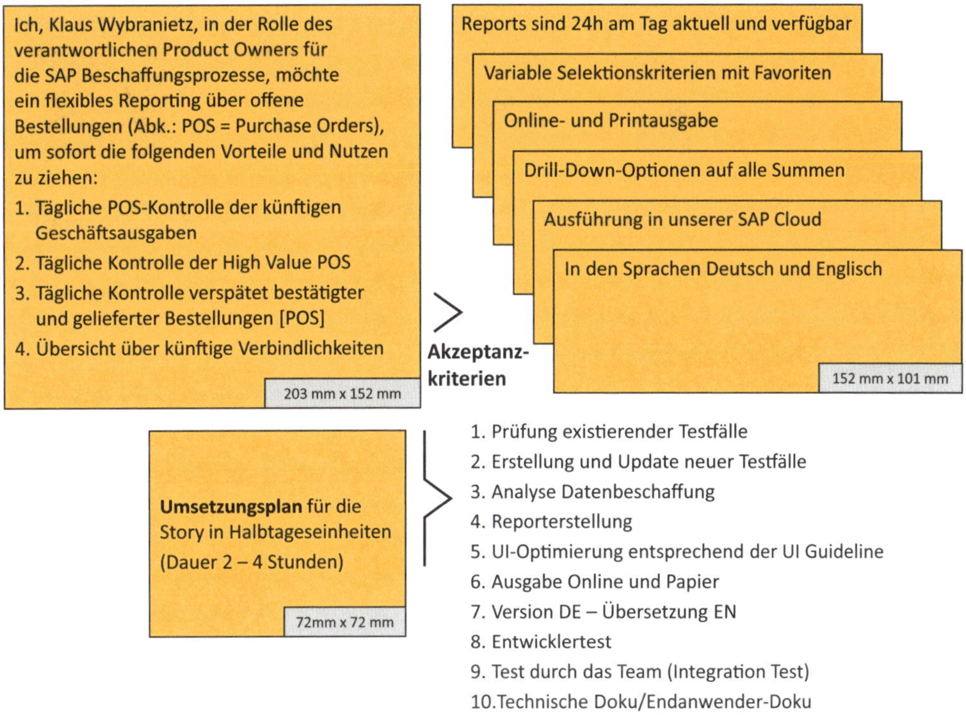

Bild 4.21 User Story mit Akzeptanzkriterien und Umsetzungsplan

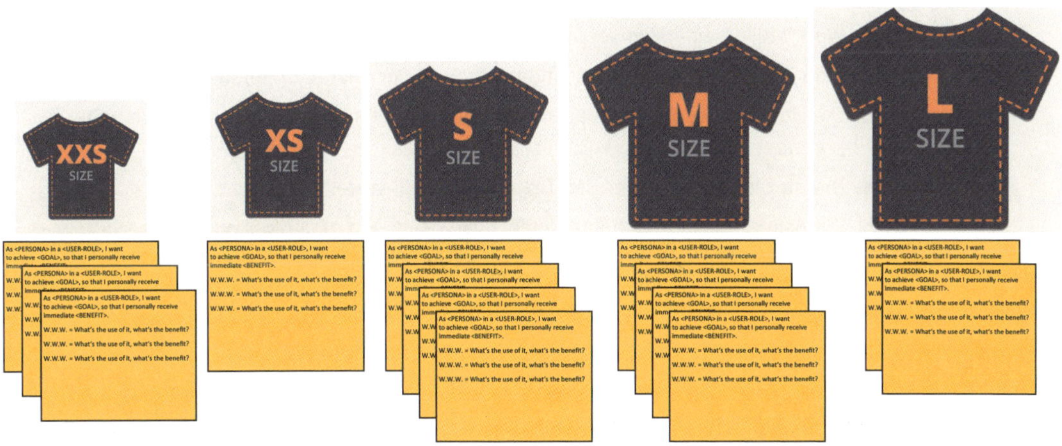

Bild 4.22 Zuordnung von Storys zu T-Shirt-Größen

Regel 4: Festlegen der maximalen Story-Point-Größe

Nun müssen wir noch die T-Shirt-Größen zu Story Points umwandeln. Deshalb nehme ich die Fibonacci-Reihe dazu und komme zu einer Einteilung der Story Points, wie wir sie in Bild 4.23 sehen.

T-Shirt-Größe	XXS	XS	S	M	L
Story Points	1	2	3	5	8
Sprintbar	Ja	Ja	Ja	Ja	Nein

Bild 4.23 Zuordnung der T-Shirt-Größen zu Story Points

Je nach Absprache mit dem Team lege ich fest, dass Storys in der Größe L oder manchmal auch XL zu groß für einen Sprint sind und entsprechend zu gesplittet werden (das Bild zeigt ein Beispiel, bei dem wir uns auf L geeinigt haben – L ist bereits nicht mehr sprintbar). Jetzt brauchen wir noch ein Vorgehen für den Fall, dass die Teammitglieder einer Story unterschiedliche Größen zuordnen wollen.

Ich identifiziere die Hüpfer zwischen den Größen und lasse die Teammitglieder klären, warum sie die jeweilige Zuordnung getroffen haben. Sobald entsprechende Erfahrungswerte vorliegen, findet sich ganz einfach eine Lösung. Meistens fallen Aussagen wie: „Kenne ich, habe ich schon gemacht", „Es gibt eine Möglichkeit für einen Exit", „Da haben wir eine Formroutine", „Das geht mit dem SAP Standard-Customizing" usw. Damit wird die Zuordnung einfacher.

Zusammenfassung: Magic Estimation mit SAP-Teams

1. Wir erstellen einen Umsetzungsplan, also eine Planung der Tätigkeiten je Story.
2. Jede Tätigkeit darf maximal einen halben Tag in Anspruch nehmen.
3. Die Umsetzungsplanung basiert auf der Definition of Done und den Akzeptanzkriterien.
4. Die Storys werden unter den Teammitgliedern verteilt.
5. Wir besprechen danach das Umsetzungsrisiko und die Komplexität jeder Story.
6. Jedes Teammitglied ordnet seine Storys auf der T-Shirt-Skala XXS, XS, S, M, L ein.
7. Wir identifizieren die hüpfenden Storys, besprechen sie und legen uns danach auf deren T-Shirt-Größe fest.
8. Jeder T-Shirt-Größe ist eine Story-Point-Größe zugeordnet.
9. Storys, die größer als L sind, werden entweder im nächsten Refinement bearbeitet oder gleich gesplittet.

4.8 Den Wissenstransfer im Team unterstützen

Wie ich schon ganz zu Beginn geschrieben habe, sind SAP-Teams sehr oft ein Zusammentreffen von erfahrenen, aber manchmal etwas eigenbrötlerischen Superstars. Natürlich ist es nicht damit getan, alle Teammitglieder eine Personal Map ausfüllen zu lassen, um alle Stärken aus einem Scrum-Team herauszuholen. Das ist für den Anfang ein guter Weg, um das Eis zu brechen und einander zu zeigen, dass wir alle nur Menschen sind. Doch der Wissenstransfer im Team und der Aufbau von Kompetenzen muss gerade in einem Superstar-Team konsequent unterstützt werden.

4.8.1 Training Storys

SAP-Superstars sind - ironischerweise - meistens diejenigen, die zu den neuesten SAP-Trainings angemeldet werden, selbstverständlich Karten für SAP-Events bekommen und zur SAPPHIRE eingeladen werden. Das haben sie sich natürlich verdient, aber das übrige Team hat davon meistens nicht mehr als nette Geschichten beim Nachmittagskaffee. Das frisch erworbene Wissen bleibt beim Superstar hängen - **es findet kein zielgerichteter Know-how-Transfer statt!**

Das möchte ich ändern, indem ich immer dann, wenn ein Teammitglied oder mehrere an einer Schulung teilgenommen haben, eine „Training Story" in den Sprint aufnehme (die Regeln dazu sind im Working Agreement des Teams verankert). Das sieht dann zum Beispiel so aus:

Training Story

Als Scrum Master für das Global-SAP-Logistik-Team möchte ich nach jedem externen oder auch internen SAP-Training oder -Event einen zielgerichteten Know-how-Transfer zum Entwicklungsteam sicherstellen.

Was bringt es?

- Nach einem Training oder einer Ausbildung sind wir alle auf dem neuesten Wissensstand.
- Wir entwickeln eine gemeinsame Ausbildungs- und Wissensdatenbank.
- Es findet ein gezielter Transfer der Top-Learnings an interessierte Teammitglieder statt.
- Das Team erhält komprimierte Lektionen.
- Der Teilnehmer/die Teilnehmerin bekommt strukturiertes ROTI-Feedback.

Akzeptanzkriterien

- Wir nutzen für den Know-how-Transfer unsere 90-minütige Skill-Transfer-Session.
- Der Teilnehmer/die Teilnehmerin am SAP-Event oder -Training stellt die wichtigsten „Lessons learned" vor.

- Der Teilnehmer/die Teilnehmerin bereitet, wenn möglich, ein oder zwei Übungsaufgaben für das Team vor.
- Der Teilnehmer/die Teilnehmerin legt das Schulungsmaterial auf unserer Confluence-Seite ab.
- Die Teammitglieder bewerten die Skill Transfer Session mit unserer ROTI-Matrix.
- Wir prüfen die INVEST-Kriterien:
  - **I = unabhängig:** Ja, es geht nur um das besuchte Training – Folgesessions sind möglich.
  - **N = verhandelbar:** Die Aufteilung auf mehrere Sessions ist möglich. Regeln finden sich in unserer Team-Charta.
  - **V = wertvoll:** Klar, siehe die beschriebenen Ziele.
  - **E = schätzbar:** Lasse ich entfallen, weil es dafür keine Story Points gibt.
  - **S = klein genug für einen Sprint:** Ja klar, passt in unsere 90-Minuten-Session. Direkt nach dem Event oder Training sollte auch eine kurze Vorbereitung drin sein.
  - **T = testbar:** Gegen die genannten Akzeptanzkriterien, die beschrieben wurden. ■

4.8.2 Team-Skill-Matrix

Jeff Sutherland sagt in „Scrum: The Art of Doing Twice the Work in Half the Time":

> *„Keine Helden. Wenn du einen Helden brauchst, um Dinge zu erledigen, hast du ein Problem. Heroische Bemühungen müssen als Misserfolg der Planung angesehen werden."*

Entwicklungsteams können ihre Ziele bzw. Zusagen (Commitments) oft nicht erreichen, wenn die Kompetenz für die Aufgaben im Entwicklungsteam nicht gleichmäßig verteilt sind. Die agilen Führungskräfte wie Product Owner und Scrum Master müssen den Teammitgliedern dabei helfen, diese Lücken zu schließen und ein echtes crossfunktionales Team aufzubauen. Auch hier haben wir wieder das Superstar-Problem: Die SAP-Spezialisten, unsere Helden, sitzen auf ihrem Wissen und das führt dazu, dass die schwierigen User Storys und Tasks ständig bei der gleichen Person landen – nennen wir diese Person einfach mal Pauli.

Pauli ist Spezialist für einen bestimmten Bereich des Produkts, nämlich für den SD-Vertrieb. Nur Pauli kennt sich mit der Verfügbarkeitsprüfung bei der Auftragserstellung und beim Erstellen der Lieferung aus. Pauli hat alle User-Exits in ABAP dazu geschrieben und aktiviert, Pauli macht das immer.

Das Problem, das wir mit Pauli dabei immer wieder haben: Er zieht so viele Aufgaben an sich, dass er sehr oft einfach nicht fertig wird. Es kündigt sich üblicherweise in den Dailys an, oft mit Impediments: „Ich musste etwas Wichtiges tun und konnte nicht am Sprint Backlog arbeiten", „Bin gestern nicht fertig geworden, mache ich heute". Es gibt immer eine einleuchtende Erklärung, warum Pauli nicht fertig wird. Und spätestens beim DoD-Check vor dem Sprint Review fliegt alles auf: **Story nicht fertig, Sprint-Ziel und Commitment „gerissen".**

Auch selbstorganisierte Teams schauen sich das manchmal über zu viele Sprints lang an. Was sollen die anderen Teammitglieder auch sagen, denn der Star hat Senior-Status, hat die meiste Erfahrung und viele Projekte gerettet. „Mein Code, mein Customizing, mein Funktionsbaustein" – das kann nur Pauli.

Wie lange macht das Entwicklungsteam das mit, bevor es in der Sprint Retrospektive so richtig kracht? Meistens muss der Scrum Master etwas nachhelfen, denn niemand traut sich, den Superstar direkt anzusprechen. Wenn ich als Agile Coach oder Scrum Master dieses Problem oder Verhalten erkenne, gebe ich frühzeitig einen Denkanstoß anhand meiner „Good Practices".

Ein ausgefeilteres Instrument ist die Team-Competency-Matrix aus dem Baukasten von Management 3.0 (siehe *https://management30.com/practice/competency-matrix*). Weil mir das zu wenig flüssig klingt, bezeichne ich sie lieber als Team-Skill-Matrix und arbeite mit etwas abgewandelten Regeln, die ich in der Praxis oft erprobt habe.

Schritt 1: Welche Kompetenzen brauchen wir im Team?

Zunächst müssen wir uns als agile Führungskräfte, Product Owner und Scrum Master die Frage stellen, welche Kompetenzen und Fähigkeiten es denn sind, die momentan nur in einer Person vereint sind. Was muss das restliche Entwicklungsteam noch lernen? Die Darstellung ist simpel, wir listen es einfach in einer Tabelle auf (Bild 4.24). Wichtig sind die Zusätze, ab wann und bis wann diese Kompetenzen gebraucht werden und warum sie gebraucht werden.

1. Schritt: Welche Kompetenzen braucht mein Team ?

Notwendige Kompetenzen	Ab wann?	Bis wann?	Begründung
S/4 SAP Fiori Application Development	Ab sofort	permanent	S/4HANA unser künftiger Standard
ABAP Programmierung SAP HANA	Ab sofort	permanent	S/4HANA unser künftiger Standard
SAP EWM Prozesse	Ab sofort	permanent	unser künftiger WM Standard
S/4HANA – Supply Chain	Ab sofort	permanent	unser künftiger Standard
Verkauf – Preisfindung S/4HANA	Ab sofort	permanent	unser künftiger Standard
Verkauf – Verfügbarkeitsprüfung	Ab sofort	permanent	unser künftiger Standard
Migration SAP EMW	09/2020	permanent	modifikationsfreie Erweiterung unter S/4HANA
Cloud Application Studio	09/2020	permanent	Erweiterungen in der Cloud

Bild 4.24 Auflistung der benötigten Kompetenzen und Fähigkeiten

Die Kompetenzen werden meistens in unterschiedlichen Abstufungen benötigt, die sich am leichtesten auf drei Ebenen aufteilen lassen (Bild 4.25):

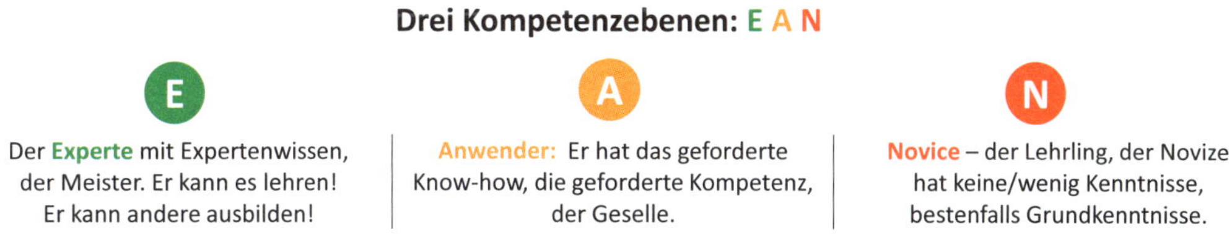

Bild 4.25 Die Kompetenzebenen

2. Schritt: Welche Kompetenzen braucht mein Team – wie oft?

Notwendige Kompetenzen	Ab wann?	Bis wann?	Begründung	E	A	N
S/4 SAP Fiori Application Dev.	Ab sofort	permanent	S/4HANA unser künftiger Standard	1	2	1
ABAP Programmierung SAP HANA	Ab sofort	permanent	S/4HANA unser künftiger Standard	1	2	1
SAP EWM Prozesse	Ab sofort	permanent	unser künftiger WM Standard	1	2	1
S/4HANA – Supply Chain	Ab sofort	permanent	unser künftiger Standard	1	2	1
Verkauf – Preisfindung S/4 HANA	Ab sofort	permanent	unser künftiger Standard	2	2	0
Verkauf – Verfügbarkeitsprüfung	Ab sofort	permanent	unser künftiger Standard	2	2	0
Migration SAP EMW	09/2020	permanent	modifikationsfreie Erweiterung unter S/4HANA	2	2	0
Cloud Application Studio	09/2020	permanent	Erweiterungen in der Cloud	2	2	1

Bild 4.26 Kombination der benötigten Kompetenzen mit den Kompetenzebenen

3. Schritt: Die Selbsteinschätzung des Teams

Kompetenzen	Pauli	Max	Beate	Anette	Tom
S/4 SAP Fiori Application Development	E	A	A	A	N
ABAP Programmierung SAP HANA	E	A	A	A	N
SAP EWM Prozesse	N	E	E	A	N
S/4HANA – Supply Chain	A	E	E	A	A
Verkauf – Preisfindung S/4HANA	E	E	E	A	A
Verkauf – Verfügbarkeitsprüfung	A	E	E	E	N
Migration SAP EMW	E	N	N	E	N
Cloud Application Studio	E	N	N	E	N

Bild 4.27 Welches Kompetenzniveau haben die Teammitglieder aus eigener Sicht?

4. Schritt: Welche Kompetenzen brauchen wir nicht mehr?

Ende Lebenszyklus/Declare Sunset	End of Life	Begründung
BDOC Schnittstellen zu CRM	07/2020	Kein Support mehr durch das Team
SAP GUI in der Version 6.0	07/2020	Kein Support mehr durch das Team
SAP Business Suite 7	07/2020	Wird nach GoLive ersetzt durch S/4HANA

Bild 4.28 Auflistung des obsoleten Wissens

Schritt 2: Welche Kompetenzen brauchen wir im Team wie oft?

Die Tabelle aus Schritt 1 erweitern wir jetzt um die drei Kompetenzebenen und führen dabei auch an, wie viele Personen wir auf welcher Kompetenzebene brauchen. So brauchen wir laut Bild 4.26 für das S/4 Fiori Application Development (Zeile 1) einen Experten, zwei Anwender und einen Novizen für den Skill-Aufbau.

Schritt 3: Welche Kompetenzen hat das Team heute?

Jetzt geht es um die Selbsteinschätzung der Teammitglieder (Bild 4.27). Also fragen wir Pauli, Max, Beate, Anette und Tom nach ihren derzeit vorhandenen Skills. Bei der Einstufung erleichtern uns die lediglich drei Kompetenzebenen das Leben, weil langwierige Diskussionen dadurch ausbleiben. Zwischen „Ja, das kann ich gut" und „Ja, das kann ich auch anderen beibringen" liegt der Sprung vom Experten zum Anwender. Jeder stuft sich übrigens selbst ein. Das ist eine gute Übung für das selbstorganisierte Team, denn natürlich ist von Teammitglied zu Teammitglied auch echtes, wertschätzendes Feedback erlaubt.

Schritt 4: Welche Kompetenzen brauchen wir nicht mehr?

Die Frage, welche Skills nicht mehr benötigt werden, wird wahrscheinlich selten bis nie gestellt. Es ist auch eine unbequeme Frage. Im SAP-Kontext ist sie aber durchaus berechtigt, denn wenn Versionen obsolet werden, gibt es kaum noch Anwendungsfälle für dieses Wissen. Wenn wir dieses Wissen „freigeben", indem wir darauf keine Ressourcen mehr verwenden, kann neues Know-how „nachgefüllt" werden. In dieser Tabelle (Bild 4.28) wird das Ende des Lebenszyklus mit einem definierten Datum angeführt und es wird selbstverständlich eine Begründung geliefert, weshalb wir diese Kompetenzen nicht mehr brauchen. Gleichzeitig zeigen wir auf, welche Kompetenzebenen dadurch für neue Skills freigemacht werden.

Schritt 5: Wie bauen wir die Kompetenzen auf?

Alles Bisherige war im Prinzip eine Bestandsaufnahme. Die wesentliche Frage lautet aber, wie sich das Team nun zielgerichtet das Wissen aneignen kann, das es braucht. Wie schließt es die Lücken? Die besten Erfahrungen habe ich mit einer Methode gemacht, die ich mit einem Kunden in Südafrika ausgearbeitet habe: „Four eyes, two hands". Diese sehr einfache Technik zeigt schnell Erfolge, meist schon im übernächsten Sprint (Bild 4.29).

5. Schritt – Wie erfolgt der Skill-Aufbau?

Benötigte Skills	Pauli	Max	Beate	Annette	Tom	Aufbau der Skills im Team
S/4 SAP Fiori Application Dev.	N	N	E	E	E	4 Eyes ↔ 2 Hands – ab Sprint 20
ABAP Programming S/4 HANA	A	E	E	N	N	4 Eyes ↔ 2 Hands – ab Sprint 20
SAP EWM Prozesse	A	A	E	E	A	4 Eyes ↔ 2 Hands – ab Sprint 21
S/4HANA – Supply Chain	N	N	E	E	E	4 Eyes ↔ 2 Hands – ab Sprint 21
S/4 SAP Fiori Application Dev.	N	N	E	E	E	4 Eyes ↔ 2 Hands – ab Sprint 28

Bild 4.29 Plan für den Wissenstransfer

Was sehen wir hier? Einer unserer SAP-Superstars, Tom, bekommt den Expertenstatus in der Fiori-Entwicklung. Max, das neue Mitglied im Team, stuft sich selbst als Novize ein. Tom und Max arbeiten nun in den folgenden Sprints – das sind die Sprints 20, 21 und 22 – als Tandem zusammen und ziehen Aufgaben, die sie gemeinsam erledigen.

„Four eyes, two hands" funktioniert also nach den folgenden einfachen Regeln:

- Tom ist als Experte der Lehrer und Trainer, der Max alles erklärt.
- Tom macht selbst rein gar nichts mit der Tastatur – er bespricht alles mit Max.
- Max ist der Novize, daher macht er die Arbeit.
- Max entwickelt, er programmiert die Formroutinen, er erweitert Methoden und wenn notwendig, macht er auch das Customizing.
- Max erledigt das Update der Dokumentation und übernimmt die Präsentation im Sprint Review.

Das ist für beide, Tom und Max, zuerst ein wenig anstrengend. Wenn ich mit dieser Methode um die Ecke komme, bekomme ich nicht gleich die positivsten Kommentare zu hören: „Das geht so nicht!" oder „Das dauert doch Jahre!" zum Beispiel.

Lassen Sie sich von solchen Reaktionen nicht beirren! Wer so denkt, fängt meistens nie mit dem Aufbau und der Weitergabe von Wissen an. Starten Sie mit „Four eyes, two hands" ein Experiment für drei Sprints. Dokumentieren Sie das Experiment und sehen Sie sich die Ergebnisse an. Vergessen Sie dabei nie, Tom zu loben und betonen Sie, dass er Großes leistet.

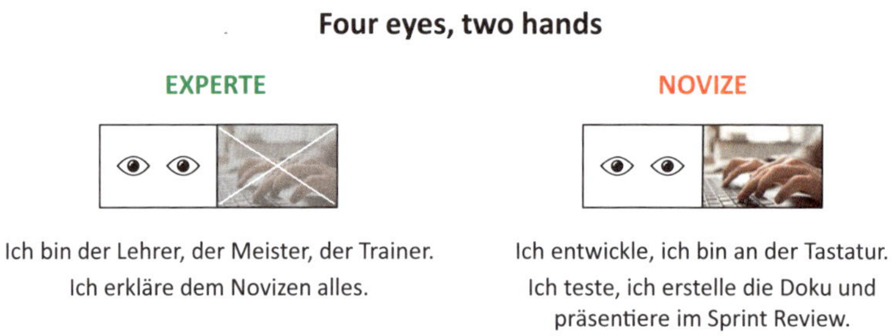

Bild 4.30 Wissenstransfer mit vier Augen und zwei Händen

4.8.3 Skillaufbau mit Hilfe von Pufferzeiten

Dass wenige Superstars das ganze Wissen auf sich vereinen, ist das eine Problem, das ich in SAP-Teams vorfinde. Ein anderes Problem ist nicht ganz so SAP-spezifisch, sondern betrifft Team jeder Art: Die Teammitglieder haben einfach zu wenig Zeit, um sich in neue Themen zu vertiefen – selbst wenn sie es gerne tun würden. Der Hintergrund ist: In der Regel wird das Management danach trachten, dass alle Mitarbeiter möglichst ausgelastet sind, denn Zeit ist Geld. Ist ein Team zu 100 Prozent ausgelastet, hat es keine Zeit, um sich fachlich gezielt weiterzuentwickeln.

Tom DeMarco hat schon 2001 in seinem Buch „Slack" mit dem Mythos aufgeräumt, dass eine Auslastung bis zum Anschlag das ist, was ein Unternehmen erfolgreich im Sinne von innovativ und wendig – heute nennen wir es „agil“ – macht. Jurgen Appelo hat in „Management 3.0“ den Begriff der „Slack Time“ ins Spiel gebracht. Das ist Zeit, die freigespielt wird, damit Mitarbeiter sich mit anderen Dingen beschäftigen können als mit den Aufträgen, die sie abarbeiten müssen. Sie können diese Zeit zum Beispiel nutzen, um etwas Neues zu lernen.

Das bedeutet: Wir streben eine Auslastung des Teams von etwa 80 Prozent an. Die restliche Zeit verwenden wir als Puffer für das Selbststudium, für Trainings, Experimente und Notfälle. Natürlich nutzen wir diese Zeit auch, um erworbenes Wissen im Team zu teilen.

Knowledge Hours

Eine Möglichkeit, um die Pufferzeit gut zu nutzen, sind „Knowledge Hours“. Das sind regelmäßige Termine, die das Team selbstständig organisiert, um gemeinsam Wissen aufzubauen. Meine Teams nutzen dafür gerne den Freitagnachmittag, weil es da meistens etwas ruhiger ist. Es gibt dann Vorträge, Workshops oder Lessons learned, jede und jeder trägt etwas dazu bei. Wer eine Schulung absolviert, bekommt vorab eine User Story dafür und präsentiert in der nächsten Knowledge Hour, was er oder sie gelernt hat. Unsere Regeln für die Knowledge Hour halten wir in der Team-Charta fest (Bild 4.31).

Teamregel „Knowledge Hours“

- Regelmäßige Sessions
  - Jeweils am Freitagnachmittag
  - Dauer: 2 Stunden
  - Ein Thema pro Session
- Selbstorganisiert vom Team
  - Vorstellung mit PPTs, DEON ...
  - Lessons learned
- Jeder kommt an die Reihe!
- Inhalt, Vortrag und Präsentation bewerten wir mit der ROTI-Matrix
- Wir dokumentieren die Ideen/Ergebnisse auf unserer Confluence-Seite

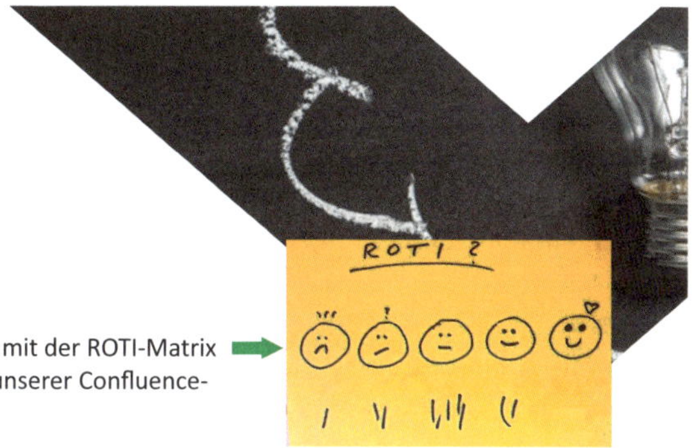

Bild 4.31 Vereinbarungen des Teams zur Knowledge Hour

Entscheidend ist, dass damit kein Zwang verbunden ist und die Teilnahme freiwillig erfolgt. Es ist ganz egal, ob die Knowledge Hour ein oder zwei Stunden dauert oder ob sie nur alle zwei Wochen stattfindet. Manchmal können auch externe Experten dabei sein oder die Zeit wird genutzt, damit Teammitglieder auf Expertenlevel die Kollegen auf den folgenden Sprint vorbereiten – das habe ich vor Kurzem in einer Knowledge Hour meines Teams erlebt. Wichtig ist eine kurze Dokumentation für Teammitglieder, die aus diversen Gründen an der Knowledge Hour nicht teilnehmen können. Am Ende der Session geben wir dem oder der Vortragenden auch eine Bewertung auf der ROTI-Skala von 1 bis 5 (Return on Time Invested; 1 = Zeitverschwendung, 5 = optimale Zeitinvestition).

Exploration Day

Ein weiterer guter Ansatz, der noch offener gestaltet ist und weniger Regeln als die Knowledge Hour hat, sind gemeinsame, vom Team organisierte Lerntage. Auch dieses Format ist als eine Einladung an das Team zu sehen, nicht als Vorschrift. Das Ziel ist es, die Teammitglieder zum Experimentieren, Spielen, Lesen und schließlich Vorstellen ihrer Ergebnisse zu ermutigen.

Das heißt konkret, dass jedes Teammitglied einen Tag mit der Vertiefung in ein Thema seiner Wahl verbringt. Wie diese Vertiefung aussieht, ist jedem Teammitglied selbst überlassen. Die Erkenntnisse werden in der Teamrunde vorgestellt, im Gegensatz zur Knowledge Hour gibt es aber keine ROTI-Bewertung.

Wie könnte so ein erster Exploration Day aussehen?

- **Einladung:** Machen Sie den Exploration Day nicht zu einer Pflichtveranstaltung. Wenn Kolleginnen und Kollegen nicht mitmachen möchten, ist das in Ordnung, denn die Veranstaltung soll Spaß machen. Die Einladung sollte einige Wochen vor dem Termin rausgehen, denn es wird immer Kolleginnen und Kollegen geben, die den SAP-Betrieb aufrechterhalten und entsprechend planen müssen. Allerdings sollten Sie dafür sorgen, dass auch Führungskräfte mitmachen. Jurgen Appelo bezeichnet das als Mittel gegen das schlechte Gewissen, falls dieser Tag als „unproduktiv“ angesehen wird.

  Laden Sie zunächst einmal nur ein Team dazu ein. Vielleicht machen nicht alle Teammitglieder mit. Wenn Sie die Ergebnisse des Exploration Days transparent machen, möchten beim nächsten Mal vielleicht auch die anderen mit dabei sein.
- **Ideen-Pitch:** Jurgen Appelo schlägt vor, dass die Teilnehmenden eine Woche vor dem Exploration Day ihre Ideen veröffentlichen sollten, um über diesen Weg mögliche Partner für ihr Experiment zu finden.
- **Arbeitszeiten:** Sie haben in den Weiten des Internets vielleicht schon von Hackathons oder Exploration Days gelesen, bei denen die Entwickler 24 Stunden durchgängig an einer Idee arbeiten. Das ist zwar beeindruckend, aber selbst auf freiwilliger Basis ergibt sich dabei ein Konflikt mit dem Arbeitszeitgesetz (ArbZG §3). Stimmen Sie die Regeln mit der Arbeitnehmervertretung ab!
- **Atmosphäre:** Sorgen Sie dafür, dass der Exploration Day in einer angenehmen Umgebung stattfindet. Genügend Pausen mit erfrischenden Getränken und gutem Essen gehören natürlich dazu. Wenn Sie mit einem verteilten Team online arbeiten, nutzen Sie meine Anregung zu „Focus-Spread-Focus“ (Abschnitt 4.6.3) und bauen Sie in jede zweite Pause kleine Yoga-Übungen ein.
- **Realismus:** Der Exploration Day soll erreichbare Ergebnisse unterstützen. Achten Sie beim Start darauf, dass keine Utopien gesponnen werden, sondern dass über Umsetzbares nachgedacht wird.
- **Applaus:** Natürlich ist die Vorstellung der Ergebnisse der Höhepunkt des Tages. Gestalten Sie diesen Teil daher auch so. Jeder, der den Mut hat, seine Ergebnisse vorzustellen, erntet großen Applaus!

Für das Management ist die Haltung wichtig, dass es sich hierbei nicht um einen Wettbewerb handelt. Aufgabe des Managements ist es – frei nach Jurgen Appelo –, ein System zu schaffen, in dem großartige Ideen entstehen können. Es werden daher keine „besten Ideen“ ausgewählt und bewertet, es wird einfach nur das Engagement gewürdigt.

4.9 Fachliche Qualität sichern

4.9.1 C Collective Code Ownership light

Agilität verträgt sich ganz schlecht mit Eigenbrötlertum und Besitzansprüchen. Freilich würdigen wir weiterhin den Beitrag, den der oder die Einzelne in einem Team mit seinem oder ihrem Können leistet. Womit wir aber aufhören sollten, ist die „Code Ownership“. Auf Programmen und Codings steht also nicht mehr „Meins, Finger weg!“. Jeder Ansatz der individuellen Code Ownership eines Entwicklers wird in meiner agilen Welt ganz klar verworfen. Ich vertrete die „Collective Code Ownership“ und im speziellen SAP-Fall die „C Collective Code Ownership light“. Damit befinde ich mich in guter Gesellschaft, denn dieser Ansatz stammt aus der Frühzeit der agilen Praxis. Schon Kent Beck hat es in seinem Buch „Extreme Programming Explained“ beschrieben.

Der Code gehört immer dem Team. Den Begriff „Code“ fasse ich hier natürlich etwas weiter und nehme das SAP Customizing neben dem eigentlichen Coding von Methoden, Programmen und User Exits mit dazu. „C Collective Code Ownership light“ bedeutet für mich aber nicht, dass jedes Teammitglied jede Methode und jedes Coding vollständig verstehen muss und sofort einsteigen kann, wenn etwas nicht funktioniert oder erweitert werden soll. Es geht auch nicht darum, dass jeder sofort das Customizing anpassen kann.

Es geht mir darum, dass das gesamte Team Schritt für Schritt ein gemeinsames Verständnis entwickelt, was im Customizing („C“) mit dem Code gerade passiert. Mir ist klar, dass es in der Praxis immer noch SAP-Berater und -Entwickler, UI-Entwickler und Datenbank-Experten mit entsprechenden Schwerpunkten im Team geben wird. Ich rede auch nicht davon, dass der SAP-Berater, der das Grund-Customizing des SAP-Moduls macht, von nun an entwickeln muss, wenn der Entwickler gerade nicht da ist. Das simple Ziel ist es, dem Team das Customizing und das Coding zu zeigen, damit alle ein grundlegendes Verständnis davon haben.

Auch in diesem Punkt gibt es wieder ganz viele „Ja, aber ...“-Meldungen. Doch diese verstummen meistens, wenn das Team die Methode „C Code Ownership light“ zwei oder drei Sprints lang als Experiment verpflichtend in die Definition of Done aufnimmt (siehe Bild 4.32). Dabei werden keine Ausnahmen zugelassen, auch nicht bei vier Zeilen ABAP-Code. Bevor das Team mit der Story in das Sprint Review geht, wird der Code dem ganzen Team vorgestellt.

Was bringt's?

- Das Team übernimmt Verantwortung für den Code.
- Alle Teammitglieder lernen dazu.
- Die Zusammenarbeit im Team vertieft sich.
- Es gibt einen echten Wissenstransfer und Austausch über Erweiterungsmöglichkeiten.
- Das Team ist nicht mehr von einzelnen Personen abhängig, wenn diese einmal ausfallen.
- Es gibt keine Superstars mehr im Team.

Collective Code Ownership ist ein Muss für fortgeschrittene, selbstorganisierte Teams!

Mit der Collective Code Ownership sollten auch Regeln für „Clean Code“ etabliert werden. Wert hat immer Vorrang - schlechter Code kostet nämlich Geld. Schnelle und schmutzige Korrekturen machen Code oft unlesbar und das ist ein schleichender Prozess, der die Coding-Moral eines Teams langsam untergräbt.

#	DoD-Kriterium	Erklärung
1	SAP Customizing erstellt/angepasst	sofern notwendig für die User Story
2	SAP Entwicklungen erstellt/angepasst	WRICEF-Standards erfüllt/modifikationsfrei umgesetzt, Einschränkungen von WRICEF siehe Akzeptanzkriterien
3	Code Review „Grün“	Die Code-Prüfung auf die vorgegebenen Standard ist durchgeführt, das Ergebnis ist grün, die Entwicklungen, ggf. Customizing sind freigegeben, Code Review ist abgelegt.
4	Performance-Check durchgeführt	Bei ABAP-Entwicklungen ist zusätzlich ein Performance-Check durchgeführt.
5	Testfälle überprüft, ggf. um neue Testfälle ergänzt	Wir nutzen dazu das JIRA-Plugin Xray Test-Management.
6	Entwickler-Test durchgeführt	Entwickler Test mit Xray in der Story dokumentiert
7	Funktionstest durchgeführt	Funktionstests mit Xray in der Story dokumentiert
8	Integrative Testszenarien (WAT) sind in Xray erstellt	Der Werksabnahmetest WAT/UAT wird in einer eigenen User Story abgebildet. Die Test Cases, Testfälle und Test-Pläne sind vorzubereiten.
9	Produktpräsentation vorbereitet	Wir zeigen im Sprint Review die Ergebnisse der Story „live“ im Integrationssystem. Die Transporte sind dazu durchzuführen, ggf. sind Testdaten aufzubauen.
10	Dokumentation	Dokumentation entsprechend den Doku-Richtlinien in englischer Sprache erstellt
12	**Regeln der Collective Code Ownership erfüllt**	**Das notwendige Customizing, die notwendigen Erweiterungen nach WRICEF, wurde dem Entwicklungsteam vorgestellt. Unsere Clean-Code-Regeln sind geprüft.**

Bild 4.32 Collective Code Ownership als Teil der Definition of Done

Clean Code bedeutet: Es gibt glasklare Regeln, wie im SAP-Umfeld zu programmieren ist. Welche Kommentare sind zulässig, was wird kommentiert und was ist wegzulassen? Auch hier stellt sich die Frage: Was bringt's?

- Der Code ist besser verständlich und hat eine höhere Qualität.
- Es werden immer die neuesten Programmiertechniken genutzt, die oft schneller und performanter sind.
- Wartungskosten werden eingespart.

Der letzte Punkt ist besonders wichtig, da 60 Prozent der IT-Kosten im SAP-Umfeld für die Wartung aufgewendet werden (Bild 4.33).

#	DoD Kriterium	Erklärung
...	...	...
12	Regeln der Collective Code Ownership erfüllt	Das notwendige Customizing, die notwendigen Erweiterungen nach WRICEF, wurde dem Entwicklungsteam vorgestellt. **Unsere Clean-Code-Regeln sind geprüft.**

Bild 4.33 Nur mit Clean Code ist die DoD erfüllt

4.9.2 SAP Test-Automation

Noch im Juli 2020, als sich so langsam in der gesamten Software-Welt die Erkenntnis durchgesetzt hatte, wie wichtig automatisierte Tests sind, bekam ich im SAP-Teil dieser Welt zu hören: „Dafür haben wir keine Zeit!“ und „Das ist viel zu schwierig und aufwendig und muss erst programmiert werden“. Ich kann dazu nur sagen:

> **Ohne Testautomatisierung werden wir nie das Doppelte in der halben Zeit erreichen. Dieses Ziel erreichen wir nur, wenn gute 70 Prozent der Testfälle automatisiert ablaufen!**

Lassen Sie uns also ganz vorsichtig einsteigen. Unter dem Begriff „Test“ fallen jedem Softwaremenschen jede Menge Begriffe ein, ein Blick in das Standardglossar des International Software Testing Qualifications Board (ISTQB) genügt. Ich greife in Tabelle 4.1 nur mal die wichtigsten zehn Begriffe aus dem 76 Seiten langen Glossar heraus.

Tabelle 4.1 Zehn wichtige Testvarianten

Test	Erklärung
Smoke Test	Eine Teilmenge der geplanten Testfälle, die die Hauptfunktionalität einer Komponente abdecken.
Systemintegrationstest	Testen der Integration von Systemen oder Paketen, Testen der Schnittstellen (oft SIT genannt), auch um das Zusammenspiel der SAP-Module zu testen.
User Acceptance Test Werksabnahmetest = Kundenakzeptanztest	Hinter dem, was in meinem SAP-Umfeld entweder User Acceptance Test oder Werksabnahmetest genannt wird, liegt immer die ISTQB-Definition des Kundenakzeptanztests. Repräsentative Benutzer des Kunden (Key User) testen die SAP-Komponente oder den Prozess.
Lasttest	Der Lasttest oder Performance-Test überprüft das Systemverhalten, die Antwortzeiten bei steigender Systemlast, auch bei ansteigenden Nutzerzahlen und parallel laufenden Transaktionen.
Negativtest	Der Tester versucht mit bewusst ungültigen Eingaben oder Ausnahmen Fehler zu finden.
Penetration Test	Mit diesem Test sollen bekannte oder unbekannte Schwachstellen in der Sicherheit aufgespürt werden, mit denen man Zugriff auf die Applikation bekommt.
Abnahmetest/ Akzeptanztest	Ein formaler Test zu den Benutzeranforderungen, oft bezogen auf die Geschäftsprozesse – mit Blick auf die Akzeptanzkriterien, die für die Anforderung definiert wurden.
Monkey Testing/ Affentest	Von diesem Test habe ich in meinen 25 SAP-Jahren zwar noch nie gehört, aber ich finde das Verfahren lustig: Die Tester machen Eingaben aus einer Liste und betätigen zufällig Tasten, um zu schauen, wie die Anwendung reagiert.

Gut, jetzt sage ich es etwas direkter: Testautomatisierung ist im agilen Umfeld ein Muss. Gerade beim Wechsel auf S/4HANA sollte die Testautomatisierung wirklich genutzt werden. Die Meinung, dass es zu aufwendig sei, stammt noch aus einer Zeit, als für die Testautomatisierung entsprechende Programme (BAPIs) erstellt werden und Testdaten in vorbereiteten Tabellen abgelegt werden mussten.

Inzwischen gibt es aber mehrere sehr nützliche Tools für die Testautomatisierung, die wirklich einfach einsetzbar sind. Diese Tools stammen teils direkt von SAP und liegen kostenlos auf dem SAP NetWeaver Application Server, manche gibt es als Kaufsoftware am amerikanischen Markt. Listen mit Vorteilen und Leistungsumfang gibt es im Internet zu finden.

Noch während ich dieses Buch im September 2020 schrieb, kündigte sich im SAP-Umfeld und der S/4HANA-Testautomatisierung eine fantastische Neuigkeit an: Eines der Top-Testautomation-Tools für JAVA- und ABAP-Umgebungen im SAP-Umfeld soll es demnächst angeblich kostenlos für alle SAP-Kunden geben. Dieses Tool wurde in den letzten Jahren immer unter den Top 5 der Testautomation gehandelt, daher waren Lizenzen dafür entsprechend teuer. Sollte sich das nun tatsächlich ändern, könnte sich die Einstellung zur SAP-Testautomatisierung ebenfalls ganz schnell neu ausrichten. Also: Sollte sich nach Erscheinen dieses Buchs in der SAP-Welt ein Tool durchsetzen, dessen Name an eine Oper von Giacomo Puccini erinnert, bin ich richtig gelegen.

Wenn Ihre Geschäftsprozesse auf der SAP-Standardsoftware basieren, kommen Sie an der Testautomatisierung nicht vorbei – ganz egal, ob die Prozesse auf Ihrer eigenen IT-Landschaft oder in der Cloud laufen, und egal, ob mit Apps oder noch mit der SAP GUI. Aus meiner Sicht brauchen Sie die Automatisierung, um Ausfälle der SAP-Landschaft und damit Produktionsausfälle zu verhindern. Gartner Research geht davon aus, dass bis zum Jahr 2023 etwa 60 Prozent der Unternehmen auf Testautomatisierung setzen werden, um IT-bedingte Produktionsausfälle zu minimieren. Das heißt, es geht hier auch beinhart um Wettbewerbsvorteile, denn diese Unternehmen erkennen mit ihrer Strategie die Probleme schon, bevor sie eintreten.

Was also bringt's?

- Wir stellen damit sicher, dass die SAP-Plattform immer einwandfrei funktioniert. Automatisierte Tests sparen daher eine Menge Zeit und damit viel Geld!
- Die Tests ersetzen weniger die User Acceptance Tests, sondern vor allem die Regressionstests davor.
- Automatisiertes Testen bedeutet auch automatische Testprotokollierung. Die Testauswertung auf Knopfdruck ist durch die Ampeltechnik sehr übersichtlich.
- Die Minimierung von Defects ist eine der wirksamsten Möglichkeiten, um die Entwicklungskosten niedrig zu halten.
- Weniger Fehler bedeuten kürzere Release-Zyklen.
- Wenn Software perfekt getestet ist, haben Teams mehr Zeit für neue User Storys.
- Die Software hat eine höhere Qualität.

Sie haben jetzt einige Techniken kennengelernt, die Ihnen den Start mit *einem* agilen SAP-Team etwas leichter machen sollen. Selbstverständlich gibt es aber immer wieder Projekte, in denen mehrere Teams zusammenarbeiten sollten. Wie sich das organisieren lässt, sehen wir uns in Kapitel 5 an.

5 Skalierung mit dem Agile Working Model 4 SAP

5.1 Grundsätzliche Überlegungen zur Skalierung im SAP-Umfeld

Da sich allmählich herumspricht, dass SAP-Projekte agil abgewickelt werden können, werden zusehends auch größere Projekte agil nach Scrum durchgeführt. Der SAP-ERP-Lebenszyklus neigt sich dem Ende zu und viele SAP S/4HANA-Projekte werden in den nächsten Monaten bzw. Jahren weltweit agil gestartet.

Das heißt, wir müssen uns überlegen, wie Scrum funktioniert, wenn mehrere Teams in das Projekt involviert sind - wie funktioniert also die „Skalierung"? Mit einem einzigen agilen Entwicklungsteam werden wir nicht weit kommen. Viele denken sich nun: „Gut, dann installieren wir eben mehrere agile Teams, die denselben Teil - zum Beispiel die Logistikprozesse - abdecken." Für ein SAP-Projekt werden oft 5, 10, 15 oder noch mehr Teams für die Umsetzung gebraucht. Die Skalierungsidee, die Teams einfach größer zu machen, auf die Projektstruktur hochzufahren und mit einem Team von 30 oder 40 Mitgliedern zu arbeiten, funktioniert in der Praxis nicht. Vergessen wir diese Idee also gleich wieder.

Alle Skalierungsmodelle setzen auf kleine, schlagkräftige Teams mit einer maximalen Größe von neun Personen. Okay, dann kommt gleich die nächste Skalierungsidee, nämlich wie in Bild 5.1 dargestellt: Wir nehmen zwölf Teams oder mehr und installieren einen Super bzw. Chief Product Owner, der allen sagt, wo es lang geht. Das funktioniert so auch nicht.

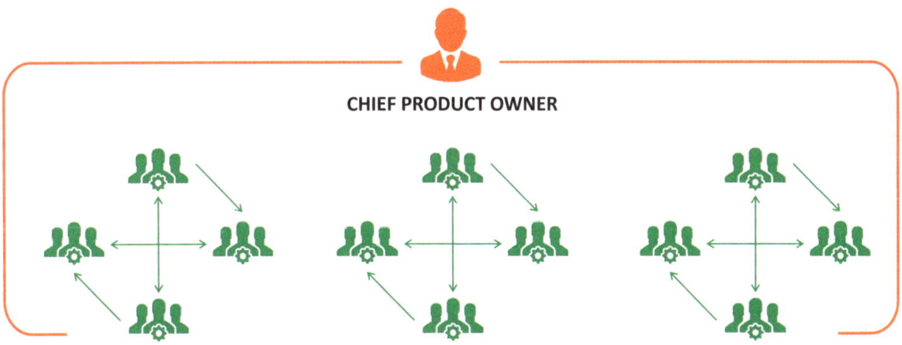

Bild 5.1 Skalierung, wie sie nicht funktioniert

Die Skalierung braucht mehrere starke Teams, die selbstorganisiert arbeiten und echte, nutzbare Ergebnisse für den Kunden oder Endanwender liefern. Dafür brauchen wir abgestimmte Regeln und eine minimale – lediglich überlebensnotwendige – Bürokratie.

- Regeln für die Verantwortung der einzelnen Teams.
- Regeln für die Priorisierung der Aufgaben.
- Regeln für das Refinement.
- Regeln für die Synchronisierung, damit die Teams gemeinsam planen können.
- Regeln, um die Fortschritte zu synchronisieren und gemeinsam zu präsentieren.
- Regeln, um Impediments schnell sichtbar zu machen und zu lösen.

Außerdem brauchen wir neue Rollen, denn ein Chief Product Owner allein reicht nicht. Bei alledem sollten wir uns zu Herzen nehmen, was Peter Drucker ungefähr so ausgedrückt hat: „Die Strukturen, die wir aufbauen, müssen zur Kultur der Firma passen."

Der Markt quillt vor Skalierungsmodellen über. Zu dem Zeitpunkt, als ich mit Kollegen die ersten Ideen zu einem eigenen „Agile Working Model mit SAP-Fokus" (AWM) entwickelt habe, gab es in der Literatur und Praxis über 20 Modelle. Am stärksten hat uns das relativ schlanke „Large Scale Scrum", besser bekannt als „LeSS" beeindruckt. Die wenigsten Vorteile konnten wir dem „Scaled Agile Framework" – SAFe® – abgewinnen. Aus unserer Sicht hatte es zu viele Rollen und Abhängigkeiten und eine unflexible Struktur. Andere Modelle, wie Nexus von Scrum-Mitbegründer Ken Schwaber, waren damals nur auf drei bis neun Teams ausgelegt. Für SAP-Projekte ist das eindeutig zu wenig.

Einfach ein Modell zu kopieren, fanden wir keine gute Idee – sie waren uns zu kompliziert, zu komplex, mit zu vielen verbindlichen Regeln. Diese Regeln versteht man meistens erst nach der zehnten Schulung und hat dann noch immer keinerlei Praxiserfahrung. Entweder tanzten wir ganz nach den Regeln von LeSS oder SAFe oder wir tanzten gar nicht. Anstelle eines aufgeblasenen Frameworks wollten wir daher eine eigene, einfache Struktur finden.

Jedes Unternehmen ist anders. Jedes hat sein eigenes Geschäftsmodell mit einer speziellen, einzigartigen Fertigung, einer einzigartigen Kultur und Führung. Deshalb ist auch jede Standard-Software anders und hat tausende Besonderheiten. Wir haben uns daher entschieden, ein AWM als „Best of" zu entwerfen, das konsequent auf den agilen Prinzipien aufbaut. Wichtig war uns ein Modell, in dem jedes Team seine Verantwortung hat. Jede Organisation sollte dieses Modell als Basis nutzen und es weiterentwickeln können. Meine Kollegen und ich sind der Meinung, dass dieses Modell die Besonderheiten der SAP-Standard-Software am besten abbildet und ein guter Ausgangspunkt für viele Unternehmen sein kann.

Unser „AWM – Agile Working Model 4 SAP" ist daher auf die Implementierung, Wartung und Weiterentwicklung von SAP-Standard-Software ausgerichtet. Agilität zu skalieren, ist eine komplexe Aufgabe, die nicht von Anfang bis Ende im Voraus geplant werden kann. Wir müssen wie bei der agilen Entwicklung damit rechnen, dass die Realität immer wieder von unseren Plänen abweicht, und müssen daher unsere Pläne nach der Devise „inspect & adapt" anpassen.

Nach jeder Iteration sind bei diesem Modell Retrospektiven auf den unterschiedlichen Ebenen vorgesehen, aus denen Lessons learned – ich nenne sie „CIPs" oder „Kaizen Items" – als Verbesserung des Agile Working Models hervorgehen. Wichtig ist, dass diese Retrospektiven tatsächlich durchgeführt werden, denn dort suchen wir gezielt nach Verbesserungsideen und Potenzialen, die wir als „Minimum Viable Experiments" erproben, einsetzen, weiterentwickeln und auch mal verwerfen können. Denn auch das gehört zur guten agilen Praxis: Wenn Experimente nicht den gewünschten Erfolg bringen, werden sie einfach wieder verworfen. Eine Abbruchrate von 50 Prozent bei Experimenten über zwei bis drei Sprints ist in der agilen Welt keine Seltenheit und sollte uns nicht überraschen. Definieren Sie einfach ein neues Experiment und lassen Sie sich nicht beirren!

Noch ein Wort zum Thema „Führung" in der agilen Skalierung: Ein Team agil zu führen, ist bereits ein großer Entwicklungsschritt. Mehrere Teams in einem großen Projekt zu führen, verlangt noch mehr moderne Führung, denn Micro-Management ist in diesem Zusammenhang überhaupt nicht sinnvoll. Das heißt, dass sich die Selbstorganisation entwickeln können muss. Auf Teamebene haben wir zu diesem Zweck bereits das Delegation Board kennengelernt. Dieses Instrument können Sie in einem großen Projekt auf allen Skalierungsebenen einsetzen. Die Voraussetzung: 100 Prozent Transparenz, das Board ist zugänglich und sichtbar für alle, es wird kontinuierlich weiterentwickelt und die Regeln werden gelebt.

Scrum@Scale als Basis

Lange bezog sich der Scrum Guide nur auf die Arbeit eines Entwicklungsteams, das Tag und Nacht nichts anderes tut, als Software zu entwickeln. Wie wir ja inzwischen wissen, wurde die Anwendung des Scrum Guide mit dem Update von 2017 auf die Erstellung von Produkten, Prozessen, Services und Systemen erweitert. Dazu müssen in der Regel mehrere Teams zusammenarbeiten. Jeff Sutherland hat sein Skalierungsframework „Scrum@Scale" zur Gänze auf den Grundlagen des Scrum Guide aufgebaut. Scrum@Scale ist daher auch die Basis unseres AWMs.

Scrum@Scale wurde entwickelt, um dieses Ökosystem von Teams effektiv zu koordinieren und damit die gesamte Strategie einer Organisation oder eines Projekts zu optimieren. Unterstützt wird das Erreichen dieses Ziels, indem wirklich nur eine „minimal überlebenswichtige Bürokratie" betrieben wird. Diese weitet die Arbeitsweise eines einzelnen Scrum-Teams organisch auf viele Teams und sogar die Organisation aus. Der nur 19-seitige Scrum@Scale Guide ist für mich daher die Basis aller agilen Skalierungen. Wenn wir mit 20, 30 oder 40 agilen Entwicklungsteams im SAP-Umfeld arbeiten, liefert er uns ein paar einfache und grundlegende Regeln für die Zusammenarbeit und für das gemeinsame Erreichen des Ziels.

Immer im Tandem

Neben den Regeln von Scrum@Scale verwenden wir beim Agile Working Model 4 SAP das Prinzip des Tandems. Auf einem Tandem sitzen bekanntermaßen immer zwei Radfahrer. Selbst wenn einer der beiden gerade nicht treten will oder kann, fährt das Tandem trotzdem weiter, denn wir haben ja noch die Kraft in den Waden des zweiten Radlers.

Genau das ist die Idee hinter dem Tandem im AWM: Immer dann, wenn in einem Refinement eine Frage – ein „Spike" – auftaucht, die gelöst werden muss, wird das nicht von einer Person allein, sondern immer im Tandem erledigt. Wenn also Vertreterinnen und Vertreter der einzelnen Teams zu Refinements, Reviews oder Plannings eingeladen werden, tauchen sie dort zu zweit auf. Das Gleiche gilt für integrative Abstimmungen mit anderen Teams, wenn zum Beispiel zwei, drei oder vier Entwicklungsteams zusammenarbeiten. Dazu lasse ich das Team selbstorganisiert das „Integrations-Tandem" wählen. Als Coach achte ich darauf, dass die Wahl nicht immer auf die gleichen Teammitglieder fällt, denn es sollen keine Hierarchien entstehen. Ich möchte keine Integrationsspezialisten aufbauen – jeder soll diese Aufgabe wahrnehmen können.

5.2 Praxisbeispiel: Skalierung für eine S/4HANA-Implementierung

5.2.1 3-Ebenen-Modell für die Abbildung agiler Prozesse

Steigen wir mit einem einfachen Beispiel in die Skalierung ein. Dazu nehmen wir die Struktur einer SAP-S/4HANA-Implementierung. Das kann eine Projektstruktur, aber auch eine Organisationsstruktur innerhalb einer agilen Transformation sein.

Stellen wir uns die SAP-Module dabei als Produkte vor. Ein Projekt oder eine Organisationseinheit, zum Beispiel eine Abteilung, ist in drei Produkte aufgeteilt (siehe Bild 5.2, Produkte sind in den folgenden Bildern in Blau gehalten):

- SD = Verkauf
- MM = Materialwirtschaft
- PP = Produktionsplanung und -steuerung

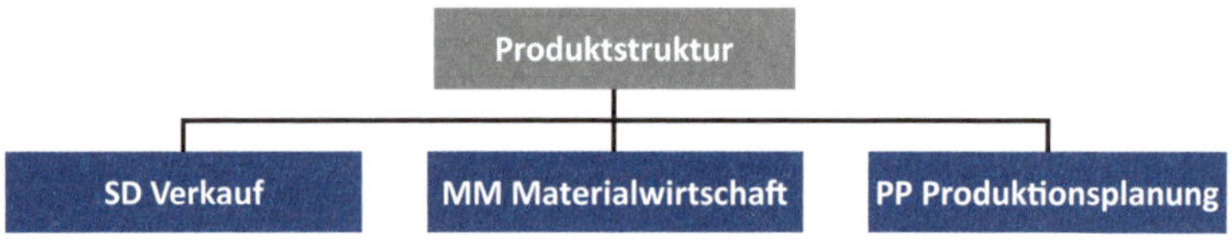

Bild 5.2 Einteilung des Projekts in Produkte

Um die Produkte zu pflegen, weiterzuentwickeln oder – wie in unserem Fall – einzuführen und anzupassen, haben wir jeweils drei bis vier Scrum-Teams mit je drei bis sechs Teammitgliedern gebildet. Diese Teams bestimmen, wie eine Anforderung umgesetzt wird.

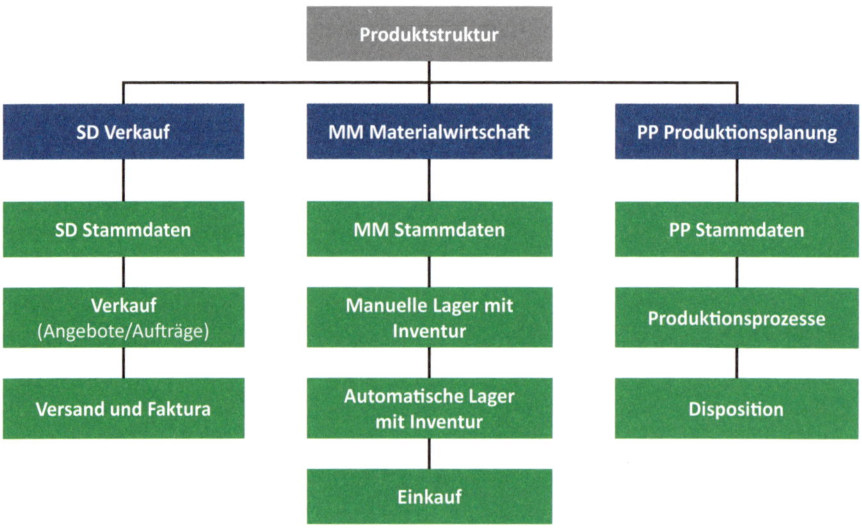

Bild 5.3 Einteilung der Feature-Teams

Sie bearbeiten ein Feature des Produkts – daher heißen sie in unserem Zusammenhang „Feature-Teams“ (siehe Bild 5.3). Gemeinsam arbeiten sie an der Produktvision des Product Owners.

Feature-Teams

Feature-Teams sind mit den Entwicklungsteams gleichzusetzen. Der Begriff drückt aus, dass es innerhalb eines SAP-Produkts ein Team mit Spezialisten gibt, das die Verantwortung für ein SAP-Feature übernimmt, zum Beispiel für das Produkt SD Verkauf, das die Features Stammdaten, Verkauf und Versand und die Fakturierung (Rechnungserstellung) betreut.

In unserem einfachen SAP-Beispiel wird es immer Anforderungen oder neue Prozesse geben, die mehrere Produkte betreffen, etwa SD Verkauf und MM Materialwirtschaft. Deshalb führen wir als übergeordnete Einheit den Begriff der „Domain“ ein (siehe Bild 5.4). Die Domain, hier ist es die Domain Logistik, verantwortet die drei aufgezeigten Produkte – sie steuert die Anforderungen ein.

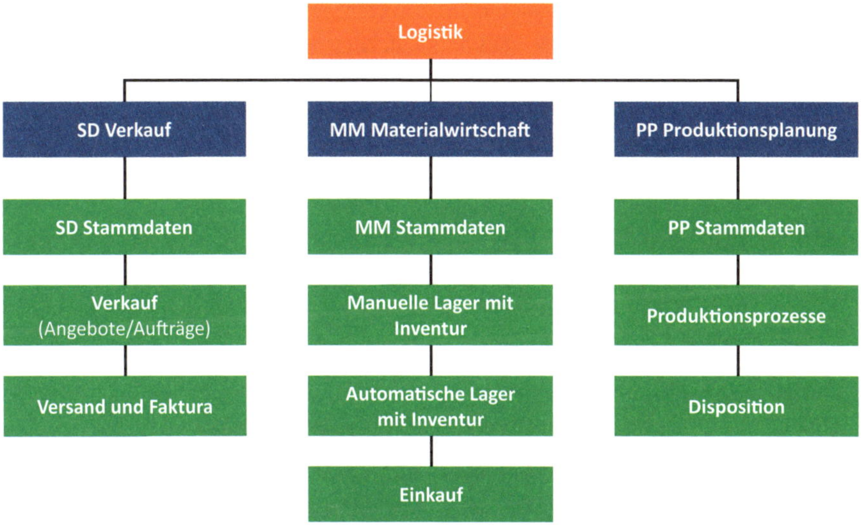

Bild 5.4 Einordnung der Produkte unter eine Domain

Damit haben wir ein 3-Ebenen-Modell entwickelt und nutzen dieses, um unsere agilen Prozesse abzubilden. Ebene 1 und Ebene 2 bestimmen das „WAS“. Auf Ebene der Feature-Teams wird umgesetzt und das „WIE“ bestimmt.

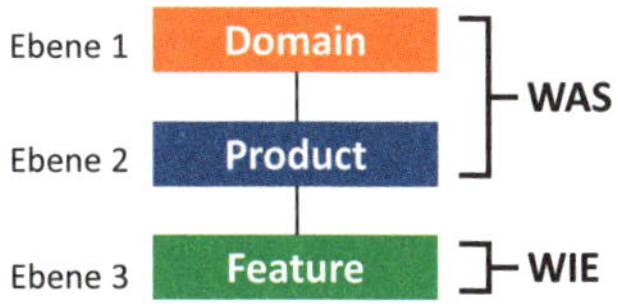

Bild 5.5 3-Ebenen-Modell

5.2.2 Zusätzliche Rollen für die Skalierung

Für ein Skalierungsmodell mit drei Ebenen reicht ein Product Owner nicht aus. Wir müssen sozusagen auch die Verantwortung für das „Was mit welcher Priorität?“ skalieren. Auf Ebene 1 brauchen wir einen weiteren Product Owner, den **Domain Owner.** Wenn Sie sich mit Skalierungsframeworks beschäftigen, wird Ihnen immer wieder der „Chief Product Owner“ (CPO) unterkommen. Dieser Begriff stammt aus Scrum@Scale und ist genauso valide. Der Einfachheit halber möchte ich aber beim Domain Owner bleiben. Er ist für die Vision, das WAS und die Maximierung des Werts eines Produkts auf der Domain-Ebene verantwortlich. Er verantwortet auf Domain-Ebene (Ebene 1) den Backlog, priorisiert die Backlog Items und ist für das Refinement zuständig. Den Domain Backlog splittet er in einzelne Epics für die Produktebene.

Natürlich kann der Domain Owner für die Logistik sich nicht um die Details in allen drei Produkten kümmern. Daher brauchen wir auf der Ebene des Produkts (Ebene 2) weitere **Product Owner,** die sich um das WAS kümmern. Die Product Owner sind dafür verantwortlich, den Wert des Produkts auf Produktebene zu maximieren. Sie verantworten den Backlog auf Produktebene und splitten es in einzelne User Storys auf, die für die Implementierung an die Feature-Teams gehen.

Wenn Sie noch einmal einen Blick auf das Skalierungsbeispiel werfen, sehen Sie in den Produkten SD Vertrieb und MM Materialwirtschaft drei bzw. vier Feature-Teams, die für diese Produkte die Anforderungen umsetzen. Dieser Umfang kann von einem Product Owner bzw. von einem Product-Owner-Tandem bewältigt werden. Einen weiteren Owner, zum Beispiel einen Feature Owner, gibt es im Agile Working Model nicht - das würde alles unnötig aufblähen (siehe Bild 5.6). Unser minimal-bürokratisches Modell geht mit seinen Scrum@Scale-Wurzeln davon aus, dass ein Product Owner bzw. ein Product-Owner-Tandem mit bis zu sechs Feature-Teams arbeiten kann.

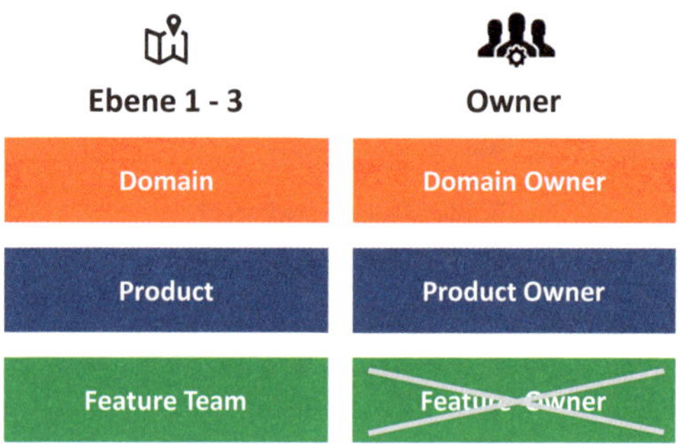

Bild 5.6 Es gibt Domain Owner und Product Owner, aber keine Feature Owner!

5.2.3 Neue Anforderungsformate: Sagas und Epics

Die User Story kennen wir bereits als Werkzeug, um neue Anforderungen an SAP-Prozesse und SAP-Standardsoftware zu beschreiben. Sie wird in einfacher Sprache verfasst, um Akzeptanzkriterien und ein „Was bringt's?“ ergänzt und vom Entwicklungsteam bzw. in diesem

Fall Feature-Team umgesetzt. In der skalierten Variante kommen zwei weitere Story-Formate dazu: Saga und Epic. Beide Formate sind vom Prinzip her nichts anderes als User Storys, nur größer und auf einer höheren Abstraktionsebene.

Eine **Epic** ist nichts anderes als eine große User Story auf mittlerer Abstraktionsstufe. Wir behandeln sie auf Ebene 2, unserer Produktebene. Meistens beschreibt eine Epic mehrere Storys und bietet einen Überblick. Mike Cohn zieht dafür eine Analogie heran: Die Epic ist wie ein Filmgenre. Wenn ich mir einen Actionfilm anschaue, weiß ich, dass darin bestimmte Elemente und Szenen - etwa Verfolgungsjagden und Schießereien - vorkommen werden. Eine User Story wäre hingegen eine einzelne Schießerei.

Die **Saga** ist ein Format, mit dem Anforderungen auf der Domain-Ebene eingesteuert werden. Sie wird allerdings nur auf dieser Ebene 1 genutzt. Eine Saga beschreibt die wichtigsten Meilensteine, den Inhalt der Meilensteine und die Anforderungen auf einem groben Level. Sie beschreibt auch, welche Produkte an der Umsetzung der Saga beteiligt sein werden. Allerdings detailliert sie nicht einzelne Anforderungen und Funktionen. Vielmehr erklärt die Saga, wie die Anforderungen in den nächsten Wochen und Monaten umgesetzt werden und ist somit der Startpunkt einer agilen Prozessimplementierung mit SAP. Es geht um die Eckpunkte von Aufgabenstellungen, den Kosten-Nutzen-Faktor, die Rahmenbedingungen und die zeitlichen Vorstellungen.

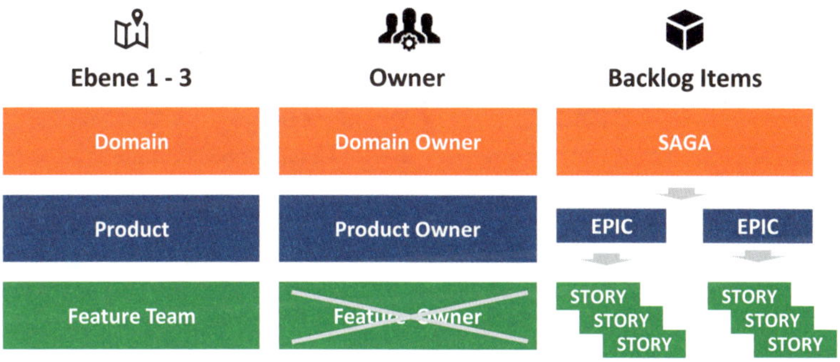

Bild 5.7 Drei Anforderungsformate für drei Ebenen - Saga, Epic, User Story

Auf den ersten Blick sind Sagas, Epics und User Storys einfach nur unterschiedlich große Anforderungen. Es gibt aber ganz klare Unterschiede in der Definition, der Beschreibung und natürlich im Refinement.

- Die Saga ist eine riesige User Story auf der höchsten Abstraktionsstufe. Der Domain Owner zerlegt die Saga deshalb mit seinem Domain-Team in mehrere Epics. Der Implementierungszeitraum einer Saga kann bis zu sechs Monate dauern.
- Die Epic ist eine große User Story auf mittlerer Abstraktionsstufe und Teil einer Saga. Sie ist eine Zusammenfassung von Anforderungen innerhalb eines Produkts und daher für einen Sprint zu groß. Der Product Owner zerlegt die Epic mit seinen Teams in mehrere User Storys. Der Implementierungszeitraum kann bei zweiwöchigen Sprints bis zu sechs Wochen - also drei Sprints - betragen.
- Eine User Story ist Teil einer Epic. Sie enthält die Anforderungen der Kunden und Nutzer, die den INVEST-Kriterien genügen. Eine Story wird innerhalb eines Sprints umgesetzt.

Bevor wir in unser Beispiel weiter eintauchen, noch ein Hinweis. Tom DeMarco warnt in seinem Buch „Adrenalin Junkies and Template Zombies" davor, sich bei der Arbeit von Blaupausen und Vorlagen steuern zu lassen und das selbstständige Denken dabei auszuschalten. Ein gutes Produkt entsteht nur, wenn die Teammitglieder mitdenken und nicht zu Template Zombies werden. Mein Rat lautet daher: Starten Sie mit den vorgeschlagenen Ideen, probieren Sie diese aus, aber verbessern Sie diese „Templates", wenn immer es möglich oder notwendig ist. Prüfen Sie, ob sie sich bewähren und passen Sie diese auf Ihr Business und Ihr Agile Working Model an. Die besten Gelegenheiten dafür bieten sich in regelmäßigen Retrospektiven auf der Produkt- und Domain-Ebene.

Schreiben Sie zu jedem Template die Versionsnummer und den letzten Stand der Überarbeitung auf. Versehen Sie es immer mit einem Gültigkeitsdatum, damit Sie sich selbst an die regelmäßige Überprüfung Ihrer Refinement-Templates erinnern.

Das Refinement von Sagas und Epics

Bevor ich in den folgenden Abschnitten auf die Arbeitsweise auf der Domain- und Produkt-Ebene eingehe, möchte ich noch auf das Refinement von Sagas und Epics eingehen. Nehmen wir an, dass in einer neuen verkaufenden Einheit - der sogenannten Verkaufsorganisation USA - alle Verkaufsprozesse vom Angebot über Auftrag und Lieferung bis zur Rechnungslegung für die USA abgebildet werden sollen (Bild 5.8). Die Verantwortung dafür übernimmt die Domain Logistik mit den Produkten SD Verkauf und MM Materialwirtschaft.

Bild 5.8 Eine Saga für die Domain Logistik

Wie wir inzwischen wissen, ziehen wir für das Refinement einfacher User Storys die INVEST-Kriterien heran. Für die Saga nutzen wir etwas anderes, und zwar die DRAGONCAVE-Kriterien, die von Boris Kneisel entwickelt wurden und heute als „PEPwarp-Heuristik" bezeichnet werden. Sie eignen sich dazu, die sehr grobe Anforderung der Saga auch von einem betriebswirtschaftlichen Standpunkt aus zu betrachten. In Bild 5.9 sehen Sie, wie das auf das Beispiel der Verkaufsorganisation USA umgelegt als Refinement der Saga aussieht.

- D - *Dependencies:* Die Dependencies - Abhängigkeiten - stehen beim Refinement einer Saga ganz oben.
- R - *Risks:* Die Risikobetrachtung begegnet uns auf zwei unterschiedlichen Ebenen: einmal auf der Saga-Ebene und ein Level tiefer auf der Epic-Ebene. Auf Saga-Ebene geht es um mögliche Kosten, die durch die verspätete Implementierung der Saga entstehen können. Auf Epic-Ebene geht es um die technologischen Risiken.
- A - *Assumptions:* Welche Annahmen liegen der Definition der Saga zugrunde?
- G - *General Requirements:* Bei den generellen Anforderungen definieren wir alles, was wir unter den Akzeptanzkriterien sehen wollen. Was ist tatsächlich in scope und was ist - siehe nächste Frage - out of scope?
- O - *Out of Scope:* Eine Standardfrage bei allen Arten von Refinements: Was liegt in scope? Was liegt out of scope? Oft erreichen wir eine klare Scope-Reduzierung, wenn wir nur danach fragen.

- **N** – *Negotiated Agreements:* In dieser Rubrik geht es um die Verhandlungsergebnisse auf dem Level der Saga. Wer hat für welches Ergebnis welche Beiträge zugesagt?
- **C** – *Constraints + Customer:* Dieser Punkt beschreibt die möglichen Hindernisse und den Kunden. Wer ist der Kunde der Saga?
- **A** – *Artifacts:* Was genau ist auf dem Level der Saga zu tun? Im SAP-Kontext zum Beispiel: Welche SAP-Module sind betroffen und warten auf Anpassung und Erweiterung?
- **V** – *Value:* Auch auf Saga-Ebene geht es um die Frage „Was bringt's"? Was ist der Value für den unter C genannten Kunden?
- **E** – *Exit Criteria:* Die Exit-Kriterien beschreiben jene Situationen, die eine Saga sofort beenden und nach dem Start sogar den sofortigen Rückbau erfordern – zum Beispiel politische Ereignisse oder unternehmerische Entscheidungen, die eine Saga obsolet machen.

#		Neue Verkaufsorganisation USA in Kalifornien (CA)
D	Dependencies	Die neue Verkaufsorganisation USA ist verantwortlich für den Vertrieb von Materialien sowie die Erbringung und Fakturierung unserer Produkte und Dienstleistungen. Sie steht für die verkaufende Einheit in Kalifornien (CA).
R	Risks/ Risiken	Der USA-Rollout ist nach einer Fertigstellung der Saga erst im Q2/2021 gefährdet. Wir müssten dann gegebenenfalls über eine Verkaufsorganisation in Kanada vertreiben und verkaufen. Ziel ist ein Go Live in 02.2021
A	Assumptions	Die Office-Flächen werden bis Oktober 2021 angemietet. Das Office inklusive IT-Infrastruktur steht drei Monate vorher für Trainings und Tests zur Verfügung. Die Finanzierung ist sichergestellt, GF Beschluss 133/2020.
G	General Requirements	Die Erbringung der Dienstleistungen für die Verkaufsorganisation erfolgt in Kalifornien (CA), die Auslieferung aus dem Distribution Center an der Ostküste. Es sind keine Lager in CA geplant. An der Umsetzung der Saga sind die **Produkte SD-Vertrieb** und **MM Materialwirtschaft** beteiligt.
O	Out of Scope	Produktion in Kalifornien, Lagerhaltung in Kalifornien, Verkauf an den Endverbraucher. Die Finanzbuchhaltung und das Controlling erfolgen von der Niederlassung an der Ostküste aus.
N	Negotiated Agreements	Mitteldeckung bis zur Höchstgrenze sichergestellt/Einsparungspotenziale bestätigt, das Verkaufspersonal im CA Office steht 2 Monate von Dezember 2020 an für Trainingszwecke zur Verfügung. Training erfolgt im CA Office.
C	Constraints + Customer	Direkter Kunde ist der Verkauf in Kalifornien. Der Verkauf in Kalifornien hat die Mitwirkung an allen Go-Live-Tests verbindlich zugesagt. Für Trainings nach Go Live nutzen wir „Train the Trainer".
A	Artifacts	Nutzung SAP-Standard-Verkaufsprozesse und Materialwirtschaft mit Anpassung der Druck-Layouts, ohne Modifikationen. Erweiterungen über User Exits und WRICEFS sind möglich. Die Verkaufssteuerfindung USA mit den 50.000 unterschiedlichen Steuersätzen erfolgt über die Vertex Schnittstelle und Add-on.
V	Value	Anlaufkosten gedeckelt. Positiver Deckungsbeitrag ab Q3/2021. Umsatzpotenzial: 4 Mio. €/Jahr ab 2022.
E	Exit Criteria	Vorzeitiger Abbruch des USA-Rollouts bei Verhängung von Einfuhrzöllen für unsere Produkte.

Bild 5.9 Dragoncave-Kriterien für die Verkaufsorganisation USA

Beim Refinement sind der Domain Owner und die Product Owner der Produkte SD Vertrieb und MM Materialwirtschaft anwesend. Der Scrum Master der Domain-Ebene moderiert das Refinement. Es werden bereits Ideen für die ersten Epics der beiden Produkte angesprochen. Zum jetzigen Zeitpunkt handelt es sich dabei nur um Ideen, daher erhalten sie den Status „unreif". Das heißt: Wir müssen die Epics in einem Refinement auf der Produktebene verfeinern. Diese Epic-Ideen lauten:

- *SD-Verkauf:* Bearbeitung von Anfragen/Angeboten/Aufträgen
- *MM Materialwirtschaft:* Bearbeitung der Kommissionierung/Auslagerung
- *MM Materialwirtschaft:* Bearbeitung von Lieferungen/Warenausgang
- *SD-Verkauf:* Rechnungsschreibung/Fakturierung

Nach dem Refinement der Sagas geht es mit dem Refinement der Epics weiter. Sehen wir uns dazu ein Beispiel im Produkt SD-Verkauf an. Bei den Epics geht es in erster Linie um IT-Technik, Schnittstellen und Architektur, daher greifen wir auch hier auf andere Kriterien zurück. Für Epics nutzen wir die TTREASUREST-Kriterien, die ich aus den ebenfalls von Boris Kneisel entwickelten TREASURE-Kriterien abgeleitet habe. In Bild 5.10 sehen Sie die Kriterien wieder auf unser Beispiel angewendet.

- **T** - *Technology stack:* Der Technologie-Stack ist ein Sammelbegriff für das Framework, die Tools sowie die genutzten und erlaubten Programmiersprachen, die innerhalb der Epic und den darunterliegenden User Storys verwendet werden dürfen.
- **T** - *Timeline:* Hier erfolgt eine Angabe, wann in welchem Product Cycle wir die Epic mit den zugehörigen User Storys umsetzen wollen. Welche Epics bauen darauf auf? Welche Epics sind Voraussetzung für den Start dieser Epic?
- **R** - *Risiko:* Hier geht es um die Risikobetrachtung der unter T genannten Technologie. Wie ist die Einschätzung des Reifegrads? Haben wir Erfahrung mit der Technologie? Ist sie brandneu? Haben wir sie bereits im Einsatz?
- **E** - *Evaluation needs:* Wenn offene Fragen auftauchen, dann werden diese über sogenannte Spikes geklärt. Evaluation needs sind die Bewertungslücken, die jeweils in einer eigenen Spike ID bewertet werden.
- **A** - *Architecture runway:* Eine Stufe unterhalb des Technologie-Stacks ist das Architecture Runway angesiedelt. Es beschreibt entweder die zu nutzenden Standard Application Components oder das Framework, mit dem die Individualentwicklung zu erfolgen hat.
- **S** - *Sourcing tactic:* Hier geht es um die Frage, ob die Anforderung mit einem eigenen Team oder mit externen Lieferanten (Insourcing/Outsourcing) umgesetzt wird. Wenn Outsourcing, dann stellt sich auch die Frage ob Nearshore/Offshore.
- **U** - *UX strategy:* Hier geht es um das Frontend, mit dem der User arbeitet. Ist dies ein Standardarbeitsplatz mit Notebook, ein Tablet oder gar ein Smartphone?
- **R** - *Reliability:* Wie hoch ist die Zuverlässigkeit der Anwendung einzustufen? Brauchen wir 7x24 oder 5x12 Stunden? Welche weiteren Anforderungen gibt es, zum Beispiel an die Antwortzeiten und Wartungsfenster?
- **E** - *Exit criteria:* Welche Anforderungen an die Epic müssen erfüllt werden, damit diese im Product Review vom Product Owner abgenommen wird? Das ist oft eine umfangreiche Liste, vergleichbar mit den Akzeptanzkriterien auf der Ebene der User Storys. Sinnvollerweise wird auch die Frage „Was ist nicht enthalten (out of scope)?" beantwortet.
- **S** - *Skills needed:* Welche Skills braucht das Team, um die Epic umzusetzen? Daran schließt sich die Frage an: Hat das Team die notwendigen Skills?
- **T** - *Test data:* In vielen Projekten spielen die Testdaten eine wesentliche Rolle. Je nachdem, wie die SAP-Architektur aufgebaut ist und wie viele SAP-Systeme im Einsatz sind, müssen für die Reviews oft umfangreiche Testdaten aufgebaut werden. Diese Anforderungen erfassen wir bei unserem dritten T (Testdaten).

#	Hintergrund	Epic – SD Verkauf
T	Technology Stack	SAP S/4 HANA Standard – Logistik
T	Timeline	Die Epic mit dem SAP Grund-Customizing der Verkaufsorganisation ist die erste Epic, die wir nach dem Start der Saga implementieren.
R	Risiko	Wir haben bisher keine Go-Live-Erfahrung in den USA mit der S/4HANA Plattform und der extern abgebildeten Verkaufssteuerfindung USA.
E	Evaluation needs	Wir haben folgende Spikes beim Refinement definiert: # SPIKE 1 – Prototyp Angebot mit SAP Fiori APP; # SPIKE 2 – Prototyp Preisauskunft mit SAP Fiori APP
A	Architecture runway	Alle geforderten Verkaufsfunktionen sollen mit dem Modul SD Verkauf innerhalb des Standards realisiert werden.
S	Sourcing tactic	Inhouse – für Customizing Anpassung der Prozesse, inkl. alle Erweiterungen Externe Partner – für die Verkaufssteuerfindung und die Schnittstelle SAP SD – Vertex.
U	UX strategy	SAP GUI, SAP Fiori APP, SAP UI5, Vertex mit eigenem UI.
R	Reliability	Support und Wartungsfenster für 5 Tage pro Woche – je 12h – durch unseren Standard-Support
E	Exit criteria	Alle Verkaufsprozesse – Anfrage, Angebot und Auftrag inkl. Preisfindung und Verkaufssteuerfindung/Druckausgaben – sind abgebildet. Out of scope ist die Kommissionierung, die Lieferung und die Faktura sowie zugehörige Druckausgaben.
S	Skills needed	S/4 HANA Logistik, Preisfindung, US-Verkaufssteuern, Vertex-Schnittstelle und Verkaufssteuerfindung, Druckanpassung, Erlöskontenfindung, SAP Smart Forms für alle Formulare. Alle Skills vorhanden, die SD-Schnittstelle zu Vertex-Verkaufssteuern vergeben wir extern.
T	Test data	Wir brauchen für den SIT (Systemintegration Test) im Development System und den anschließenden UAT (User Acceptance Test) umfangreiche Testdaten für die Tests der Verkaufsprozesse an unsere Endkunden über die verschiedenen Jurisdiktionen in Kalifornien. Die korrekten Jurisdiction Codes der Geschäftspartner müssen für die Verkaufssteuerfindung bereits zur Auftragserfassung vorliegen.

Bild 5.10 Epic-Refinement

Neben dem technologischen Framework geht es bei den Epics um die zeitlichen Abhängigkeiten, um Risiken und eventuell notwendige weitere technische Untersuchungen, um die Architektur, die Oberflächen, die Zuverlässigkeit der Applikation und die Akzeptanzkriterien, die wir auf Epic-Level als Exit-Kriterien bezeichnen.

Die weiteren Epics werden genau nach diesem Muster refined (Bild 5.11). Wir brauchen neben den Verkaufsprozessen in den USA auch ein sogenanntes manuelles Lager, weil wir nicht in

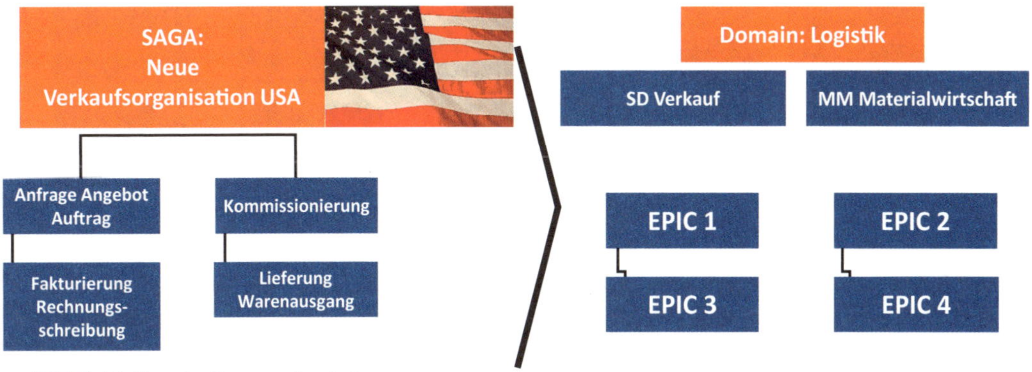

Bild 5.11 Von der Saga zu den Epics

den USA produzieren. Deshalb sind die beiden Produkte SD Verkauf und MM Materialwirtschaft von der Umsetzung der neuen Saga betroffen und müssen mit ihren Feature-Teams die Anforderungen umsetzen. Beachten Sie beim DRAGONCAVE-Refinement das „E“ als sofortiges Abbruchkriterium der Saga: Der Rollout in den USA würde sofort abgebrochen werden, wenn Zölle auf unsere Waren erhoben werden.

5.2.4 Die Zyklen im Agile Working Model 4 SAP

Domain Cycles, Product Cycles und Sprintlängen sind natürlich immer kundenindividuell festzulegen. Die folgenden Cycles beschreiben lediglich eine Variante, mit der ich bisher ganz gut zurechtgekommen bin. Natürlich können die einzelnen Cycles auch länger sein – die limitierenden Größen sind dabei immer die Sagas und Epics.

Das Herz von Scrum ist der Sprint. Dabei handelt es sich um einen Zeitraum von maximal einem Monat, und natürlich sollte innerhalb eines Entwicklungsvorhabens oder Projekts jeder Sprint gleich lang sein. Es schließt immer ein neuer Sprint an den gerade abgeschlossenen Sprint an und umfasst das Sprint Planning, die Daily Scrums, die Entwicklungsarbeit, das Sprint Review und die Sprint Retrospektive.

- In vielen Situationen haben **Sprints** von zwei Wochen meinen Kunden die meisten Vorteile gebracht. Daher möchte ich diese Sprintdauer auch für unser Beispiel nutzen.
- Mein Vorschlag für den **Product Cycle** auf Ebene 2 ist, dass er aus drei Sprints (sechs Wochen) besteht. Das bedeutet, dass eine Epic so groß sein darf, dass sie in maximal drei Sprints umgesetzt werden kann.
- Ein **Domain Cycle** besteht aus zwei Product Cycles. Eine Saga darf also nur so groß geschnitten sein, dass sie innerhalb von drei Monaten (2x6 Wochen) umgesetzt werden kann.

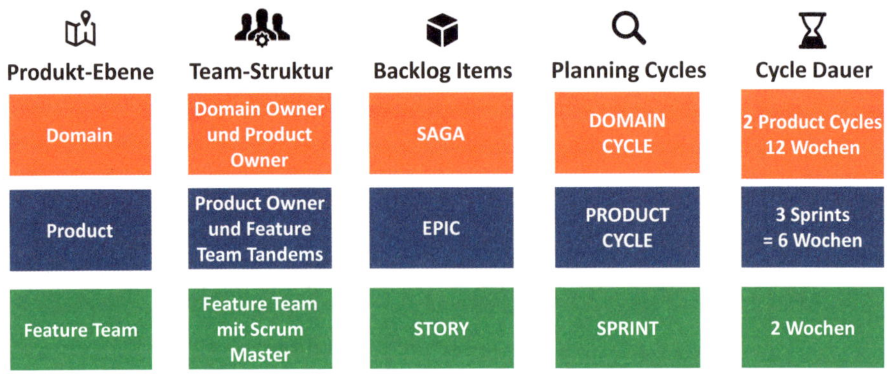

Bild 5.12 Die Zyklen auf den drei Ebenen

Wenn Ihre Teams beim ersten Blick auf die Saga mitteilen, dass sie diese nie innerhalb eines Domain Cycles umsetzen können, haben Sie gleich auf den ersten Blick zwei bis drei Split-Möglichkeiten. Gehen wir noch einmal zurück zu unserer Verkaufsorganisation. Die Aufteilung der Sagas in Epics und der Epics in Storys sah aus wie in Bild 5.13.

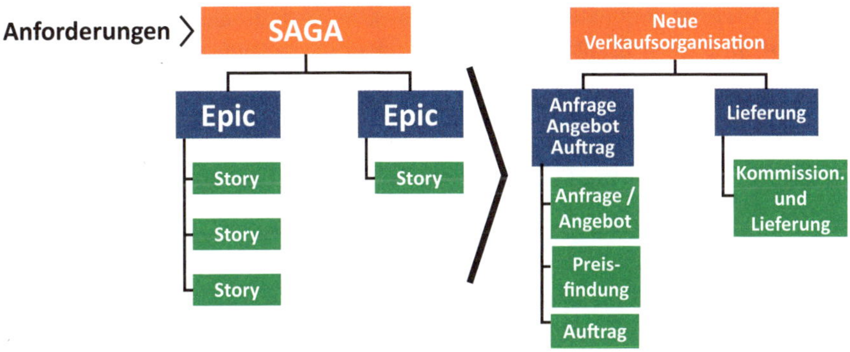

Bild 5.13 Aufteilung der Anforderungen

Ist die Saga für einen Product Cycle zu groß, bietet es sich an, sie in zwei Teile zu splitten. In der ersten Saga werden dann die Verkaufsprozesse ohne Schnittstelle zur Verkaufssteuerfindung implementiert. Eine zweite Saga könnte die detaillierte Preisfindung mit der Verkaufssteuerfindung komplettieren.

Selbstverständlich könnten Sie den Domain Cycle auch so gestalten, dass er drei Product Cycles enthält – das passt dann allerdings nicht schön mit dem Quartal zusammen. Wichtig ist nur, dass Sie nicht die Cycles mal verlängern und dann wieder verkürzen. Die Cycles sollten immer gleich lang bleiben. Ich habe es in einem Fall befürwortet, den Sprint Cycle von zwei Wochen auf eine Woche zu verkürzen – dieser Wunsch kommt bei Profi-Teams irgendwann auf. Wenn die Organisation dazu passt, wenn der Kalender dazu passt und das Agile Working Model dazu passt, kann man diesem Wunsch sicher entsprechen.

Bitte machen Sie es aber nicht so, dass der Cycle heute verlängert wird, weil die Saga so groß ist und morgen wird er dann wieder verkürzt. Das wirbelt alles durcheinander und verdoppelt die Komplexität. Selbst wenn Sie Ihre Teams die Sprintdauer selbst bestimmen lassen, sollten Sie wissen, dass es im Chaos endet, wenn das erste Feature-Team eine Sprintdauer von zwei Wochen und das zweite Feature-Team eine Sprintdauer von drei Wochen hat. Sofern beide Teams an einem Produkt arbeiten, kommen sie auf diese Weise nie zu einem gemeinsamen Datum für das Review.

Mein Rat: Versuchen Sie es gar nicht so!

5.2.5 Agile Events im Domain Cycle

Wie arbeiten wir in einem Domain Cycle? Die Events folgen der Logik eines Sprints – nur dauert der Domain Cycle eben etwas länger (Bild 5.14).

Bild 5.14 Verlauf eines Domain Cycle

Der Domain Cycle beginnt natürlich mit dem regelmäßig stattfindenden **Domain Backlog Refinement.** In diesem Event verfeinern wir unsere Sagas, um sie „reif“ im Sinne der Definition of Ready zu machen. Die DRAGONCAVE-Checkliste haben wir für diesen Zweck bereits kennengelernt. Zusätzlich können wir in diesem Event Cost-of-Delay-Betrachtungen anstellen (siehe auch Kapitel 6): Welche Auswirkungen hat es, wenn wir nicht, zu spät oder zu fehlerhaft liefern? Für Sagas bietet sich natürlich die bereits vorgestellte Refinement-Technik „Focus - Spread - Focus“ an.

Domain Backlog Refinement

- **Input:** Unreife Sagas, neue fachliche und auch technische Anforderungen
- **Output:** Priorisierte reife Sagas und Ideen zu unreifen Epics der jeweiligen Produkte
- **Eventstruktur:** Findet mindestens zwei Mal pro Domain Cycle statt (jeweils 90 Minuten)
- **Teilnehmer:** Domain Owner, Product Owner, geladene Teammitglieder (Tandems) und geladene Gäste wie Stakeholder, Architekten oder Prozess Owner
- **Good Practices:** Refinement mit Focus - Spread - Focus

Nach dem Refinement steht als Nächstes das **Domain Planning** auf dem Programm. Der Domain Owner hat zuvor die verfeinerten Sagas priorisiert und mit seinem Scrum Master eine entsprechend timegeboxte Agenda erstellt. Damit lädt der Domain Owner nun die Product Owner mit den Tandems der Teams zum Domain Cycle Planning ein. Im Rahmen dieses Events werden die Sagas und Epics für die kommenden zwölf Wochen priorisiert und die Planung mit den Prioritäten verabschiedet.

Domain Planning

- **Input:** Reife Sagas und reife Epics der Produkte
- **Output:** Domain-Cycle-Plan mit Sagas und Epics
- **Eventstruktur:** Einmal vor Beginn des Domain Cycle (drei Stunden)
- **Teilnehmer:** Domain Scrum Master, Domain Owner, Product Owner, geladene Teammitglieder im Tandem und geladene Gäste wie Stakeholder, Architekten und Prozess Owner

Während des gesamten Domain Cycle treffen sich die Domain Scrum Master und ausgewählte Team-Tandems regelmäßig zu **Standups auf Domain-Ebene**, um Impediments auszuräumen und Risiken zu besprechen. Diese Standups kann man sich fast wie ein Daily Scrum vorstellen - nur dass es neben den Fortschritten auch um Impediments und Risikoreduzierung geht. Das Event hat meistens eine Dauer von 30 Minuten

Beim **Domain Review** treffen wieder die Domain Owner, die an der Umsetzung beteiligten Product Owner mit ihren Tandems sowie die Scrum Master der Domain- und Produkt-Ebene zusammen. Die Saga wird nun, gegebenenfalls mit ein paar zusätzlichen Prozesserklärungen, live gezeigt. Natürlich sind hier auf Einladung des Domain Owners die Stakeholder, Endkundenvertreter und Endanwender eingeladen. Ein Review in einem großen Besprechungszimmer oder Saal, wo im „Walk through“ die fertigen SAP-Prozesse live zu sehen sind, ist natürlich eine genauso gute Idee wie ein virtueller Walkthrough via Skype oder Zoom-Sessions. Das Wichtigste ist, dass die Applikation bzw. der SAP-Prozess in kleinen Schritten live vorgeführt wird. Auf PowerPoints sollten Sie dabei komplett verzichten. Auch ein Video der Anwendung, das genauso für die Endanwender-Dokumentation verwendet werden kann, kommt meistens gut an.

Domain Review

- **Input:** Gemäß der Definition of Done vollständig abgeschlossene Sagas
- **Output:** Die Stakeholder, Kunden und Endanwender kennen die Saga und haben sie in einer Live-Demo gesehen.
- **Eventstruktur:** Am Ende des Domain Cycles (90 Minuten)
- **Teilnehmer:** Domain Owner, Domain Scrum Master, Product Owner, geladene Teammitglieder (Tandems) und Gäste
- **Good Practices:** Bitte immer mit Live-Demo!

Zur **Domain Retrospektive** ist nur das Domain-Team zugelassen. Das Domain-Team stellt sich in der Retro die drei berühmten Fragen:

1. Was ist während des Domain Cycles gut gelaufen?
2. Was ist während des Domain Cycles nicht gut gelaufen?
3. Was können wir verbessern?

Außer den CIP-Items, den Verbesserungspotenzialen, dringt nichts nach außen, was bei diesem Event besprochen wird.

Domain Retrospektive

- **Input:** Rückblick auf den vergangenen Domain Cycle
- **Output:** CIPs – Maßnahmen zur Verbesserung für den Backlog. Der kommende Domain Cycle soll noch produktiver werden!
- **Eventstruktur:** Einmal pro Domain Cycle (90 Minuten)
- **Teilnehmer:** Domain Scrum Master, Domain Owner, Product Owner. Betroffene Stakeholder auf Einladung.
- **Good Practices:** Las Vegas Rule – was in der Retro besprochen wird, bleibt in diesem Kreis.

Auf Domain-Ebene wird nichts umgesetzt. Was wir aber natürlich sehen müssen, ist der Fortschritt, den eine Saga macht. Daher arbeite ich auf dieser Ebene gerne mit Kanban Boards – mehr dazu in Kapitel 9.

5.2.6 Agile Events im Product Cycle

Wenn wir an unser Beispiel denken, haben wir es beim Domain Backlog Refinement der Domain Logistik mit der Saga „Neue Verkaufsorganisation USA" zu tun. Aus dieser Saga haben wir im Produkt „SD Verkauf" zwei Epics erstellt (Bild 5.15):

- Bearbeitung von Anfragen/Angeboten/Aufträgen
- Rechnungsschreibung/Fakturierung

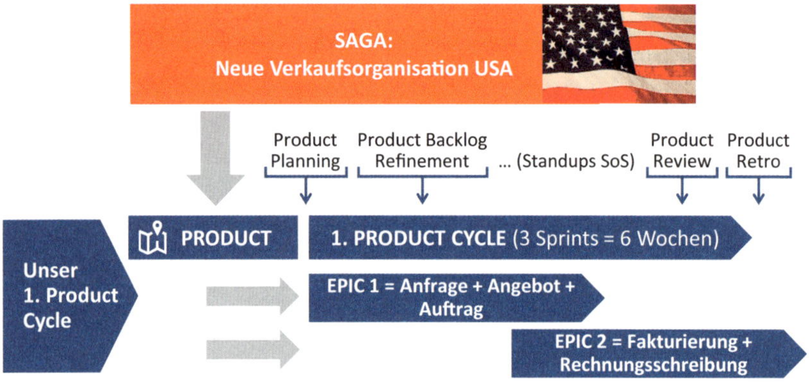

Bild 5.15 Weg der Epics durch den Product Cycle

In unserem ersten Product Cycle setzen wir nun beide Epics mit unseren drei Feature-Teams um. Zoomen wir aus diesem Bild noch einmal die Events heraus, die es auf dem Product Level gibt. Das Product Planning setzt auf den Epics auf, die im Refinement perfekt vorbereitet wurden. Daher geht dem Planning immer mindestens ein Product Refinement, manchmal auch mehrere, voraus.

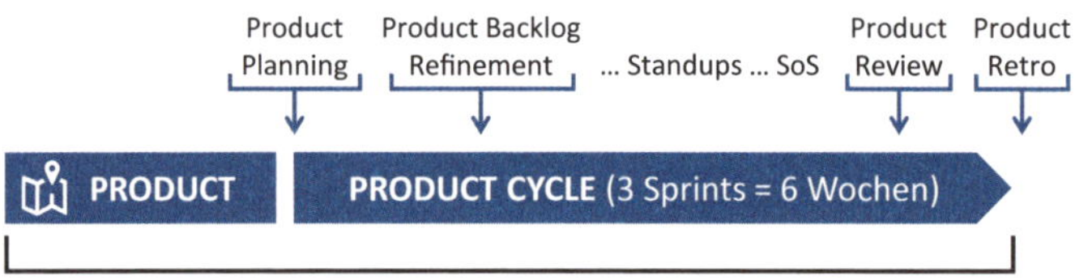

Bild 5.16 Start mit dem Planning

Starten wir also mit dem Refinement auf dem Product Level, dem **Product Backlog Refinement.** Speziell im Domain Backlog Refinement haben wir ja bereits Ideen zu möglichen Epics gesammelt. Wir haben die Produkte identifiziert, die an der Umsetzung der Saga beteiligt sind. Um bei unserem Beispiel zu bleiben, landen daher zwei Epics bei unserem Produkt, dem SD Verkauf.

Als Input für das Product Backlog Refinement kommen nun die angedachten Epics zum Tragen. Sie werden gemäß unserer Refinement-Kriterien TTREASUREST detailliert, damit wir danach reife Epics haben, die für die Umsetzung bereit sind, weil sie die Definition of Ready erfüllen. Bei den Teilnehmern begegnen uns neben dem Scrum Master und dem Product Owner auch Vertreter der Feature-Teams, die an der Umsetzung beteiligt sind.

Product Backlog Refinement

- **Input:** Vorbereitete und priorisierte unreife Epics – ggf. auch neue Epics
- **Output:** Priorisierte und reife Epics, unreife User Storys
- **Eventstruktur:** Findet am Ende des Product Cycles statt (90 Minuten)
- **Teilnehmer:** Scrum Master, Product Owner, Vertreter der Feature-Teams (Tandems) und geladene Gäste
- **Good Practices:** Dokumentation der Ergebnisse auf Epic-Ebene

Ziel des **Product Planning** ist ein abgestimmter Product Cycle Plan, manchmal auch Product Release Plan genannt. Dazu werden die reifen Epics priorisiert und falls es Uneinigkeiten zwischen den Teilnehmern des Planning gibt, werden diese nun aufgelöst. Es wird festgelegt, was mit den Feature-Teams im kommenden Product Cycle umgesetzt wird. Dazu werfen wir einen Blick auf die Velocity der Feature-Teams und stellen sicher, dass wir diese nicht überschreiten. Ein ganz wichtiger Aspekt sind die Abhängigkeiten zwischen den Teams: Im Product Planning werden die Zusammenarbeit und die Integrationspunkte der Feature-Teams geplant.

Product Planning

- **Input:** Reife Epics für den Product Cycle
- **Output:** Die Roadmap mit Epics für den kommenden Product Cycle
- **Eventstruktur:** Findet zu Beginn des Product Cycles statt (zwei Stunden)
- **Teilnehmer:** Scrum Master, Product Owner, Vertreter der Feature-Teams (Tandems)
- **Good Practices:** Dokumentation der Ergebnisse auf Epic-Ebene

Nach dem Planning und dem Start des Product Cycles treffen sich die Scrum Master, Product Owner und ausgewählte Team-Tandems regelmäßig zum „Scrum of Scrums“, also zum Daily auf der Produkt-Ebene, um Impediments auszuräumen und Risiken zu besprechen. Das alles findet in einem zeitlichen Rahmen von maximal 30 Minuten statt.

Im **Product Review** werden die zu 100 Prozent umgesetzten Epics sowie die dahinterliegenden Storys in einer Live-Demo dem Product Owner sowie geladenen Gästen gezeigt.

Product Review

- **Input:** Vollständige Epics nach der Definition of Done aus dem Product Cycle
- **Output:** Stakeholder, Kunden und Endanwender kennen die Epics und haben diese in einer Live-Demo gesehen
- **Eventstruktur:** Findet am Ende des Product Cycle statt (90 Minuten)
- **Teilnehmer:** Scrum Master, Product Owner, Vertreter der Feature-Teams (Tandems) und Stakeholder (empfohlen)
- **Good Practices:** Bitte immer mit Live-Demo!

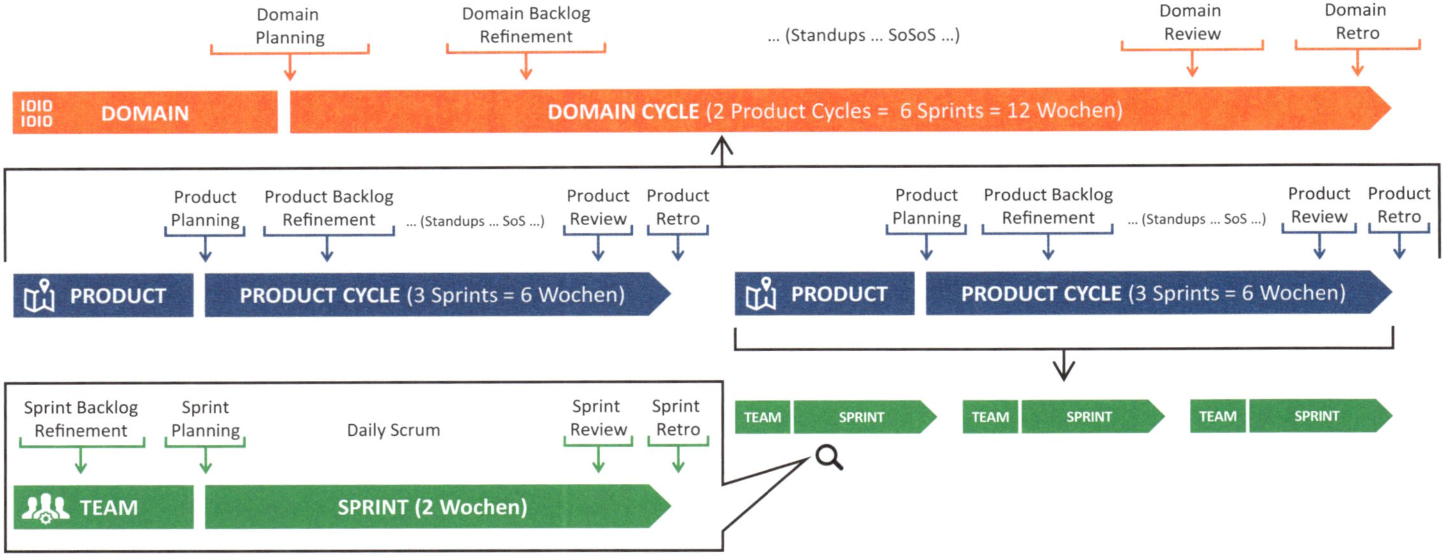

Bild 5.17 Zusammenhang zwischen Domain Cycle, Product Cycle und Sprint

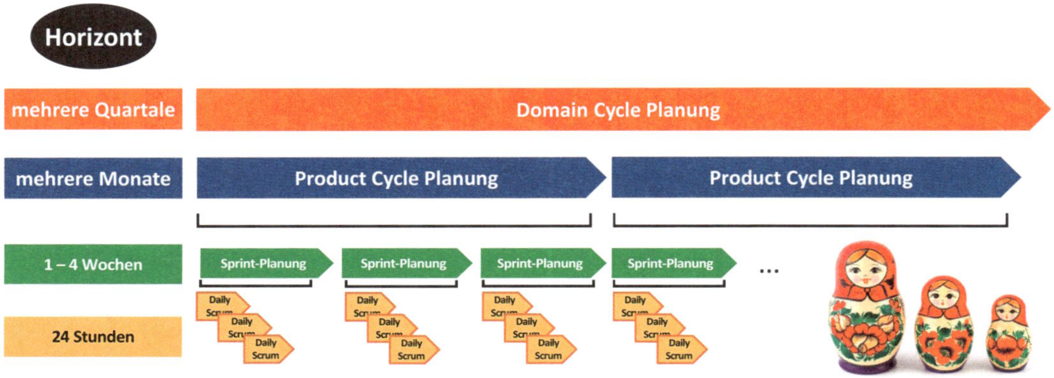

Bild 5.18 Erweiterung der Planungsspannen für die Skalierung agiler SAP-Projekte

Gleich nach dem Product Review findet die **Product Retrospektive** statt und natürlich ist das wieder ein exklusives Event für das Product-Team. Ausnahmen sind wie immer spezielle geladene Gäste, die zu einem spezifischen Thema in der Retro einen Beitrag leisten können. Auch hier bleibt bis auf die Verbesserungsmaßnahmen wieder alles Besprochene im Kreis der Teilnehmenden.

Auch auf dem Product Level wird nichts entwickelt. Die Aufgabe ist hier die zielgerichtete Planung der Epics sowie die Beseitigung von Impediments und Risiken. Die tatsächlichen Umsetzer sind in diesem Modell die Feature-Teams. Sie nehmen die Epics der Produktebene zur Hand und brechen sie in einzelne User Storys auf. Diese setzen sie Sprint für Sprint im üblichen Verlauf um, den wir bereits für „normale" Entwicklungsteams besprochen haben.

Wenn wir nun noch einmal alle drei Ebenen zusammenführen, sehen wir, wie das Agile Working mit Sprintlängen von zwei Wochen, Product Cycles von sechs Wochen (drei Sprints) und einem Domain Cycle von zwölf Wochen (zwei Product Cycles) funktioniert (Bild 5.17).

In Kapitel 2 haben wir einen ersten Einblick in die Planungsspannen der inkrementellen Planung gewonnen. Bezogen auf den Sprint ging es dabei um die 24-Stunden-Planung im Daily Scrum, wir haben die Planung vor dem Start eines Sprints kennengelernt und wir haben einen ersten Blick auf die langfristige Planung geworfen, mit der wir ein Release bzw. die Product Roadmap planen. Da wir nun im Skalierungsmodell mit mehreren Teams und mehreren Produkten unterhalb einer Domain arbeiten und planen, muss ich diese Planungsspannen updaten (Bild 5.18).

Im Agile Working Model 4 SAP haben wir die Planungsspannen um zwei Elemente erweitert. Das Skalierungsmodell umfasst mit dem Product Cycle eine Planung über mehrere Monate und auf Domain-Ebene geht der Planungshorizont sogar über mehrere Quartale.

5.3 Unterstützung durch ein Executive Action Team

Mit dem Agile Working Model haben Sie nun die Möglichkeit, Ihre Projekte mit einem ganzen Netzwerk an Teams umzusetzen. Das hat aber auch einen Nachteil: Alle Mängel in der eigentlichen Scrum-Implementierung, die sich auf Team-Ebene einschleichen, werden sich im Netzwerk der Teams vervielfältigen. Im Agile Working Model haben wir das Domain-Team, das Product-Team und das Feature-Team kennengelernt. Auch wenn die Product- und Domain-Teams nicht selbst etwas implementieren, betrachten wir sie genauso als Scrum-Teams wie es die Feature-Teams sind. Das heißt aber auch, dass sich diese Teams selbst als Scrum-Teams fühlen müssen – sie verantworten schließlich die Lieferung der Inkremente, die wir im Modell als Sagas und Epics bezeichnet haben.

Jede Abweichung von den agilen Prinzipien auf Ebene 1 und 2 wird sich auf die Feature-Teams auswirken. Sobald wir mit den Teams innerhalb der Produkte und Domains Geschwindigkeit im Projekt aufnehmen, werden die Hindernisse ganz schnell sicht- und spürbar. Für diese Fälle brauchen wir rasche Antworten, Empfehlungen und bessere Praktiken.

Scrum@Scale hilft uns mit dem EAT, dem Executive Action Team – oder frei übersetzt von mir: mit dem Scrum-Skalierungs-Aktions-Team. In der Darstellung von Jeff Sutherland ist das EAT für die Entwicklung und Ausführung der Transformationsstrategie zuständig und es soll gutes Scrum implementieren. Wesentliche Voraussetzung für dieses Team ist die finanzielle und politische Ermächtigung dazu, für dieses „gute Scrum" ein Referenzmodell zu entwickeln und hochzuhalten. Wie ein guter Scrum Master kümmert sich das EAT darum, dass alle Hindernisse abgetragen werden, die der Agilität im Weg stehen. Deshalb hat das EAT einen Product Owner, einen Scrum Master und trifft sich täglich – es arbeitet nach den Prinzipien, die es vertritt.

Behandlung von Impediments im Agile Working Model

Wichtig für die Funktionsfähigkeit jedes agilen Teams innerhalb des Agile Working Models ist die schnelle und effektive Behandlung und Beseitigung von Impediments, sofern ein Feature-Team das nicht selbst kann. Das gehört zu den Hauptaufgaben eines Scrum Masters.

Es beginnt im Daily Scrum, wo Impediments aufgezeigt werden, die von einem Team nicht eigenständig gelöst werden können. Diese Impediments werden vom Scrum Master, sofern auch er nicht helfen kann, nach dem Daily beschrieben und ein Level höher weitergereicht – in das Scrum of Scrums des Product Levels. Wird auch dort keine Lösung gefunden, geht das Impediment am nächsten Tag in das Scrum of Scrums auf Domain-Ebene und gleichzeitig an das EAT.

> Alle Impediments, die vom Feature-Team nicht selbst beseitigt werden können, sollten innerhalb von 48 Stunden beim EAT landen. Dann kann es sich mit höchster Priorität darum kümmern, das Impediment zu lösen.

Wie mit Hindernissen umgegangen wird, ist zentral. Wenn dieses Impediment-Handling nicht funktioniert und aus 48 Stunden mitunter Wochen werden, können Sie das gleich als Top-Risiko an die Spitze der Risikoliste Ihres Projekts setzen. Sie werden unter diesen Umständen nicht erfolgreich agil arbeiten können.

Ich habe Projekte erlebt, deren Impediment-Handling auf dem Papier perfekt beschrieben wurde. Es gab sogar eine 24-Stunden-Regel statt der 48. Die Daily Scrums waren super getaktet und fanden – für die Feature-Teams angenehm – immer vor der Mittagspause statt. Die Scrum of Scrums fanden zwei Stunden danach statt, also eigentlich Zeit genug für den Scrum Master, um die Impediments zu klären, zu beschreiben und weiterzureichen. Alles war perfekt organisiert. Nur gab es keine Impediments. Die Teams waren von der Verschleppung der Impediments und von den ausbleibenden Antworten dermaßen frustriert, dass sie erst gar keine Hindernisse mehr meldeten.

> **Impediment-Handling hat Priorität!**
>
> - Sorgen Sie dafür, dass Ihre Scrum Master die Impediments aufnehmen, beschreiben, die Auswirkungen darlegen und Risiken aufzeigen.
> - Sorgen Sie dafür, dass es Impediment Boards und Impediment Change Logs gibt, die mit ihren Bearbeitungsständen für alle sichtbar und zugänglich sind.

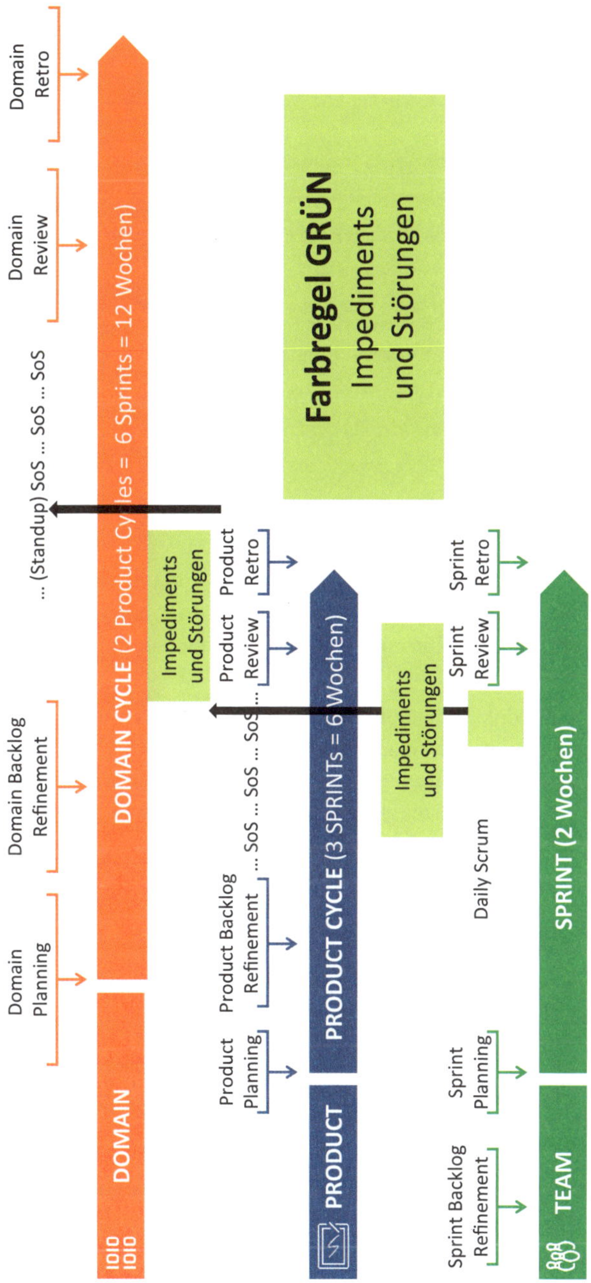

Bild 5.19 Der Weg der Impediments zur Lösung

Beschreibung des Impediments:

Als (Persona) in einer (Benutzer

< Beschreiben Sie, WER das Problem hat und WAS das vermutete Problem ist! >

Auswirkungen des Impediments [Impact]:

Welche Ziele sind in Gefahr oder werden verfehlt?

Welche negativen Auswirkungen hat das Impediment auf das Team/die Teams und/oder auf das Produkt?

Welche Maßnahmen wurden ergriffen, um das Impediment zu reduzieren oder zu lösen?

Dokumentieren Sie diese bitte hier:

<Relevante Maßnahmen zur Reduzierung des Impediments >

Machen Sie diese Schritte zu 100 % transparent.

Bild 5.20 Template für die Formulierung und das Tracking von Impediments

Mit der Idee der immer gleichen Farben für Sticky Notes können wir ganz einfach deutlich machen: Leuchtend grüne Haftnotizen bedeuten, dass es ein Problem gibt. Ich werde immer wieder gefragt, wie Impediments formuliert werden sollten – daher finden Sie in Bild 5.20 eine einfache Vorlage.

Wie eine Organisation mit den Problemen umgeht, mit denen ihre Mitarbeiterinnen und Mitarbeiter zu kämpfen haben, ist ein Ausdruck der Kultur. Wenn es hier noch Nachholbedarf gibt: Agilität ist ein idealer Weg, um die Kultur auf neue Werte auszurichten, die den Menschen das erfolgreiche Arbeiten ermöglichen und es dadurch dem Unternehmen einfacher machen, erfolgreich zu sein. Daher möchte ich dieses Kapitel mit einem Auszug aus dem Scrum@Scale Guide schließen, der genau das zum Ausdruck bringt.

> *„Neben der Trennung der Verantwortung über das ‚Was' und das ‚Wie', zielt Scrum@Scale darauf ab, gesunde Organisationen mit einer Kultur zu schaffen, die wertebasiert und empirisch arbeiten. Die Scrum-Werte sind: Offenheit, Mut, Fokus, Respekt und Selbstverpflichtung. Diese Werte fördern die empirische Entscheidungsfindung, die auf den drei Säulen Transparenz, Inspektion und Adaption ruht.*
>
> *Offenheit bringt Transparenz in alle Tätigkeiten und Prozesse. Ohne Transparenz gibt es keine Möglichkeit, diese aufrichtig zu überprüfen (Inspektion) und zu versuchen, sie zu verbessern (Adaption).*
>
> *Es bedarf Mut, um beherzte Sprünge zu tun, die nötig sind, um Werte schneller innovativ zu liefern.*
>
> *Fokus und Selbstverpflichtung beziehen sich darauf, wie wir unseren Arbeitsverpflichtungen nachkommen und setzen die Lieferung von Werten an den Kunden an erste Stelle.*
>
> *Letztendlich muss alles dies in einer Umgebung geschehen, die auf Respekt für die Individuen basiert, ohne die nichts geschaffen werden kann.*
>
> *Scrum@Scale hilft Organisationen dabei, zu gedeihen, indem es ein transformationales Führungsmodell unterstützt. Dies fördert ein positives Umfeld für nachhaltige Arbeitsgeschwindigkeit und unsere Verpflichtung, Kundenwert in den Fokus unserer Bemühungen zu setzen."*
>
> Jeff Sutherland

6 Praktiken für fortgeschrittene agile SAP-Teams

Auch im Jahr 2020 wird mir in vielen Projekten immer noch die eine Frage gestellt: „Kanban *oder* Scrum?" Ich muss zugeben, dass ich bis Anfang 2018 vor allem bei serviceorientierten agilen Teams oft in die Kanban-Richtung gedacht habe. Also bei jenen Teams, die überwiegend für den Betrieb, für den Kundenservice, Bugs oder Incidents zuständig sind. Führungskräfte forderten auch regelrecht eine „schnelle, agile Kanban-Lösung", weil nach drei Minuten Internetrecherche bei ihnen sehr falsche Vorstellungen entstanden waren:

- Wir können agil nach Kanban-Regeln arbeiten.
- Wir brauchen keine agilen Events mehr.
- Wir brauchen keine neuen agilen Rollen.
- Wir brauchen keine Sprints und Iterationen.
- Wir machen genauso weiter wie bisher (statt: „Starte mit dem, was du jetzt machst").

Zusammengefasst steckt hinter der Frage „Kanban oder Scrum?" einfach nur der Wunsch, nichts verändern und nichts verbessern zu müssen. Dann wünsche ich viel Spaß mit Kanban, denn wer damit erfolgreich arbeiten will, kann sich auf viele Veränderungen gefasst machen!

Bei der Softwarebereitstellung mit SAP kommt es immer häufiger vor, dass SAP-Teams zusätzlich zur Prozessentwicklung und der SAP-Einführung auch für den Betrieb ihres Produkts oder Features verantwortlich sind. Besser bekannt ist das unter dem Begriff DevOps. Nach meinem Denk- und Beratungsansatz funktioniert das gut mit Scrum, sofern von der Sprint-Kapazität zwischen 5 und 15 Prozent für den Betrieb bereitgestellt werden und es im Sprint Planning entsprechend berücksichtigt wird.

Ich möchte Ihnen deshalb zeigen, wie Sie mit dem Scrum-Framework nach Kanban-Regeln arbeiten können und wie die Kanban-Metriken erfahrene Scrum-Teams noch weiterbringen können. Vor allem möchte ich den vielen serviceorientierten Teams zeigen, wie sie mit Praktiken wie der Visualisierung auf Kanban-Boards ihre Arbeit, ihren Service verbessern und trotzdem zu 100 Prozent auf Scrum setzen können.

Daher werfe ich zuerst einen Blick auf die Grundlagen von Kanban, um dann mit Hilfe des Kanban Guides für Scrum-Teams aufzuzeigen, wie wir mit den Kanban-Praktiken die Arbeit erfahrener Scrum-Teams verbessern und erweitern können.

Die Frage lautet also nicht: „Kanban oder Scrum?" Es gibt nur die Antwort: Kanban und Scrum!

6.1 Was ist Kanban?

Anders als es früher oft wahrgenommen und diskutiert wurde, ist Kanban keine Alternative zu Scrum oder „besser“ als Scrum. Diese Diskussionen gehören hoffentlich endgültig der Vergangenheit an. Scrum und Kanban ergänzen sich perfekt, wie wir noch sehen werden.

Früher oder später muss bzw. sollte sich jedes agil arbeitende Team die Frage stellen, wie es seinen Arbeitsfluss optimieren kann. Dazu müssen sich die Teammitglieder über Dinge wie den Work in Progress (WIP), den Durchfluss (Anzahl der abgeschlossenen Arbeitseinheiten pro Zeiteinheit) und die weitere Optimierung der Arbeit in ihren Sprints Gedanken machen. Sie werden an guten Kanban-Praktiken nicht vorbeikommen.

Der Scrum Guide verliert selbst in seiner aktuellen Fassung über Kanban kein Wort. Das ist auch nicht weiter nötig, denn der Scrum Guide hat ein ganz einfaches Ziel: die Vermittlung der grundlegenden Scrum-Theorie und der Werte von Scrum. Im Umkehrschluss heißt das noch lange nicht, dass Scrum nicht mit anderen Methoden kombiniert werden soll oder darf. Die einzige Frage ist immer: Ist die Kombination sinnvoll?

Was Kanban ist, steht unter anderem im Kanban Guide für Scrum-Teams:

> *„Kanban: Eine Strategie, die ein visuelles Pull-System verwendet und die Menge paralleler Arbeit(en) - engl.: Work in Progress (WIP) - begrenzt, um den Wertfluss eines Prozesses zu optimieren.“*
>
> *Scrum.org*, September 2019

Woher kommt Kanban?

Wie weithin bekannt sein dürfte, stammt der Begriff „Kanban“ aus dem Japanischen und bedeutet so viel wie „Signalkarte“ oder „Signalbeleg“. Bekannt wurde der Terminus natürlich durch das von Taiichi Ohno entwickelte Toyota Production System (TPS): Kanban wurde zum Synonym für das Hol- oder Pull-Prinzip, das dem japanischen Autobauer entscheidende Vorteile gegenüber den westeuropäischen Konkurrenten gebracht hat. Der Schwerpunkt von Ohnos Ideen zu Kanban und Kaizen lag darauf, den Fluss eines Produkts durch die Fertigung zu optimieren.

Das von David J. Anderson seit 2005 entwickelte Kanban für die IT übernimmt zwar den Namen, aber wir dürfen uns darunter keine 1 : 1-Übertragung aller Elemente des TPS auf die Wissensarbeit vorstellen. Vielmehr werden Prinzipien aus der Lean Production und dem Lean Development mit den Erkenntnissen aus der Engpasstheorie von Eliyahu M. Goldratt und Ideen von Don Reinertsen kombiniert (Bild 6.1). In seinem Buch „The Principles of Product Development Flow“ stellt Reinertsen einige Techniken vor, wie sich Produkte in wesentlich kürzerer Zeit entwickeln lassen.

Hinter Kanban steht die Erkenntnis, dass kein Team wirklich optimal arbeitet. Klaus Leopold, der Kanban im deutschsprachigen Raum zum Durchbruch verholfen hat und mich mit seinen Vorträgen, Büchern und vorgeschlagenen Praktiken tief beeindruckt hat, sagt dazu Folgendes: „Wer der Meinung ist, dass sein Team schon optimal arbeitet, ist einfach zu faul zu überlegen, was besser gemacht werden könnte.“

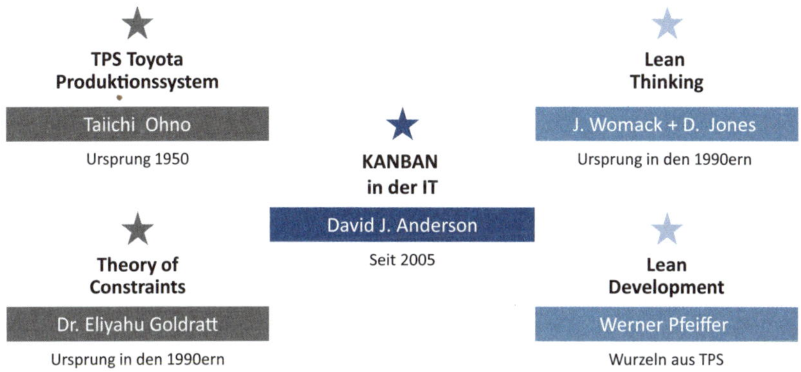

Bild 6.1 Einflüsse bei der Entwicklung von Kanban in der IT

6.1.1 Prinzipien und Praktiken von Kanban

Im Gegensatz zu Scrum gibt es bei IT-Kanban kein Framework an „vorgeschriebenen“ Rollen, Meetings und Artefakten. Kanban setzt auf „evolutionäre“ Veränderung, das heißt, die momentane Situation wird so akzeptiert, wie sie gerade ist. Die Veränderung bzw. Verbesserung entsteht bei der Nutzung von Kanban durch die konsequente Anwendung von vier Prinzipien und sechs Kernpraktiken. Sehen wir uns zunächst die **vier Prinzipien** an.

1. Starte mit dem, was du jetzt machst

Das ist das wichtigste Prinzip, das Kanban zu einem Konzept der evolutionären Veränderung macht. Wir arbeiten von den aktuellen Prozessen weg und bilden diesen gelebten (nicht gewünschten!) Arbeitsprozess auf einem Board ab. Bei den SAP-Teams, mit denen ich arbeite, sehen diese anfänglichen Prozesse zum Beispiel so aus:

Konzept – **Doku** – **Customizing** – **Entwicklung** – **Test** – **technische Dokumentation** – **User Test** – **Produktivsetzung**

oder

Customizing – **Development** – **Doku** – **Developer Test** – **Integration Test** – **UAT** – **Produktivsetzung**

Diese Prozesse unterziehen wir einer ständigen Prüfung und verbessern sie schrittweise, um den Fluss der Arbeit zu verbessern. Der Vorteil ist natürlich, dass ich als Agile Coach den Teammitgliedern keine „neue Sprache“ beibringen muss, wie das bei den Begrifflichkeiten von Scrum der Fall ist. Wir finden gleich einen guten Einstieg, weil wir keine Begriffsbarrieren überwinden müssen.

2. Verfolge inkrementelle und evolutionäre Veränderungen

Klaus Leopold stellt in „Kanban in der Praxis“ klar, dass „evolutionär“ nicht mit kleinen Schritten gleichzusetzen ist. Gemeint ist damit die nächste sinnvolle – im Team akkordierte – Veränderung, die den Prozess wieder verbessert. An sich ist schon die Arbeit mit Kanban eine große Veränderung. Evolutionär bedeutet also, sich regelmäßig ein Bild des aktuellen Zustands zu machen und aus den Erkenntnissen die nächste Verbesserung abzuleiten.

3. Respektiere den aktuellen Stand

Wie schon gesagt, ist Kanban kein Framework, das neue Rollen und Abläufe vorschreibt. Das erleichtert den meisten Teams auch den Einstieg in die Arbeit mit Kanban sehr. Es gibt keine Kanban Master oder Kanban Owner etc. Auch die Führungskräfte werden nicht in Frage gestellt. Wir können einfach von unserem aktuellen Standort losgehen und uns auf die Arbeit konzentrieren, statt uns in Methodendiskussionen zu verstricken.

4. Fördere Leadership auf allen Ebenen

In Kanban ist die Führung ein wichtiger Faktor für die Veränderung der Prozesse, des Mindsets und der Teammitglieder. Wir brauchen zum einen die Unterstützung aller Managementebenen, um die notwendigen Changes in einer auf Sicherheit bedachten Kultur anzustoßen. Leadership auf allen Ebenen zu fördern, bedeutet zum anderen, den Teams so viel Verantwortung und Freiraum zu übertragen, dass sie Verbesserungen selbst vornehmen können und nicht jedes Mal um Erlaubnis fragen müssen.

1	**Starte mit dem, was du jetzt machst**	Beginne dort, wo sich das Arbeitssystem gerade befindet. Modelliere den Prozess deiner jetzigen Arbeit.
2	**Inkrementelle und evolutionäre Veränderungen**	Komme mit deinem Team überein, dass gemeinsam inkrementelle, evolutionäre Veränderungen angestrebt werden. Es geht um Verbesserungen Schritt für Schritt, nicht um einen großen Wurf.
3	**Respektiere den aktuellen Stand**	Respektiere für den Moment den bestehenden Prozess sowie existierende Rollen und Verantwortlichkeiten (auch Jobtitel). Kanban stellt weder bestehende Prozesse noch die existierenden Funktionen in Frage. Initial gibt es keine Änderungen.
4	**Fördere Leadership auf allen Ebenen**	Verbesserung funktioniert nur, wenn sich die Führungsebenen beteiligen. Wir ermutigen dazu, Führung auf jeder Ebene zu zeigen.

Bild 6.2 Die vier Prinzipien von Kanban (Quelle: Anderson 2013)

David J. Anderson hat bei der Arbeit mit seinen Teams sechs Kernpraktiken gefunden, die als wesentliche Hebel für die Verbesserung des Arbeitsflusses wirken. Kanban beschränkt sich ja auf sehr wenige Vorgaben, allerdings sollten diese **sechs Praktiken** unbedingt berücksichtigt und konsequent angewendet werden, weil sie den gesamten Wirkmechanismus enthalten. Wenn Sie Scrum und Kanban vergleichen, werden Sie wahrscheinlich entdecken, dass sich diese Regeln in den Werten von Scrum und damit im Prozessmodell wiederfinden. Auch hier zeigt sich also, dass es sich nicht um konkurrierende, sondern sich ergänzende Methoden handelt – lediglich die Wortwahl und die Erklärungen dahinter haben andere Schwerpunkte.

1. Mache Arbeit sichtbar

Softwareentwicklung im weitesten Sinn kämpft immer damit, dass viele Vorgänge zuerst im Kopf stattfinden. Wir haben am Ende des Tages oft kein greifbares Werkstück in der Hand, und das macht es auch schwer, über diese Arbeit zu reden und den Stand der Dinge zu erfassen. Wenn wir den Fluss der Arbeit verbessern wollen, müssen wir die Arbeit und den Prozess, den sie durchläuft, sichtbar machen. Das passiert in Kanban mit einem Board, auf dem wir den Prozess aufschreiben, und mit Karten, auf denen wir die Arbeiten notieren und die wir nach dem Pull-Prinzip durch diesen Prozess „ziehen".

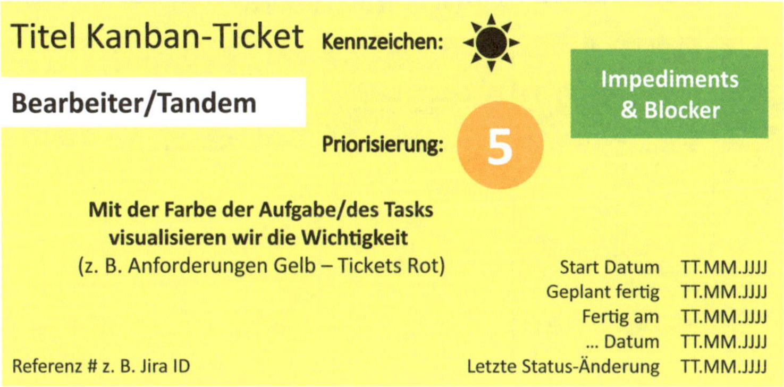

Bild 6.3 Mögliche Gestaltung eines Kanban-Tickets

Mit dem Kanban-Ticket visualisieren wir, wer gerade an welchem Prozessschritt arbeitet. Durch farbliche Gestaltung wird sofort deutlich, wer gerade warum nicht weiterarbeiten kann. Für diverse Messungen werden die Start- und Abschlussdaten eingetragen.

Wie bereits erwähnt, regiert in Kanban das Pull-Prinzip. Das heißt: Ist die Arbeit in einem Prozessschritt abgeschlossen, wird sie nicht einfach in den nächsten Schritt „hineingedrückt“ oder weitergeschoben. Erst wenn die nachgelagerte Stufe aufgrund ihres WIP-Limits wieder freie Kapazitäten hat, „zieht“ sie sich diese Arbeit. Die Prozessschritte werden in einem Workshop mit dem Team identifiziert und in weiterer Folge für alle sichtbar (auch für Interessenten außerhalb des Teams) auf einem Kanban-Board dargestellt (Bild 6.4).

Wichtig: Ein Kanban-Board besteht **nicht** aus den Spalten „To Do - Doing - Done“ oder „Neu - In Bearbeitung - In Review - Done“! Darin unterscheidet es sich wesentlich von Scrum-Boards. Damit wir den Prozess verbessern können, muss deutlich werden, was in welcher Reihenfolge getan wird. Deshalb spiegelt sich in den Überschriften der Spalten die zentrale Aktivität eines Prozessschritts wider.

Die Visualisierung des Prozesses am Kanban-Board ist übrigens lebendig. Das heißt, dass sie sich mit jeder weiteren Erkenntnis und Verbesserung verändern kann und soll.

2. Limitiere den Work in Progress

Als „Work in Progress“ wird die Menge der Arbeiten bezeichnet, die sich zu einem Zeitpunkt in einem System befinden. Ganz klar ist: Wenn zu viele Arbeiten begonnen werden, verlangsamt sich der Fluss der Arbeit durch das System immer mehr, weil die beteiligten Personen ständig zwischen diesen Arbeiten hin- und herspringen müssen und nichts in Ruhe abschließen können. Die wesentliche betriebswirtschaftliche Erkenntnis dahinter ist: Nur eine Arbeit, die zu 100 Prozent fertig ist und geliefert werden kann, hat einen tatsächlichen Wert. Zehn halbfertige Produkte sind (fast) wertlos und in der Sprache der Betriebswirte nur „gebundenes Kapital“.

Eine Limitierung des Work in Progress hilft uns also dabei, möglichst wenige Halbfertigprodukte auf Lager zu halten und die Arbeiten jeweils komplett abzuschließen. Das ist in der SAP-Welt nicht immer einfach. Wenn wir uns aber ein DoD-konformes, abgeschlossenes Programm oder einen Prozess vorstellen, das bzw. der vom Kunden nutzbar ist, können wir dieses Ergebnis produktiv setzen.

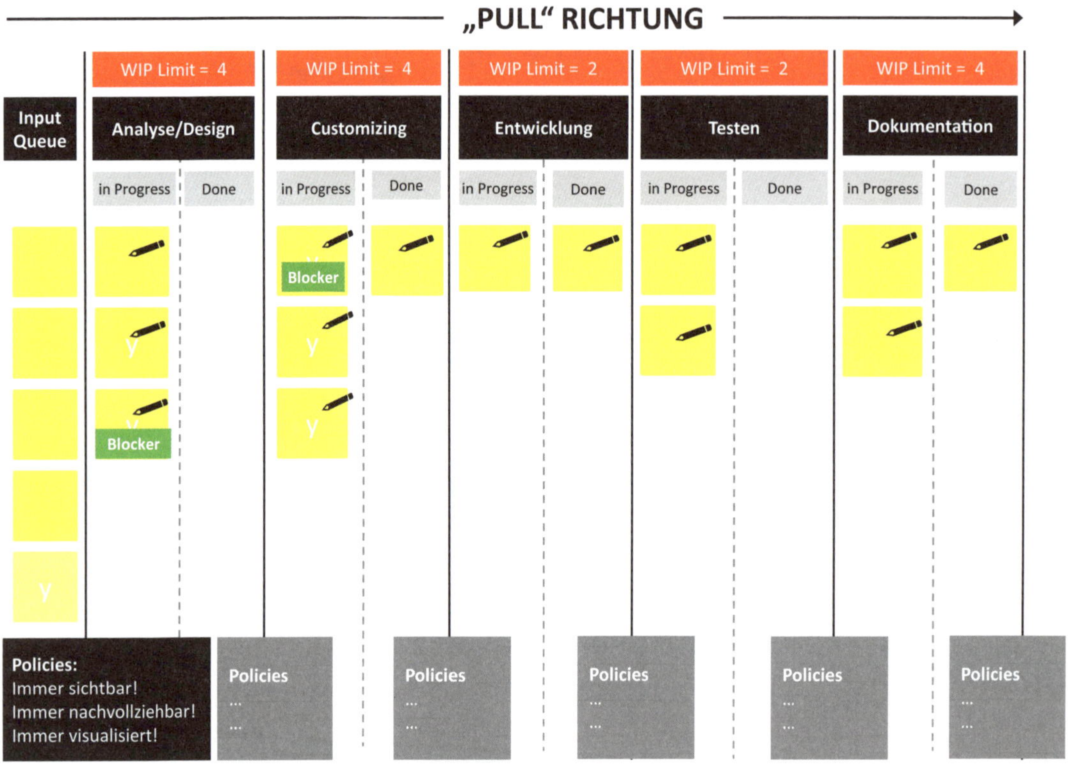

Bild 6.4 Der visualisierte Prozess auf einem Kanban-Board

> Für die Limitierung des Work in Progress hat sich daher folgender Merksatz etabliert:
>
> **Stop starting, start finishing!**
>
> Hören wir damit auf, ständig neue Aufgaben zu starten, und schließen wir zuerst alle Tasks einer Story ab.

Wie funktioniert die WIP-Limitierung? Ganz einfach: Wir schreiben über jeden Prozessschritt am Board, wie viele Arbeiten sich zu einem Zeitpunkt darin befinden dürfen. Dabei bezieht sich das WIP-Limit immer auf die ganze Spalte, also auf „In Progress" und „Done" gemeinsam. Das sehen wir in Bild 6.4 zum Beispiel am Prozessschritt „Customizing": Das WIP-Limit ist 4 und es befinden sich daher nur vier Tickets in diesem Schritt.

3. Steuere den Arbeitsfluss aktiv

Die Begrenzung des WIP ist ein erster Schritt, um den Fluss der Arbeit durch den Prozess in Schwung zu bringen. Wie vorhin gesagt, ist die Darstellung des Prozesses auf einem Kanban-Board detaillierter, als das auf Scrum-Boards üblicherweise der Fall ist. In Kombination mit den WIP-Limits hat das einen großen Vorteil: Wir können auf einen Blick erkennen, wo es im Prozess zum Beispiel einen Engpass gibt oder wo Blockaden den Arbeitsfluss behindern. Solche Blocker bzw. Impediments mache ich mit meinen Teams anhand von grünen Stickern auf den Kanban-Tickets sichtbar. So können wir rascher und gezielter Maßnahmen ergreifen.

Ein weiteres wesentliches Steuerungselement sind die Messungen, die wir in einem Kanban-System durchführen. Nur wenn wir die Leistungsfähigkeit unseres Systems kennen, können wir verlässliche „Forecasts“ für die Lieferung von Ergebnissen abgeben. Wenn wir unseren Forecast nicht einhalten können, ist das ein eindeutiges Signal, der Ursache auf den Grund zu gehen und wieder etwas zu verändern.

4. Mache Prozessregeln explizit

Die Arbeitsweise eines Kanban-Teams wird über die Regeln gesteuert, die den Prozessschritten hinterlegt sind. Diese Regeln hat sich das Team selbst auferlegt und sie werden genauestens befolgt. Die Definition of Done wird in kleine Policies aufgeteilt und nach jedem Prozessschritt durch das Team geprüft. Selbstverständlich sind diese Regeln für alle transparent: für alle Teammitglieder, für die Stakeholder, für Kolleginnen und Kollegen – einfach für alle. Zu diesen Regeln gehören zum Beispiel die Antworten auf folgende Fragen:

- Wer darf Aufgaben/Arbeiten wann anfordern?
- Was bedeutet „fertig“? Wie sieht unsere Definition of Done aus?
- Wie werden Aufgaben kategorisiert und priorisiert?
- Wer ist verantwortlich?
- Welche Metriken werden wie genutzt?
- Welche Serviceklassen haben wir mit welchen Prozessregeln implementiert?
- Wie gehen wir mit Blockaden und Impediments um?

Die zwei wichtigsten Regeln lauten:

- Wann immer ein Problem auftaucht, muss es sofort gelöst werden.
- Wann immer eine Regel nicht mehr sinnvoll ist, muss sie sofort angepasst werden.

5. Etabliere Feedback-Mechanismen

Aus Scrum kennen wir eine Reihe von Feedback-Mechanismen: Damit ist nichts anderes gemeint als die Events, in denen wir uns regelmäßig die Ergebnisse und Verläufe eines Sprints ansehen und daraus Verbesserungen ableiten. Kanban macht keine Vorgaben zu den Abläufen des Arbeitsprozesses (wie zum Beispiel das Arbeiten in Sprints), daher brauchen wir für Kanban einige der Events nicht, die für die Organisation eines Sprints wichtig sind. Sinnvoll und empfohlen sind aber nach wie vor Events nach dem Muster des Daily Scrums oder Retrospektiven, bei denen wir die Verbesserungspotenziale heben.

Ein zentraler Feedback-Mechanismus sind die Hindernisse, auf die ein Team bei seiner Arbeit stößt. Im Daily Scrum berichten die Teammitglieder einander über Fortschritte, die geplanten nächsten Schritte sowie Impediments und Blockaden. Ich möchte diese beiden Arten von Hindernissen hier gerne auseinanderhalten: Ein Impediment ist alles, was ein Team bei der Arbeit behindert, aber vom Team nicht selbst gelöst werden kann. Impediments werden daher an den Scrum Master übergeben, der die Lösung – falls nötig – gemeinsam mit dem Management vorantreibt. Blocker hingegen sind Hindernisse, die vom Team selbst aus dem Weg geräumt werden können. Auf unserem Kanban-Board in Bild 6.4 könnten zum Beispiel folgende Blocker auftreten:

- Wir finden im Prozessschritt Analyse keinen User Exit im SAP, um die Erweiterung ohne Modifikation zu machen.
- Wir finden im Schritt Customizing keine Möglichkeit, die SAP-Preisfindung an die bisherige Logik der Kundenrabatte anzupassen.
- Wir finden im Schritt Entwicklung keine Möglichkeit, um den geplanten User Exit aufzurufen.
- Es gibt Übertragungsprobleme in Skype, wenn alle Kameras eingeschaltet sind.
- Die Storys bzw. Anforderungen sind zu oberflächlich beschrieben.
- Die Zusammenarbeit zwischen Entwicklern und Testern läuft nicht optimal.

Updates und Feedback sollten sowohl auf derselben Ebene als auch zwischen den verschiedenen Ebenen stattfinden. In Kapitel 5 zur Skalierung haben wir ja mindestens drei Ebenen kennengelernt.

6. Führe Verbesserungen basierend auf Methoden und Modellen durch

Bei vielen Problemen können wir in Scrum, und noch viel direkter in Kanban, auf praxisorientierte und bewährte Lösungsansätze zurückgreifen. Kanban fordert uns mit diesem Hinweis dezidiert dazu auf, diese Werkzeuge auch zu nutzen. Wir sind völlig frei darin, wie wir die Arbeit mit Kanban in unseren Teams gestalten, daher können wir alles nutzen, was nützt! Zum Beispiel:

- Ein tägliches Kanban-Status-Meeting wird besser mit den Praktiken und Regeln des Daily Scrums.
- Die Visualisierung der Prozessschritte am Kanban-Board hilft uns, Engpässe zu erkennen, die wir mit Hilfe der Theory of Constraints beheben können.
- Die Ideen der Lean IT finden wir in der Anwendung von WIP-Limits und dem Vermeiden von Verschwendung wieder, wenn wir zum Beispiel den Wert unserer umgesetzten User Storys zugrunde legen und die technischen Schulden des SAP-Systems – wie das Einspielen von OSS Notes oder kompletter Service Packs – sichtbar machen.
- Die Definition of Done oder die Regeln des Clean Code helfen uns mit den Policies für die einzelnen Prozessschritte.

In Bild 6.5 sind noch einmal alle sechs Kern-Praktiken von Kanban zusammengefasst.

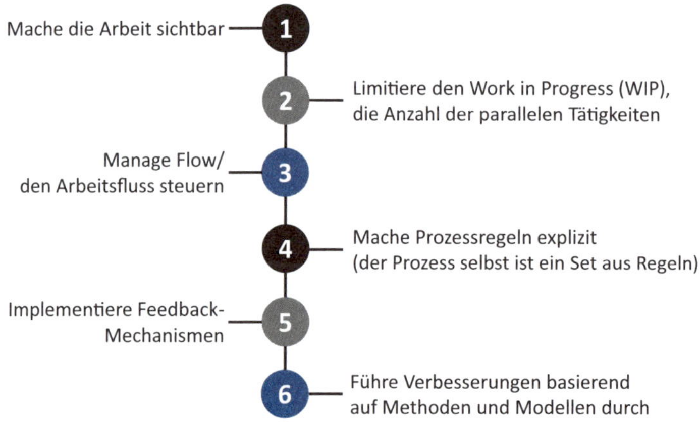

Bild 6.5 Die sechs Kern-Praktiken von Kanban (Quelle: Leopold 2016)

6.1.2 Serviceklassen in Kanban

Nicht jede Aufgabe (jedes Ticket) kann und sollte die gleiche Priorität in der Bearbeitung haben. Jede Aufgabe birgt unterschiedliche Risiken, Nutzen und Konsequenzen - daher gibt es in Kanban unterschiedliche Serviceklassen, die uns etwas über die Dringlichkeit einer Aufgabe sagen.

Diese Serviceklassen geben uns klare Anweisungen, wie mit einem Ticket zu verfahren ist, wenn es in unser Kanban-System eingespeist wird. Anhand der Serviceklassen können wir Kapazitäten planen, damit die Durchlaufzeiten steuern und gegenüber den Kunden verlässlichere Aussagen über die Lieferung treffen.

Tabelle 6.1 Die vier Serviceklassen

Serviceklasse	Beschreibung	Beispiel
Standard	Arbeiten des täglichen Projektgeschäfts. Diese Klasse sollte den Hauptanteil der Tickets bilden.	Neue Features und neue Prozesse, die wir in unserem SAP-System brauchen - zum Beispiel eine neue Verkaufsorganisation in den USA.
Express/ Beschleunigt	Arbeiten, die unmittelbar hohe Kosten verursachen.	Alle Arten von technischen Problemen und Defects aus dem SAP-Produktivsystem, die umgehend bearbeitet werden müssen. Wenn zum Beispiel der Login zu einem SAP-Webshop nicht funktioniert, geht jede Minute Geld verloren.
Fester Termin	Darunter fallen alle Arbeiten, die bei einer Nichteinhaltung des Termins hohe Kosten, Verluste oder einen Imageschaden verursachen.	Mit einem riesigen Konjunkturpaket soll die Wirtschaft in der Corona-Krise angekurbelt werden. Daher wird die MwSt. befristet vom 1.7.2020 bis 31.12.2020 gesenkt. Der reguläre Steuersatz sinkt von 19 auf 16 %, der reduzierte Steuersatz von 7 auf 5 %. Wenn wir nicht ab dem 1.7. mit den neuen Steuersätzen fakturieren und Rechnungsbelege drucken können, gehen keine Rechnungen raus - kein Kunde nimmt Rechnungen mit einem alten Steuersatz an.
Intangible/ Noch nicht greifbar	Arbeiten, die zum aktuellen Zeitpunkt noch nicht wirklich wichtig sind. In der Zukunft können sie aber große Auswirkungen haben und/oder Kosten verursachen, wenn sie nicht umgesetzt sind.	S/4HANA wird bis 2027 das ERP-System der 3. Generation, die SAP Business Suite, ablösen. Ab diesem Zeitpunkt läuft die Wartung der Software aus und kostet zusätzlich. Wir kennen diesen Termin schon heute, aber er liegt zeitlich noch weit entfernt - doch wir können uns schrittweise darauf vorbereiten.

Die beschriebenen Serviceklassen sind je nach Unternehmen individuell, die vier genannten Kategorien sind aber ein guter Ausgangspunkt. Im SAP-Umfeld wird es immer die Standard-Serviceklasse geben. Terminkritische Services, zum Beispiel gesetzlich bedingte User Storys kommen in der Praxis auch ständig vor. Defects im Produktivsystem stehen oft auf der Tagesordnung und sollten einen entsprechend beschleunigten Ablauf haben. Vor allem, wenn Standard-Software im Einsatz ist, sollten Sie die Serviceklasse „Intangible“ im Auge behalten. Es ist immer wieder angesagt, Projekte und Erweiterungen zum SAP-Standard zurückzuführen, Service- und Release-Updates zu machen, um dadurch releasefähig zu bleiben.

Cost of Delay

Die Risikobewertung von Aufgaben und damit die Einteilung in bestimmte Serviceklassen sollte anhand von objektiven Informationen erfolgen. Wir können dafür die von Donald Reinertsen ins Spiel gebrachten „Cost of Delay“ oder Verzögerungskosten verwenden. Die Cost of Delay sagen uns, welche Kosten entstehen bzw. welche Erträge uns entgehen, wenn ein Projekt oder eine User Story nicht rechtzeitig fertig wird. Dabei handelt es sich nicht um centgenaue Beträge (außer, wenn diese Einschätzung möglich ist), sondern um Näherungswerte, die aber ein realistisches Bild der Auswirkungen zeigen.

Die Cost of Delay hilft uns zu hinterfragen, ob Vorgaben und Ziele aus ökonomischer Sicht wirklich sinnvoll sind. Don Reinertsen erklärt es in einem YouTube-Video etwa so (*https://www.youtube.com/watch?v=du2WV1IbULU*): Viele IT-Manager äußern sehr plakative Wünsche. Meistens geht es dabei um Folgendes: „Ich möchte eine schnellere Produktentwicklung“ oder „Ich möchte einen kürzeren Development-Zyklus“. Reinertsen wäre aber nicht Reinertsen, wenn er nicht genauer nachfragen würde:

- Wie viel Geld sparen Sie damit ein?
- Wie viel Geld verdienen Sie damit mehr?
- Warum sind Sie sich sicher, dass Sie mit einem kürzeren Development-Zyklus mehr Geld verdienen?

Das sind natürlich Fragen, mit denen Manager üblicherweise nicht rechnen, denn es klingt ja logisch: kürzer ist schneller, ist ertragreicher – ist besser! Reinertsen fragt aber weiter: Was ist einem IT-Manager die Reduzierung der Durchlaufzeit um einen Monat wert?

- 1000 Euro?
- 10.000 Euro?
- 100.000 Euro oder sogar mehr?

Darauf wissen die meisten befragten IT-Manager nichts zu sagen. Das bedeutet allerdings, dass sie nicht verstehen, was die Entwicklungszeit eigentlich wert ist. Daher können wir auch nicht sagen, ob die Verkürzung der Entwicklungszeit tatsächlich eine gute Idee ist. Denn ganz häufig kostet die Reduzierung der Entwicklungszeit etwas. Wenn wir auf Features in einem Produkt oder Projekt verzichten, verlieren wir vielleicht Umsatz und Deckungsbeiträge, nur um schneller fertig zu sein. Die Frage lautet also immer: Ist es das wert?

Es geht natürlich auch andersrum. Reinersten fragt nach Projekten, die optimal verlaufen: Wie viel Geld machen wir damit? Die Manager antworten, dass das Unternehmen im Idealfall damit 5 Millionen Euro verdient. Und was passiert, wenn sich der Projektstart um zwei Monate verzögert? Dann sind es 4 Millionen Euro – es entstehen pro Monat also Verzögerungskosten von 500.000 Euro.

> **!** Die Verzögerungskosten, die wir den Serviceklassen zugrunde legen, sind eine Funktion der wirtschaftlichen Auswirkungen.

Swimlanes

Die unterschiedlichen Serviceklassen können wir auf einem Kanban-Board deutlich visualisieren, denn mitunter folgen sie verschiedenen Bearbeitungsprozessen. Am besten funktioniert diese Visualisierung mit „Swimlanes“: Das sind horizontale Bahnen, mit denen sich unterschiedliche Bearbeitungsprozesse darstellen lassen. Am Beispiel-Board in Bild 6.6 sehen wir eine Swimlane für die Defects aus der Produktivumgebung, die schnell abgearbeitet werden müssen. Dieser Prozess unterscheidet sich etwas von jenem für die „Default-Swimlane“, über die das SAP-System neue Features und Prozesse bekommt. Beim Defect Handling geht es in erster Linie darum, den Fehler zu finden und danach das Programm, den User Exit oder das SAP Customizing zu ändern und nachzutesten. Die Swimlane für Standard-Serviceklassen ist ein wenig komplexer, weil wir die Prozessschritte Customizing und Entwicklung zusätzlich unterscheiden.

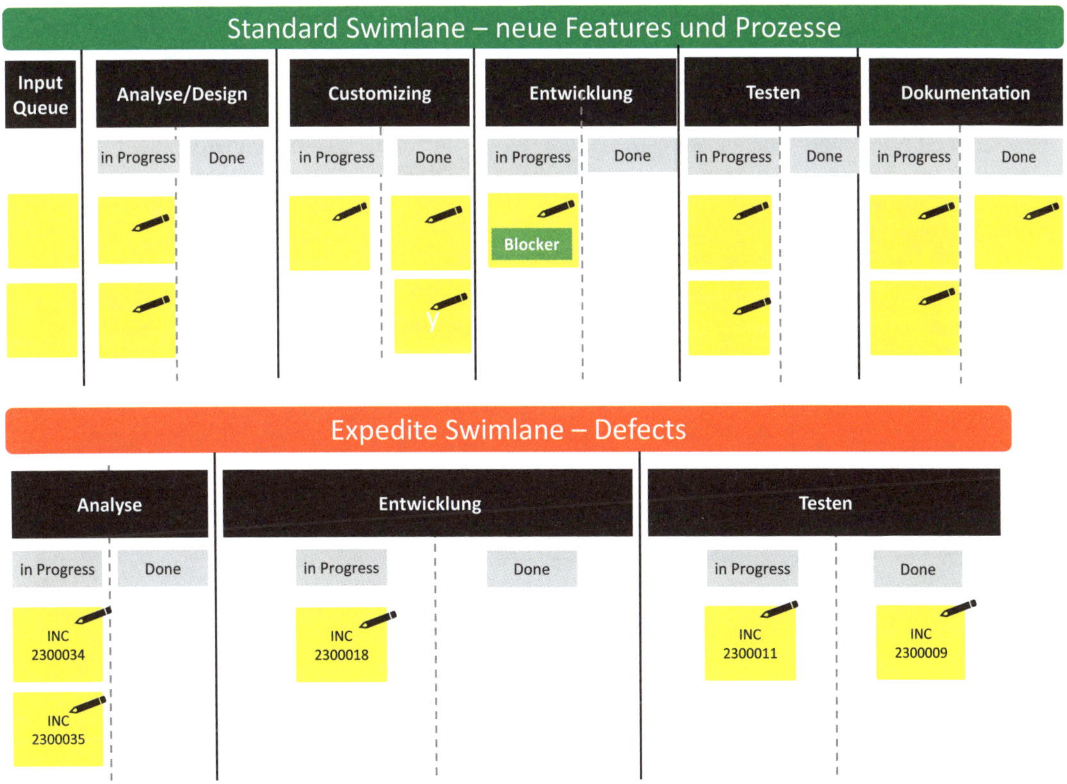

Bild 6.6 Kanban-Board mit Swimlanes für unterschiedliche Serviceklassen

Abgesehen von den Serviceklassen gibt es noch viele andere Anwendungsbereiche für Swimlanes:

- Eine Swimlane für jedes Team
- Swimlanes für den Support/OPS-Aufgaben
- Swimlanes für bestimmte Kunden oder Kundengruppen
- Swimlanes für Produkte
- Swimlanes für unterschiedlich dringliche Arbeiten (Defects mit Prio 1, Default-Arbeiten mit Prio 2, Change Requests mit Prio 3 etc.)
- Swimlanes für technische Schulden, zum Beispiel das Einspielen von OSS Notes oder Support Packages
- Swimlanes nach Prioritäten:
  - Oberste Priorität: Aufgaben und User Storys, die für das Gelingen des Projekts entscheidend sind
  - Mittlere Priorität: Aufgaben mit wichtigsten Aspekten, aber ohne Bedeutung für den Projekterfolg
  - Keine Priorität: Aufgaben, die irgendwann erledigt werden können

Ganz egal, für welche Swimlanes wir uns entscheiden: Die Tickets werden auch in jeder Swimlane durch den Prozess „gepullt“, also von links nach rechts gezogen. Deshalb steht das Team bei seinen Besprechungen auch immer am besten rechts vom Kanban-Board: Zuerst werden die Dinge besprochen, die fertig werden, quasi aus dem Board gepullt – dann können die anderen Arbeiten wieder nachgezogen werden.

Eine Warnung zu Expedite-Swimlanes

Eine Expedite-Swimlane scheint natürlich eine sehr einfache Möglichkeit zu sein, um mit diesen ungeplanten Aufgaben umzugehen. Allerdings sollten Sie es sich genau überlegen.

Daniel Vacanti, der den Kanban Guide für Scrum-Teams mitverfasst hat, hat in mehreren Vorträgen darüber berichtet, wie eine kleine Kapazitätszuweisung von nur 10 Prozent an die Expedite-Swimlane die Vorlaufzeiten in den Standard-Swimlanes oft verdoppelt. Ich versuche daher, Expedite-Swimlanes zu vermeiden. Statt Kapazitätszuweisungen und ausgefeilten Policies verwende ich WIP-Limits für die Expedites, um die Zahl der ungeplanten Arbeiten zu minimieren. ■

6.2 Kanban in der Praxis

In meinem bisherigen SAP-Beraterleben sind mir die folgenden Situationen sehr oft passiert - es ist ja auch sehr verführerisch, einfach mal schnell den Kollegen um Hilfe zu bitten:

- Klaus, bitte teste doch kurz das deutsche Angebotsformular.
- Klaus, teste bitte kurz die Preisfindung mit dem neuen Kundengruppen-Rabatt.
- Klaus, werden die Verkaufssteuern für Kalifornien richtig berechnet?
- Klaus, werden die Auftragseingänge der Verkaufsorganisation USA richtig in Dollar und Euro fortgeschrieben?

Anders ausgedrückt: Nicht nur ich, sondern Millionen von Menschen in der Arbeitswelt werden am laufenden Band in ihrer Arbeit unterbrochen oder gezwungen, etwas anderes zu tun als das, was sie gerade tun. Ein ständiger Kontextwechsel kostet Zeit, denn wir müssen uns immer wieder aufs Neue in die Arbeit hineindenken. Drei solcher Kontextwechsel pro Tag kosten uns fast die Hälfte unserer Produktivität (vgl. Weinberg 1992).

Was wir dabei in praktischer Anwendung sehen, ist Little's Law: Dieses besagt, dass die Durchlaufzeit einer Arbeit davon abhängt, wie groß der Durchsatz eines Systems ist und wie viele neue Arbeiten in einem Zeitraum in dieses System gelangen.

Durchschnittliche Durchlaufzeit = durchschnittlicher Work in Progress ÷ durchschnittlicher Durchsatz

Das heißt also: Je mehr Arbeiten Sie zu einem bestimmten Zeitpunkt erledigen müssen, desto länger brauchen Sie mit der Fertigstellung - denn Sie haben als System ja eine begrenzte Kapazität.

> **Auf ein Team bezogen bedeutet das:** Je mehr User Storys ein Team in einem Sprint gleichzeitig bearbeitet, desto länger dauert es, diese User Storys fertigzustellen. Falls die Durchlaufzeiten zu lange sind, sollte das Scrum-Team als erste Maßnahme prüfen, ob es den WIP - also die Menge der parallel laufenden User Storys - reduzieren kann.

Einer der wichtigsten Gründe für WIP-Limits sind die Beziehungen zu den Kunden, zu Kollegen und beteiligten Teams. Wer in einer ständigen Überforderung arbeitet, kann Zusagen irgendwann nicht mehr einhalten und das belastet die Beziehungen.

6.2.1 Umgang mit WIP-Limits

Bei der Anwendung von WIP-Limits macht man am Anfang leicht einen Denkfehler. Im folgenden Beispiel (Bild 6.7), bestehend aus SAP User Storys in der SAP-Preisfindung (Modul SD-Verkauf) werden zuerst die Konditionsarten und dann die Zugriffsfolgen der SAP-Standard-Preisfindung eingestellt. Dann brauchen wir aber ein paar Coding-Zeilen (ABAP Coding-Formroutinen), um eine modifikationsfreie Erweiterung der SAP-Standard-Preisfindung

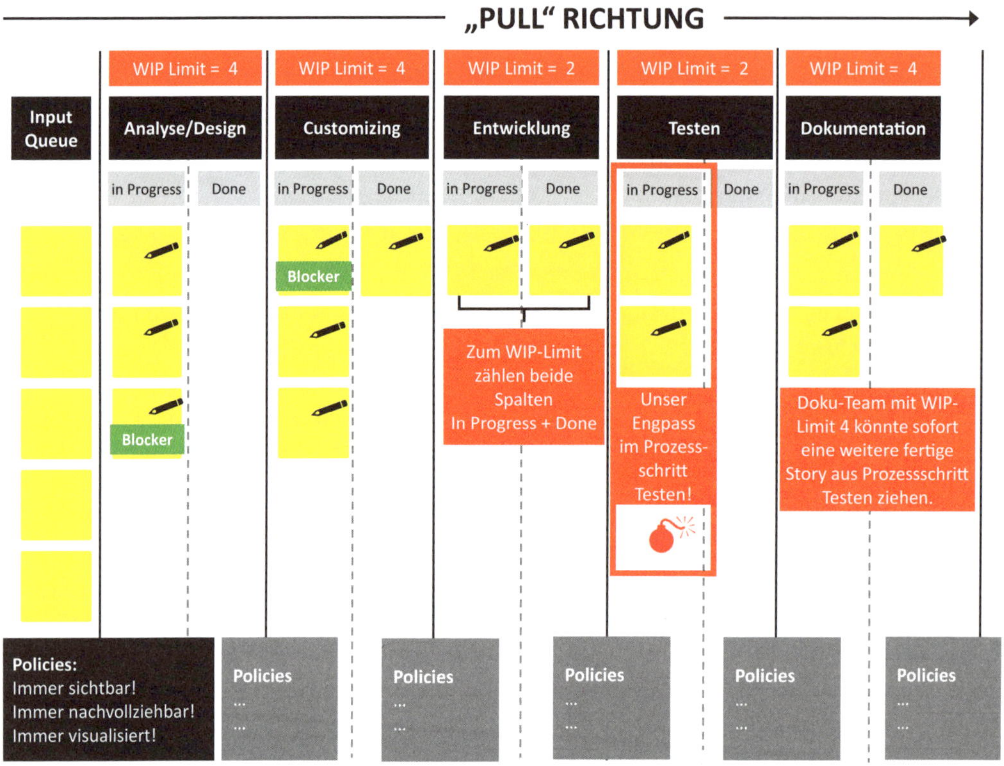

Bild 6.7 Engpässe lassen sich nicht mit einer Erhöhung des WIP-Limits auflösen!

hinzubekommen. Die Einstellung der SAP-Konditionsarten usw. erfolgt im Prozessschritt Customizing. Die Erstellung/Anpassung des ABAP Coding erfolgt im Prozessschritt Entwicklung.

Wir sehen auf dem Board in Bild 6.7 ein WIP-Limit von 2 im Prozessschritt Entwicklung. Obwohl der Entwickler seine beiden Arbeiten auf „Done" gesetzt hat, kann er keine der drei fertigen Storys aus dem Customizing ziehen – sonst würde er sein WIP-Limit sprengen. Aber auch die drei fertigen Storys im Customizing hängen somit fest und können nicht mit den paar ABAP Coding-Zeilen bearbeitet werden – wo liegt hier der Engpass?

Offensichtlich im Prozessschritt „Testen", der ein WIP-Limit von 2 hat. Aus irgendeinem Grund bekommt der Tester oder das Testing-Team die User Storys (= Kanban-Tickets) nicht getestet. Wir sehen am Board auch, dass die Dokumentation am Ende des Prozesses ein WIP-Limit von 4 hat, das noch nicht ausgereizt ist und noch eine User Story ziehen könnte. Klar ersichtlich: Das Testing-Team braucht Hilfe!

Zum einen könnten wir dem Team beim nächsten Daily Scrum Hilfe anbieten. Aber könnten wir nicht einfach und ausnahmsweise das WIP-Limit erhöhen? Schlechte Idee, denn wir haben uns verpflichtet, Probleme nicht zu umgehen, sondern zu lösen!

Wenn Sie damit anfangen, WIP-Limits immer wieder für eine schnelle „Lösung" zu umgehen, wird sich der Prozess nie verbessern. Der Stau im Testschritt ist ein Signal dafür, dass hier

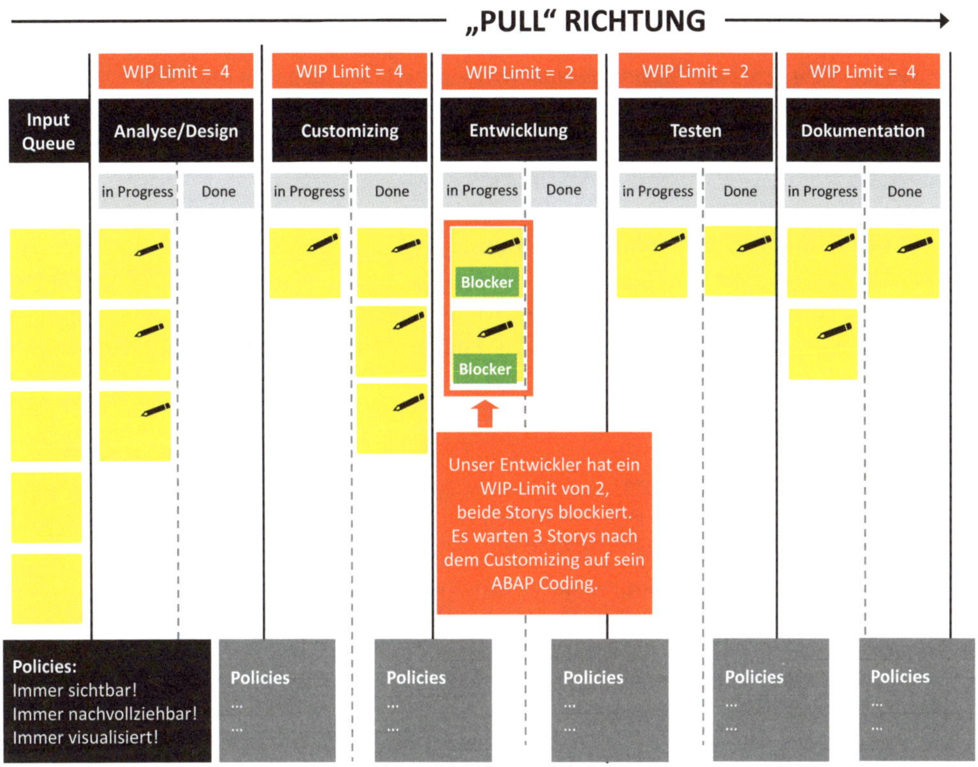

Bild 6.8 Was tun, wenn Arbeit blockiert ist?

vielleicht etwas verändert werden muss. Möglicherweise ist es ein momentanes Problem, aber das finden Sie nur heraus, wenn Sie diesen Engpass eine Zeit lang beobachten bzw. wenn Sie die Situation offen ansprechen.

Sehen wir uns in Bild 6.8 noch einen zweiten Fall aus meiner Praxis an. Unser Entwickler mit dem WIP-Limit 2 im Prozessschritt Entwicklung arbeitete gerade an zwei User Storys. Beide User Storys hatte er aber mit Blockern versehen. Davor, im Prozessschritt Customizing, warteten bereits drei fertige User Storys darauf, in die Entwicklung weitergezogen zu werden.

Was sollten wir machen? Schneller Workaround, quick and dirty – wir erhöhen das WIP-Limit im Prozessschritt Entwicklung auf drei und weiter geht's?

Nein, das wollten wir auf keinen Fall machen! Die Bearbeitung der „Blocker“, das Lösen der Impediments, hat absoluten Vorrang. Klaus Leopold bezeichnet das als den Motor der Verbesserung. Die Probleme, die hier die beiden Entwicklungen blockierten, waren sicher keine Einzelfälle. Wenn eine Blockade immer wieder auftaucht, sollte sie mit hoher Priorität endgültig aus der Welt geschafft werden. Das Ziel ist es, die Probleme so zu lösen, dass sie nie wieder vorkommen und nie wieder User Storys oder einen Task behindern.

Nun, es gab eine Policy: Es ist nach den gültigen ABAP-Entwicklungsrichtlinien zu entwickeln. Die Umsetzung nach diesen Richtlinien wäre aber sehr aufwendig gewesen und unser Entwickler hat einen einfacheren Weg gefunden. Ihm hat allerdings das Go des verantwortlichen

Logistik-Modulbetreuers gefehlt. Eine simple Anpassung der Entwicklungsrichtlinien, bezogen auf den User-Exit-Fall, brachte die Lösung. Es wurde genau die kleine ABAP-Erweiterung der Preisfindung vergessen. In jedem anderen Arbeitssystem hätten wir entweder die WIP-Limits angepasst oder die Policy ignoriert. Wenn Sie das in Kanban tun wollen – dann arbeiten Sie erst gar nicht mit Kanban, weil dann ist es kein Kanban. Oft sind es ohnehin ganz einfache Änderungen, die ein Problem lösen.

Geht's denn nicht auch ohne WIP-Limits?

Die Arbeit mit WIP-Limits ist natürlich nicht trivial und es braucht etwas Übung und Umdenken, bis sich Teams daran gewöhnen. David J. Anderson empfiehlt in seinem Buch daher, vorsichtig mit den ersten WIP-Limits zu starten und sich nicht gleich voller Ambitionen ein WIP-Limit von 2 zu setzen (wie man zu den ersten WIP-Limits kommt, finden Sie zum Beispiel in den Büchern von Klaus Leopold gut beschrieben).

Doch Anderson sieht es so wie ich: Es wäre ein Fehler, gar keine WIP-Limits zu setzen. Erst die WIP-Limits geben uns wertvolle Hinweise, wo in einer Wertschöpfungskette die Hindernisse und Fehlfunktionen liegen. Natürlich können Sie die Verbesserungspotenziale auch ohne WIP-Limits suchen, aber das wird sehr lange dauern.

Ich gebe zu, ich habe gar keine Erfahrung damit, ohne WIP-Limits zu arbeiten. Ich wollte diese Erfahrung auch gar nicht machen. Teams, die ohne WIP-Limits arbeiteten, gab es vielleicht noch bis 2007. Doch inzwischen hat sich bei guten Teams die Erkenntnis durchgesetzt: Ohne WIP-Limits geht's nicht!

6.2.2 Kanban in Scrum-Teams

Als die erste Ausgabe des Scrum Guides verfasst wurde, war Kanban noch nicht „geboren“. Bis heute finden sich im Scrum Guide keine Hinweise, wie Kanban und Scrum kombiniert werden können. Inzwischen gibt es aber dank der Bemühung von Daniel Vacanti und Yuval Yeret einen Kanban Guide für Scrum-Teams. Das ist aber in keinster Weise ein Gegenentwurf zum Scrum Guide, sondern eine Erweiterung, wenn man so will. Am Rahmenwerk von Scrum ändert sich dadurch nichts. Ich möchte ein paar der wichtigsten Punkte kurz erwähnen.

- Die erste wichtige Klarstellung lautet, dass in Kanban der **Fokus auf dem Arbeitsfluss** liegt und daher die Praktiken eine gute Ergänzung für die Arbeit mit Scrum sind. Im Allgemeinen wird durch die Kombination auch der Umgang mit den Praktiken von Scrum verbessert. „Mit Fluss, im Sinne von Arbeitsfluss, ist hier die Bewegung von Wert (bzw. wertschöpfender Arbeit) durch ein Produktentwicklungssystem gemeint. Kanban optimiert diesen Fluss durch die Verbesserung von Gesamteffizienz, Effektivität und Vorhersagbarkeit eines Prozesses.“ (*Scrum.org* 2019, S. 3)

  Welcher Fluss wird in Kombination mit Scrum laut Kanban Guide optimiert? Im Wesentlichen wird der Fluss der Arbeit durch die diversen Rückkopplungsschleifen optimiert, die es in Scrum gibt. Die Transparenz und die Frequenz der Überprüfungen von Produkt und Prozess sollen verbessert werden.
- Der Kanban Guide empfiehlt zumindest **vier Flussmetriken** (man kann auch immer mehr messen, wenn es nötig und sinnvoll ist), die Scrum-Teams sich regelmäßig ansehen sollten:

  - *Work in Progress:* Damit kennen wir uns ja schon etwas aus. Ein Scrum-Team sollte laufend überprüfen, wie viel nicht abgeschlossene Arbeit sich im System befindet.
  - *Zykluszeit (Durchlaufzeit oder Cycle Time):* Um herauszufinden, wie schnell Arbeiten den Prozess des Scrum-Teams durchlaufen, wird einfach die Zeitspanne zwischen Beginn- und Abschlussdatum einer Arbeit berechnet.
  - *Work Item Age (Alter einer Arbeitseinheit):* Diese Metrik bezieht sich auf Arbeiten, die noch nicht abgeschlossen sind. Gemessen wird das Work Item Age anhand der Differenz zwischen Beginn der Tätigkeit und dem aktuellen Datum.
  - *Durchsatz (Throughput):* Damit wird die Anzahl der abgeschlossenen Arbeitseinheiten pro Zeiteinheit bezeichnet.
- Scrum-Teams können einige **Praktiken** aus der Kanban-Welt gut gebrauchen: zum Beispiel die Visualisierung des Arbeitsablaufs bzw. Prozesses, WIP-Limits, aktives Management der laufenden Arbeitseinheiten und das ständige Überprüfen und Anpassen des Prozesses.
- Was das Scrum-Team als seinen **Arbeitsablauf** definiert, bleibt einzig und allein Sache des Scrum-Teams. Es weiß am besten, wie es arbeitet. Der Product Owner oder Scrum Master sollte aber auch dem Entwicklungsteam mit dessen nochmal spezifischeren Abläufen nicht vorschreiben, wie der Prozess zu definieren ist. Das Team sollte lediglich ermutigt werden, neue Erkenntnisse im Arbeitsablauf sofort umzusetzen und das Kanban-Board entsprechend anzupassen.
- Die **Visualisierung des Arbeitsablaufs** am Kanban-Board sollte laut Kanban Guide zumindest die folgenden fünf Punkte umfassen:
  - Das Scrum-Team sollte die Punkte festlegen, an denen eine Arbeit als begonnen bzw. abgeschlossen gilt.
  - Genauso sollte deutlich werden, welche Stadien die Arbeitseinheiten von Beginn bis Ende durchlaufen – mindestens ein Stadium sollte als „in Arbeit“ definiert sein.
  - Anhand von expliziten Regeln sollte deutlich werden, wie die Arbeit durch die einzelnen Stadien fließt.
  - Es sollte klar ersichtlich sein, für wen eine Arbeitseinheit einen Wert generiert bzw. welchen Wert sie generiert (Aufbau von Wissen, Verbesserung des Prozesses, Wert für Stakeholder etc.).
  - Zu guter Letzt sollte das Scrum-Team festlegen, wie es den Work in Progress begrenzt.

Was die WIP-Limits betrifft, so wird übrigens auch im Kanban Guide die Meinung vertreten: Das Scrum-Team sollte sich an die Limits halten, die es selbst gesetzt hat. Über die Verbesserung des Arbeitsflusses hinaus betonen Daniel und Yuval im Kanban Guide, dass mit der Einhaltung des WIP-Limits das Team fokussierter arbeitet, ein größeres Engagement entsteht und die Zusammenarbeit im Team besser wird. Das Team fördert damit sozusagen selbst die Selbstorganisation.

Kanban ersetzt nicht die Anwendung von Scrum

Im Großen und Ganzen kann ich alles unterstreichen, was die Scrum.org-Community im Kanban Guide für Scrum-Teams anführt. In einem einzigen Punkt geht meine Praxiserfahrung aber in eine ganz andere Richtung. Der Kanban Guide gibt folgende optimistische Empfehlung ab:

„Teams können Kanban-Praktiken (jederzeit) ergänzend anwenden, unabhängig davon, ob sie gerade erst mit Scrum beginnen oder es schon seit längerem anwenden.“

Kanban Guide für Scrum-Teams, S. 3

Meine Erfahrung mit SAP-Teams ist: Scrum-Anfänger können zunächst einmal nichts mit den vorgestellten Praktiken anfangen, und dazu zählen auch die Scrum Master und Product Owner dieser Teams. Meistens absolvieren diese agilen Führungskräfte gerade mal eine Scrum-Zertifizierung und haben danach alle Hände voll zu tun, um mit den Praktiken, Events und Werten von Scrum klarzukommen. In 99 Prozent der Fälle haben sie noch nie etwas vom Kanban Guide für Scrum-Teams gehört. Falls sie dann doch auf ein Video zu Lean Kanban oder Scrumban stoßen, muss man als Agile Coach aufpassen. Denn was meistens hängen bleibt, sind genau die drei folgenden Aussagen:

- In Kanban gibt es keine Rollen.
- In Kanban gibt es keinen Sprint.
- In Kanban gibt es keine Schätzungen.

Und schon wollen sie mit Kanban loslegen, weil das erinnert ein wenig an das Wasserfall-Modell, nach dem wir doch viele Jahre so wundervoll entspannt gearbeitet haben.

> **Daher ein „Achtung“ von meiner Seite:** Kanban-Metriken und Kanban-Boards sind nur etwas für erfahrene Scrum-Teams, die nach weiteren echten Verbesserungen suchen.

Dass Kanban noch viel konsequenter die Schwächen, Blockaden und Verzögerungen aufdeckt, lernen diese SAP-Teams erst dann, wenn sie einen guten Agile Coach oder Trainer finden, der ihnen den Zusammenhang zwischen Scrum und Kanban in Verbindung mit echten guten Praktiken erklärt und mit ihnen ausprobiert. Wenn wir genau hinschauen, gibt es zwischen Kanban und Scrum sogar sehr viele Gemeinsamkeiten:

- Beide Systeme nutzen das Pull-Prinzip. In Scrum kommt das Pull-Prinzip im Sprint Planning zum Tragen, in Kanban greift es am gesamten Kanban-Board.
- Beide Systeme setzen auf Transparenz, um das Optimierungspotenzial eines Prozesses sichtbar zu machen.
- Beide Systeme nutzen WIP-Limits. Das ist in Scrum vielleicht etwas schwerer zu erkennen, denn die Limitierung passiert durch die Auswahl der User Storys im Sprint Planning. Das begrenzt automatisch die Menge der Arbeit im Sprint Backlog. In Kanban wird das Limit explizit für die einzelnen Prozessschritte gesetzt.
- Beide Systeme setzen auf das Prinzip der selbstorganisierten Teams.

Es gibt noch einige Gemeinsamkeiten mehr, doch das sind erst einmal die wichtigsten. Ein „Scrum versus Kanban“ gibt es also nicht, auch wenn das in vielen Erklärungen, die man so im Internet findet, gerne behauptet wird. Das sind veraltete Sichtweisen, die Ihnen nicht weiterhelfen.

Persönlich wende ich Kanban in Verbindung mit Scrum frühestens dann an, wenn ein Scrum-Team die ersten Schritte gemeistert hat. Sehen Sie das bitte nicht als Widerspruch zum Kanban-Prinzip „Starte mit dem, was du jetzt machst". Die Teammitglieder müssen Scrum wirklich verstanden haben, die agilen Werte und die Scrum Events leben sowie meine Praxistipps erfolgreich umgesetzt haben. Nur dann steige ich in den Wertefluss, den Value Flow mit Kanban-Metriken, zur weiteren Optimierung ein.

Tatsache ist (Achtung, liebe Product Owner und Scrum Master): Wenn wir Kanban und Scrum kombinieren, bleibt jedes einzige agile Event erhalten. Schon gar nicht können wir auf Sprints verzichten! Der Sprint ist und bleibt auch mit den Praktiken von Kanban das zentrale Element, das den regelmäßigen Pulsschlag für die Überprüfung und Anpassung von Produkt und Prozess gewährleistet!

Lassen Sie uns noch einen Blick auf die Gemeinsamkeiten der beiden Systeme werfen. Sowohl in Kanban als auch Scrum haben wir den gleichen Flow an Events, lediglich die Bezeichnungen klingen in den Ohren von Scrum-Anhängern etwas anders. Das Queue Replenishment Meeting in Kanban, sozusagen das Nachfüllen des Backlogs, ist zum Beispiel mit dem Refinement in Scrum vergleichbar.

Ich habe selbst sehr früh damit begonnen, einfach die Scrum Events mit dem Kanban-Board zu verknüpfen. Meine ersten Schritte habe ich mit reinen Service-Teams gemacht, die im direkten Kundenkontakt die Systemadministration verantwortet haben. Wir haben dabei auf bis zu drei Papier-Kanban-Boards die Prozesse modelliert und meistens mit drei Serviceklassen gearbeitet: beschleunigt, Standard und fixer Termin. Um Engpässe aufzuzeigen, haben wir mit WIP-Limits experimentiert, dennoch entsprachen unsere Events genau den Vorgaben im Scrum Guide.

Die Nähe zwischen Scrum und Kanban ist sicher auch der Grund, warum der Kanban Guide für Scrum-Teams komplett bei den Scrum Events bleibt und sie um die Kanban-Metriken erweitert. An Metriken haben wir ja bereits in Scrum die Velocity, die Burndown- und Burnup-Charts usw. Blocker, die uns an der Arbeit hindern, heißen in Scrum „Impediments". Um unsere Prozesse weiter zu optimieren, können wir die Scrum Events einfach erweitern:

- **Sprint Planning:** Neben der Velocity des Teams wird die Entwicklung der Kanban-Flussmetriken im Laufe der Zeit betrachtet, um einen Forecast für den kommenden Sprint abzugeben. Ein Blick auf die beschriebenen Kennzahlen, verbunden mit der Kapazität des Teams ist ein perfekter Ausgangspunkt für den Einstieg in das Sprint Planning. Die WIP-Limitierung spielt aus meiner Sicht eine wichtige Rolle.
- **Daily Scrum:** Beim Daily Scrum liegt der Fokus, zusätzlich zu den bereits beschriebenen Grundlagen und guten Praktiken, auf dem gleichmäßigen Arbeitsfluss und abgestimmten WIP-Limits. Bei diesem täglichen Event nutzen wir das Kanban-Board und konzentrieren uns auf erledigte Aufgaben der letzten 24 Stunden, auf die Planung der kommenden 24 Stunden, den Fluss und die Impediments bzw. Blocker. Als Team versuchen wir, die Blocker zu beseitigen und so den Fluss wiederherzustellen. Selbstverständlich ist auch der Check der gesetzten WIP-Limits ein wichtiger Punkt im Daily Scrum. Wenn zum Beispiel die Menge der Tasks, die ein Teammitglied gleichzeitig bearbeiten darf, limitiert ist, wird überprüft, ob die Regeln eingehalten werden.
- **Sprint Review:** Auch im Sprint Review bleibt alles beim Alten, wir bieten aber zusätzlich - vor oder nach der Live-Demo - einen Blick auf die errechneten Flussmetriken.

Eine Metrik wie der Durchsatz gibt dem Product Owner eine zusätzliche Information zu Release-Terminen und zur Fertigstellung von User Storys oder Epics.

- **Sprint Retrospektive:** Anhand der Flussmetriken kann das Team in der Retro feststellen, welche Verbesserungen das Team anstreben sollte.

Die folgenden zwei Abbildungen zeigen noch einmal eine vereinfachte Gegenüberstellung von Kanban und Scrum.

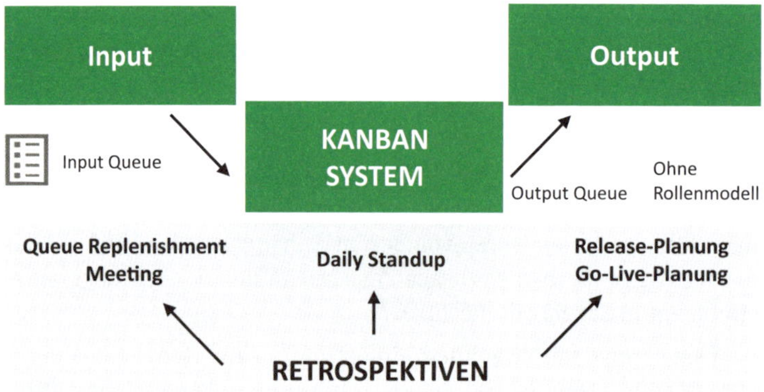

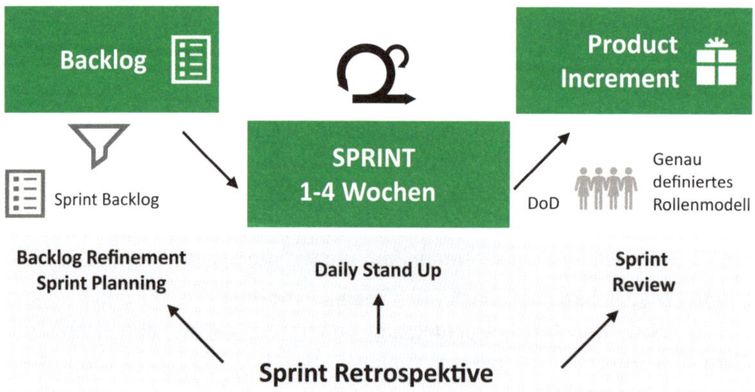

6.3 Value Cycle Loop (VCL)

Wo stehen wir nun? Wir haben die agilen Werte und die Grundlagen von Scrum kennengelernt. Wir haben schrittweise ein agiles Team, auch Feature-Team genannt, aufgebaut. Unser Delegation Board beschreibt exakt, was das Team selbst entscheiden darf und lässt uns in wenigen Zeilen zusammengefasst erkennen, welche Regeln gelten. Wir haben das Skillset der Teammitglieder erweitert und es sind crossfunktionale Teams mit dem entsprechenden Spirit entstanden. Aus SAP-Superstars sind Teammitglieder geworden, die ihr Wissen mit den anderen teilen und so zum gemeinsamen Erfolg der Produktvision beitragen.

Wir haben gelernt, mit Story Points umzugehen und User Storys zu schätzen. Um das Risiko zu minimieren, können wir große User Storys in mehrere kleine Storys teilen und mit effektiven Praktiken Product Backlog Refinements und Sprint Plannings zielgerichtet gestalten, auch wenn die Teammitglieder online zugeschaltet sind und tausende Kilometer entfernt in ihren Homeoffices arbeiten. Wir haben mit unserem Scrum Master und Product Owner echte Werte geschaffen und gelernt, „Waste" zu erkennen und zu eliminieren.

Nach jeder Iteration gewinnen wir in Retrospektiven auf Team-, Produkt- und Domain-Ebene echte „Learnings" und Verbesserungen, sogenannte CIPs. Die Teammitglieder bestimmen nach dem Sprintstart selbstorganisiert das „Wie" der Umsetzung ihrer User Storys. Der Scrum Master macht es mit gut moderierten Events für alle und mit sorgfältig geplanten Deep Works Slots für das einzelne Teammitglied möglich, nach dem Sprintstart fokussiert zu arbeiten. Mit Hilfe der Kanban-Metriken hat sich der Flow der Arbeit Schritt für Schritt verbessert. Wir erfüllen unseren Forecast, den ich noch immer - etwas strenger - als „Commitment" bezeichne.

Wenn Sie es mit Ihrem Team so weit geschafft haben, werden Sie auch noch einen weiteren wichtigen Schritt gehen können. Ihr Team kann lernen, in der Kommunikation mit Kunden und Stakeholdern die Werte, die es liefert, zu benennen und natürlich auch zu verkaufen.

Auf die Frage, was er mit seinem Team leistet, wird ein Product Owner üblicherweise mit Story Points antworten oder ein Velocity Chart herzeigen. Das ist gut und richtig - nur geht es auch anders. Story Points kommen in der Sprache der Kunden nämlich nicht vor. Sie verstehen nicht, was ein Team leistet, wenn sie nicht wissen, was hinter den neumodischen Agile-Begriffen steckt.

Ein agiles SAP-Team nimmt sich vor, ausschließlich User Storys umzusetzen, die einen echten Mehrwert für die Realisierung der Produktvision haben. Es hinterfragt den Wert ständig mit „Was bringt's?". Also ist es auch sinnvoll, diese Werte zu messen und darzustellen. Gerade wenn wir im SAP-Umfeld eine Standard-Software nutzen, müssen wir abseits der „wertvollen" User Storys vieles tun, um diese Software up to date zu halten. Diese später noch genauer beschriebenen „technischen Schulden" gehören genauso zum Flow eines agilen SAP-Teams wie Defects, die behoben werden müssen.

James P. Womack und Daniel T. Jones sprechen in ihrem Buch „Lean Thinking" davon, dass die wertschöpfenden Tätigkeiten mit dem Wertstrom in Einklang gebracht werden sollten. Unter Lean Thinking ist die Übertragung der ursprünglich aus dem Toyota Production System stammenden Prinzipien auf andere Anwendungsbereiche zu verstehen. Das Ziel ist, sowohl aus Sicht der Kunden als auch des Unternehmens echte Werte zu schaffen. Wenn Software - in diesem Fall SAP-Software - bereitgestellt wird, umfassen nach Womack und Jones die wertproduzierenden Aktivitäten alle üblichen Dinge, die wir im Sinne der Einführung dieser

Software erledigen: Das reicht von der Entscheidung, welche Funktionalität geschrieben werden sollte, über die Priorisierung der verschiedenen Teile der Funktionalität und die Entscheidung, wie die Funktionalität zu implementieren ist, bis hin zur Beschaffung der Ressourcen und externen Partner, die dafür benötigt werden.

Wir müssen uns also folgende Fragen stellen:

- Welche Werte liefern wir für die Kunden?
- Wie machen wir diese Werte transparent?
- Wie zeigen wir auf, wie lange es dauert, bis wir neue Funktionen und Prozesse und somit Werte liefern?

Die Beschäftigung mit diesen Fragen bringt einige Vorteile:

- Teams können Engpässe besser identifizieren und damit die agilen Zyklen stabilisieren.
- Die Geschwindigkeit (Velocity) verbessert sich und wird berechenbarer.
- Die Qualität verbessert sich.
- Die Kunden sind zufriedener.

Mit der „Übersetzung" der agilen Sprache und Vorgehensweisen in die Sprache der Kunden können wir dessen wichtigste Frage beantworten: „Wann können wir die Software nutzen?"

6.3.1 Die Werte von User Storys

Was fließt so durch einen Wertstrom, wenn wir Software bereitstellen? Im Wesentlichen sind es drei Arten und somit „Werte" von User Storys: technische Schulden, Defects und User Storys, die Kundenwerte liefern.

Technische Schulden (Technical debts)

Jeder, der eine Standard-Software kauft oder mietet, muss die Software durch geeignete Wartungs- und Erhaltungsmaßnahmen auf dem neuesten Stand halten. Zu diesen Maßnahmen zählen alle To-dos, sprich User Storys, die dem Kunden nicht unmittelbar einen Wert bringen.

Der sogenannte Maintenance Planner, ein Online-Tool des SAP-Supports, erkennt die Installationsstände über den SAP Solution Manager, der mit der Software beim Kunden installiert wird. Mit dem Maintenance Planner lassen sich alle Änderungen des SAP-Systems eines Kunden exakt planen. Es ist wie bei einem Windows-Update, bei dem immer nach den aktuellen und relevanten Update-Paketen gesucht wird. Man kann sich alle anstehenden Pflegemaßnahmen und Wartungsarbeiten anzeigen lassen. Zu den technischen Schulden gehören in diesem Zusammenhang jede Menge Aufgaben – zum Beispiel:

- Einspielen von SAP Notes (bekannte Fehler oder auch Verbesserungen)
- Einspielen von SAP Support Packages (eine Sammlung von vielen SAP Notes, die auf einen Rutsch eingespielt werden können)
- SAP Enhancement Packages (Erweiterungspakete)
- Datenbank-Updates
- Updates der Betriebssysteme
- Updates der JAVA-Umgebung
- Update der ABAP-Umgebung

Wenn also ein agiles DevOps-Team für die Weiterentwicklung des Systems (Dev) und gleichzeitig für die Systemadministration (Ops) zuständig ist, muss es sich um die lebenserhaltenden Pflegemaßnahmen für das System kümmern.

Diese Aktivitäten bilden wir als User Storys ab und klassifizieren sie mit dem Flag „Technical Debts“. Wenn wir diesen Begriff einmal erklären, können wir die vielen genannten technischen To-dos zusammenfassen und haben schon ein gemeinsames Vokabular mit dem Kunden geschaffen.

Defects

Natürlich kümmert sich ein agiles DevOps-Team auch um Fehler, die bei der produktiven Nutzung des SAP-Systems auftauchen. Solche Fehler können entweder als SAP-Standard-Fehler auftreten (ja, die gibt es auch), durch unser Customizing oder durch eigene Erweiterungsprogramme und User Exits entstehen. Diese Fehler aus der produktiven Nutzung eines SAP-Systems klassifizieren wir mit dem Flag „Defects“.

Ich betone bewusst „Fehler aus der produktiven Nutzung“, weil wir natürlich auch mit Fehlersituationen konfrontiert werden, wenn wir Prozesse und Programme innerhalb eines Sprints weiterentwickeln und testen. Diese Fehler gehören zur User Story. Es sind keine Defects, denn zu einem erfolgreichen Check der Definition of Done gehört ein nutzbares Inkrement – und das sollte erstmal fehlerfrei sein.

User Storys, die Kundenwerte liefern

Welchen Wert (Value) können User Storys für einen Kunden haben? Ich mache es zunächst ganz einfach und schlage eine dreiteilige Value-Klassifizierung vor:

- *LOW:* Niedriger Kundenwert
- *MEDIUM:* Mittlerer Kundenwert
- *HIGH:* Hoher Kundenwert

Eine Möglichkeit wäre, den Wert in Euro pro Monat zu errechnen und mit einer Von-bis-Grenze zu hinterlegen:

- LOW: Niedriger Kundenwert – Effizienzgewinn von weniger als 5000 Euro pro Monat
- MEDIUM: Mittlerer Kundenwert – Effizienzgewinn 5001 bis 20.000 Euro pro Monat
- HIGH: Hoher Kundenwert – Effizienzgewinn von mehr als 20.000 Euro pro Monat

Nun ist es aber so, dass SAP-Teams fast immer für interne Kunden arbeiten: für die Buchhaltung, das Controlling, die verkaufenden Einheiten, Produktion etc. In diesem Umfeld werden keine Apps für den Apple Store produziert, die mit jedem Download einige Euro einbringen. Wir optimieren auch keine Software, für deren neue Funktionen und Prozesse Lizenzgebühren verrechnet werden können. Mit unserer Arbeit erleichtern wir internen Kunden das Leben durch besseres Prozesshandling, Anpassungen oder spezielle Reports und Analysen.

Auf dieser Basis entstand in einem meiner Projekte im Jahr 2015 die Idee des Value Cycle Loops, die auf den ersten Blick ein wenig kompliziert klingt. Sie wurde seit 2015 aber immer wieder weiterentwickelt und hat ihren Praxiseinsatz bei einem der erfolgreichsten Automobilhersteller der Welt mit Auszeichnung bestanden. Die im Projekt erarbeiteten Standards wurden ein Jahr später zum Unternehmensstandard in der Bewertung von Change Requests und User Storys erklärt. Die Frage „Was bringt's?“ konnten wir damit messbar machen, User

Storys auf Grundlage ihres Values bewerten und dadurch entsprechend priorisieren. Im genannten agilen SAP-Projekt wurden nur 55 Prozent von insgesamt 102 User Storys durch eine entsprechend hohe Value-Bewertung umgesetzt. Der Kunde aus dem Produktionsbereich hat erkannt, dass er die übrigen User Storys, die mit einem niedrigen Value bewertet worden waren, einfach nicht mehr brauchte.

Der **Value Cycle Loop** ist ein Weg, um in vier Schritten

- zu bewerten, welchen Wert (Value) die User Storys aus der Sicht des Kunden haben,
- zu visualisieren, wie viele Storys in die Pflege und das Update des SAP-Systems fließen,
- und wie sich diese Values im Laufe der Zyklen oder Sprints entwickeln. Bei der Betrachtung der zeitlichen Entwicklung helfen uns die Flow-Metriken von Kanban. ■

6.3.2 Der Ablauf der Bewertung mit dem Value Cycle Loop

Die Idee dahinter verfolgt zwei Grundsätze:

1. Betriebswirtschaftliche Bewertung anstatt lokal getriebener Entscheidungen
2. Keine Optimierung des SAP-Systems durch einzelne Mitarbeiter oder Lokationen

Sehen wir uns das anhand eines Beispiels an. Der für das Lager zuständige Product Owner gibt uns folgende User Story:

Als Product Owner, der für die Lagerhaltung der manuellen Lager in Deutschland verantwortlich ist, möchte ich die Mindestbestände automatisiert mit einer eigenen Formel kontinuierlich neu kalkulieren, um auf Basis der im Materialstammsatz gepflegten Wiederbeschaffungszeit und aktuellen Bedarfe (geplante Zu- und Abgänge eines Pufferwerts in Stunden inkl. Materialreservierungen) eine dynamische Mindestmenge zu berechnen und zu aktualisieren.

Was bringt's?

- Wesentliche Reduzierung des Aufwands bei der manuellen Berechnung
- Reduzierung des Aufwands für die Materialstamm-Datenpflege
- Bessere und genauere Berechnung für die wichtigen und dringendsten Materialien ■

1. Schritt der Bewertung: Eintrittswahrscheinlichkeit (Indicator 1)

Der Product Owner stellt seinem Kunden zwei einfache Fragen:

- Wie oft brauchen Sie die automatisch angestoßene Berechnung pro Monat?
- Wie hoch ist die Eintrittswahrscheinlichkeit in Prozent pro Monat?

In unserem Beispiel braucht der Lagerverwalter die automatisierte Berechnung jeden zweiten Tag. Er hat sich also auf eine Eintrittswahrscheinlichkeit von 50 Prozent festgelegt (Bild 6.9).

1

		Eintrittswahrscheinlichkeit in % pro Monat – als einfaches Beispiel
Wahrscheinlichkeit	10[0%]	Ich brauche die automatisierte Berechnung täglich an Arbeitstagen
	9[0%]	...
	8[0%]	Ich brauche die automatisierte Berechnung nicht jeden Tag, aber sehr oft
	7[0%]	...
	6[0%]	...
➡	5[0%]	Ich brauche die automatisierte Berechnung jeden zweiten Tag
	4[0%]	...
	3[0%]	...
	2[0%]	Ich brauche die automatisierte Berechnung einmal pro Woche
	1[0%]	Ich brauche die automatisierte Berechnung seltener als einmal pro Woche

Bild 6.9 Wie hoch ist die Eintrittswahrscheinlichkeit pro Monat? Wie oft wird die Berechnung benötigt?

2. Schritt der Bewertung: Manuelle Aufwände (Indicator 2)

Der zweite Teil der Frage schließt unsere Bewertung ab: Ist der Prozess der gewünschten Berechnung auch manuell, ohne zusätzliche SAP-Unterstützung, steuerbar? Wie hoch ist der Aufwand pro Monat, um die Berechnungen für die notwendigen Materialien manuell anzustoßen und den Materialstamm zu pflegen?

Nach kurzem Nachrechnen, Überlegung und Rücksprache mit seinem Team hat uns der Lagerverwalter mit einer 6 geantwortet (Bild 6.10). Der Prozess, die Berechnungsschritte und das manuelle Materialstamm-Update können mit einem manuellen Aufwand von ca. 30 Tagen pro Monat durch seine Mitarbeiter im Lager gesteuert und berechnet werden.

2

#	Interpretation der Auswirkungen - bezogen auf manuellen Zusatzaufwand im Lager
1	Prozess ist IT-unterstützt ohne manuellen Zusatzaufwand
2	Prozess mit manuellem Aufwand steuerbar (>= 2 Tage pro Monat)
3	Prozess mit manuellem Aufwand steuerbar (>= 5 Tage pro Monat)
4	Prozess mit manuellem Aufwand steuerbar (>= 10 Tage pro Monat)
5	Prozess mit manuellem Aufwand steuerbar (>= 20 Tage pro Monat)
6	Prozess mit manuellem Aufwand steuerbar (>= 30 Tage pro Monat)
7	Prozess mit manuellem Aufwand steuerbar (>= 40 Tage pro Monat)
8	Prozess mit manuellem Aufwand steuerbar (>= 60 Tage pro Monat)
9	Prozess mit manuellem Aufwand steuerbar (>= 80 Tage pro Monat)
10	nicht steuerbarer Prozess – auch mit manuellen Workarounds nicht machbar

Bild 6.10 Wie hoch ist der manuelle Aufwand für die Berechnung?

Während die Einstufungen des manuellen Aufwands von 1-9 selbsterklärend sind, muss ich zur Einstufung 10 ein paar Worte sagen. Die Einstufung 10 kommt immer dann zum Tragen, wenn unbedingt ein IT-unterstützter Prozess gebraucht wird, weil zum Beispiel gesetzliche Vorgaben erfüllt werden müssen oder einige Komponenten der Arbeitsplatzeinrichtung barrierefreie Arbeitsumgebungen erfordern. Einstufung 10 beschreibt also ein „Must have", bei dem wir gar nicht erst auf die Eintrittswahrscheinlichkeit schauen müssen - sie beträgt 100 Prozent.

3. Schritt: Die Value-Scoring-Matrix

Die Antworten des Lagerverwalters haben wir in eine Matrix aus Eintrittswahrscheinlichkeit und Auswirkungen eingetragen, der Schnittpunkt ergibt die Wert-Klassifizierung, den Value Score, der User Story (Bild 6.11).

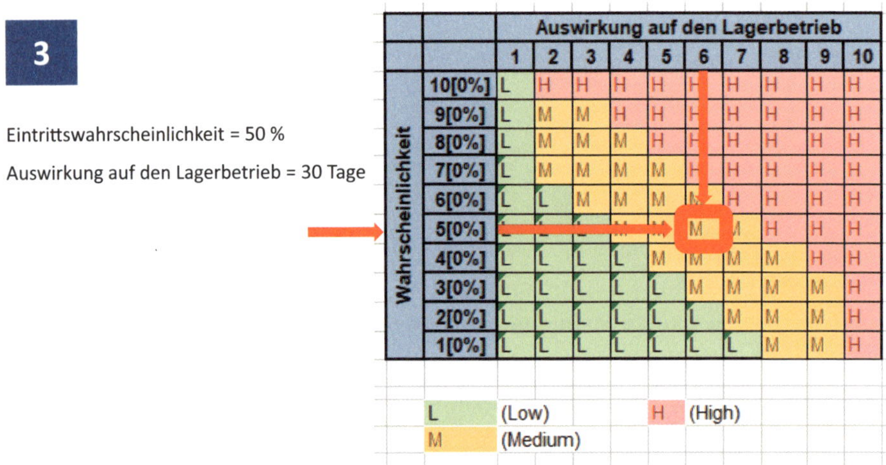

Bild 6.11 Unsere Value-Bewertung

Wir haben in dieser Frage-und-Antwort-Situation und bei den Tabellenwerten ganz bewusst auf einen durchschnittlichen kalkulatorischen Verrechnungs- oder Tagessatz verzichtet. Der Grund war, dass wir im Projekt nicht mit unterschiedlichen Tagessätzen rechnen wollten, die zum Beispiel ein angestellter Mitarbeiter, ein Leiharbeitnehmer oder ein externer Berater verursacht. Eine solche „Was bin ich wert?"-Diskussion wollten wir gar nicht erst starten.

Natürlich könnte man es so machen und die Bewertung nach Verrechnungssätzen durchführen. Wenn wir einen internen Verrechnungssatz von 400 Euro pro Tag heranziehen, ergibt das folgenden Wert:

Eintrittswahrscheinlichkeit	*50 %*
Auswirkung auf den Lagerbetrieb	*30 Tage*
Kalkulatorischer Verrechnungssatz	*400 Euro pro Tag*
Wert der User Story pro Monat	**6000 Euro**

4. Schritt: Value Reporting

Im folgenden Value Reporting (Bild 6.12) sehen Sie eine Situation in den ersten Produkt-Zyklen (Cycle 1–5). Sie sind von einer hohen Anzahl an Defects geprägt, die sofort ins Auge fallen und die gelieferten Values erstmal in den Hintergrund rücken lassen. Als Konsequenz hat das verantwortliche Scrum-Team der IT verschiedene Investitionen getätigt (Technical debts), mit denen die Fehlerrate gedrückt werden konnte. In den folgenden Zyklen, sichtbar ab Cycle 6, ist dadurch immer mehr Kundenwert – „Value" – entstanden.

Bei diesem Value Reporting wird die Anzahl der Storys und Defects gezählt, denn Defects werden von den Teams oft nicht geschätzt. Je nach Working Agreement erhalten Defects keine Story Points. Eine übertriebene Story-Point-Schätzung oder auch nur eine Zuordnung zu T-Shirt-Größen könnte gerade auf Produkt-Ebene die Aussagen verfälschen. Die Anzahl der Items einer User Story zu zählen, ist der bessere Ansatz. Dieses Reporting geht übrigens an den Product Owner, die Stakeholder und das Management.

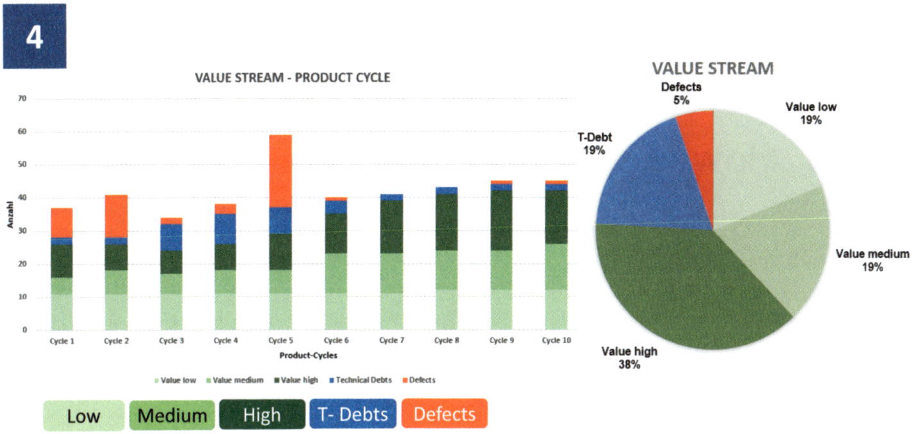

Bild 6.12 Unser Value Reporting

Wer ermittelt den Wert?

Eine der wichtigsten Fragen ist, wer die Klassifizierungen der User Storys und die Einstufungen in der Matrix vornimmt. Konkret ist damit die Zuordnung zu technischen Schulden, Low, Medium und High Value und Defects gemeint.

> **Ein Tipp vorweg:** Passen Sie das Modell an Ihre Verhältnisse an. Während in einem Unternehmen Einsparungen von weniger als 50.000 Euro als „Low Value" betrachtet werden, kann es für ein anderes Unternehmen einen hohen Wert haben. Wenn Ihnen eine Eintrittswahrscheinlichkeit in 10 Abstufungen zu umfangreich ist, machen sie einfach 5 daraus.

Die wesentliche Erfahrung aus einem meiner letzten Projekte ist: Vermeiden Sie unbedingt „Fake"-Bewertungen, also solche, die Dinge beschönigen. Eine Online-Bestellauskunft über Ersatzteile zum Beispiel kann bei entsprechender Nutzung und Verfügbarkeit durchaus einen High Value erzeugen. Wenn es allerdings bereits eine Online-Bestandsauskunft für Ersatzteile gibt und diese fehlerhaft ist, ist eine High-Value-Bewertung sehr zweifelhaft. Eine Defect-Einstufung wäre wohl richtiger, denn eine aus Sicht unserer Kunden offensichtliche Fake-Bewertung kann das Vertrauen in die Value-Darstellung erschüttern.

Mein Vorschlag lautet daher: Machen Sie die Bewertung zusammen mit Ihrem Kunden. Wenn die Value-Matrix einmal abgestimmt und das Bewertungsverfahren bekannt und eingespielt ist, lassen sich gemeinsam in kurzer Zeit viele User Storys bewerten. Das vorgestellte Schätzverfahren mit Magic Estimation kann ganz einfach in ein Magic Value Estimation umgebaut werden. Ein Kärtchen für die Story, zwei Kärtchen mit Darstellungen zu „Was bringt's?" und die fünf Klassifizierungen am Boden ermöglichen uns ganz schnell, den Value zu bestimmen.

Vielleicht geht es Ihnen so wie mir bei vielen Kunden und Sie müssen mit zwei Product Ownern arbeiten: Einer ist für die IT-Spezifika der SAP-Umgebung zuständig und einer übernimmt die Abstimmung und Kommunikation mit den Stakeholdern (ich nenne sie PO IT und PO BIZ). In diesem Fall können Sie die Aufgabe der Bewertung diesem – hoffentlich funktionierenden – Product-Owner-Tandem übergeben.

6.4 Flow-Metriken

6.4.1 Das kumulative Flussdiagramm (Cumulative Flow Diagram)

Die Wertbetrachtung alleine ist nicht alles. Wenn wir nicht auch einen Blick auf die Zeitachse werfen, fehlen uns wichtige Information, zum Beispiel: Wie entwickeln sich die Werte? Wieviel müssen wir in Technical Debts investieren, um Defects niedrig zu halten? Wie lange brauchen wir, um Werte zu liefern?

Aus Scrum kennen wir das Burndown-Chart, mit dem wir den aktuellen Sprintverlauf darstellen können. Es zeigt uns den Forecast zu unseren User Storys am Beginn des Sprints in Story Points sowie die Entwicklung bzw. Abarbeitung während des Sprints, die jeweils im Daily Scrum aktualisiert wird. Wir können daraus ablesen, welche Story oder welcher Defect an welchem Sprint-Tag fertiggestellt wurde, ob neue Storys aufgenommen wurden und ob wir am Ende des Sprints mit allen committeten Storys fertig geworden sind – mehr nicht.

Wir brauchen aber mehr Informationen. Vor allem müssen wir wissen, wo Verbesserungspotenziale in unserem Arbeitsfluss liegen. Das in Kanban gebräuchliche Cumulative Flow Diagram (CFD) ist für Scrum-Teams eines der wichtigsten Werkzeuge. Es handelt sich dabei um ein gestapeltes Liniendiagramm, mit dem die Anzahl der fertiggestellten User Storys sowie Defects auf einer Zeitachse abgebildet werden. Je nach Detaillierungsgrad finden wir in einem CFD Antworten auf folgende Fragen:

- Was soll noch alles umgesetzt werden?
- Was wurde schon alles umgesetzt?
- Was muss noch umgesetzt werden?
- Was wurde bereits besprochen und refined und steht laut Definition of Ready zur Umsetzung an?

Im CFD sehen wir, wie viele Anforderungen sich zu welchem Zeitpunkt in welchem Zustand befinden. Es zeigt uns komprimiert auf der Zeitachse die Zusammenhänge und mögliche Terminprobleme in unseren Domain Cycles, Product Cycles oder Sprints.

Ein CFD hat immer eine

- Y-Achse, auf der die Anzahl der Anforderungen, der Kanban-Tickets, Storys oder Defects pro Tag (bzw. pro gewähltem Zeitintervall) abgetragen werden, die entwickelt oder gelöst werden müssen;
- X-Achse mit einer Zeitspanne, die üblicherweise in Tagen, manchmal auch in Monaten dargestellt wird. Diese Zeitspanne bildet zum Beispiel die Anzahl der Iterationen im Entwicklungsprozess ab.

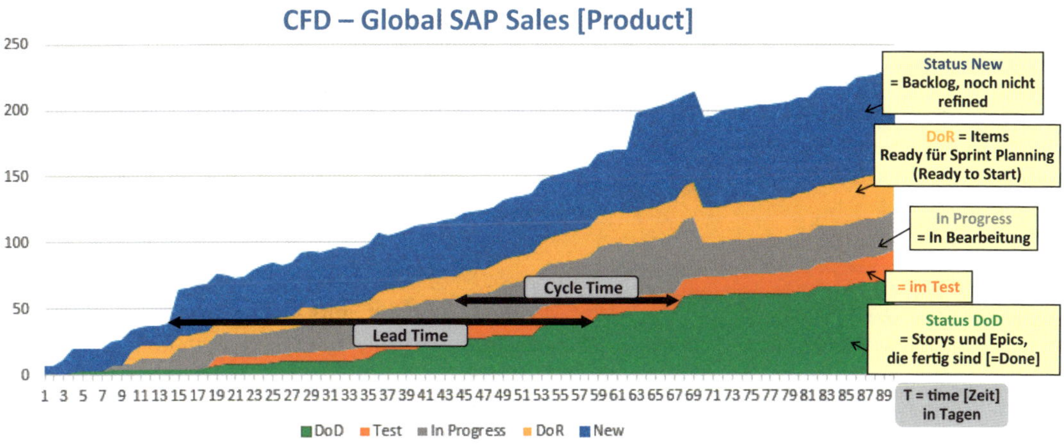

Bild 6.13 Cumulative Flow Diagram

Im Beispiel des Global Sales Teams in Bild 6.13 sehen Sie ein Product Team, das aus insgesamt acht Scrum-Teams besteht, die mit dem folgenden Workflow-Status arbeiten:

- Neue Items (Storys) im Backlog bekommen den Status **New**.
- Nach dem Refinement, wenn die Storys „Ready for Sprint" sind, bekommen sie den Status **DoR**.
- Nach dem Sprint-Start bekommen die Storys den Status **„In Progress"**.
- **„Im Test"** ist ein Bestandteil von „In Progress" und gehört zum Work in Progress (WIP).
- Nach dem Testing und nach dem Review – nach der Erfüllung der Akzeptanzkriterien – sind die Storys „done" und bekommen den Status **DoD**.

In ein CFD lassen sich viele Daten packen – je mehr es sind, desto komplexer, aber auch aussagekräftiger wird das Diagramm. Zu Storys, Epics oder Sagas sollten mindestens die folgenden Informationen abgebildet werden (das ergibt dann die einzelnen Linien des Diagramms):

- Wie viele Storys, Epics oder Sagas befinden sich im Backlog?
- Wie viele in der Analysephase?
- Wie viele in der Realisierung/Implementierung?
- Wie viele in der Testphase?
- Wie viele sind erledigt (done)?

Basierend auf den Daten, auf denen wir das Cumulative Flow Diagram aufbauen, können wir nach einiger Zeit folgende Informationen ablesen:

- Die Größe des Backlogs
- Die Menge des Work in Progress (ergibt sich durch die Vertikale zwischen zwei Linien)
- Die Durchlaufzeit oder Cycle Time (durch einen horizontalen Schnitt bis zu Done; in Bild 6.13 „Status DoD")
- Überkapazitäten (anhand von zu kleinen Flächen)
- Pull-Probleme (anhand von zu großen Flächen)

Das Cumulative Flow Diagram ist der Einstieg: Wir sehen zum ersten Mal auf der Zeitachse den „Lebensweg" unserer Anforderungen, Epics und Storys. Wir erkennen die Durchlaufzeit und sehen, welche Anforderungen wie lange in welchen Status waren, bis sie komplett verstanden und dann in die Bearbeitung („In Progress") genommen wurden. Um besser zu werden, müssen wir uns die WIP-Limitierung noch einmal genauer anschauen.

6.4.2 WIP-Analyse

Erinnern wir uns kurz an Little's Law: Mit Hilfe von WIP-Limits verbessern wir die Durchlaufzeit, ohne Teams verstärken, Pausen verkürzen oder die Arbeitszeit verlängern zu müssen. Wer sich auf weniger Aufgaben konzentrieren muss, indem er die Anzahl der parallelen Tätigkeiten beschränkt, verbessert die Qualität, behält den Überblick und erhöht die Termintreue. Mit einer Beschränkung des Work in Progress ermuntern wir außerdem Führungskräfte, Stakeholder und Kollegen, ihr Verhalten zu überdenken. Der kleine Gefallen zwischendurch, der die Arbeit an den eigentlich committeten Storys unterbricht, ist nicht mehr länger möglich. In Bild 6.14 sehen wir zum Beispiel die WIP-Analyse eines Teams, das im Februar 2020 beinahe 40 Anforderungen gleichzeitig in Bearbeitung hatte. Ab März haben wir mit WIP-Limits gearbeitet und sehen nun am Ende der Zeitachse, dass sich das WIP um mehr als die Hälfte reduziert hat.

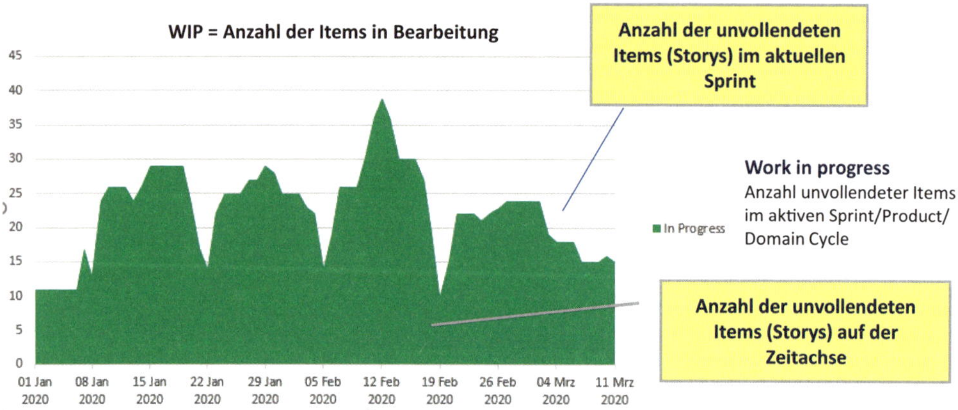

Bild 6.14 WIP-Analyse

Ein Beispiel zur WIP-Limitierung direkt aus meiner Sprint-Erfahrung: Wenn ich das Coaching agiler Teams übernehme, werden meistens viel zu viele Storys in den Sprint genommen. Klarerweise wird dann nur die Hälfte der Storys fertig. Anhand des Durchsatzes ausgedrückt sieht das so aus: 16 Storys wurden committet, fertiggestellt werden nur 8 – und das passiert fast in jedem der zweiwöchigen Sprints. Sehen wir uns mal an, was das in Durchlaufzeit ausgedrückt bedeutet:

Durchlaufzeit = WIP ÷ Durchsatz

Durchlaufzeit = 16 User Storys ÷ 8 User Storys = 2

Was könnten wir nun tun, wenn wir die Durchlaufzeit auf den Faktor 1,5 senken und den Durchsatz erhöhen wollen?

1,5 =16 User Storys ÷ 12 User Storys

Wir könnten zum Beispiel das Team vergrößern oder mit Überstunden die Arbeitszeit erhöhen. Die erste Idee stößt bald an ihre Grenzen, weil sie zu viel Geld kostet. Die zweite Idee scheitert möglicherweise am Widerstand der Teammitglieder.

Eine andere Idee bringt uns weiter: Wir lassen den Durchsatz mal unberührt und schauen, was über dem Bruchstrich steht. Im nächsten Sprint Planning reduzieren wir die Zusagen von 16 auf 12 Storys - wir reduzieren den Work in Progress - und erreichen damit beinahe eine Durchlaufzeit mit dem Faktor 1.

1,3 =12 User Storys ÷ 8 User Storys

Machen Sie dieses Experiment mit Ihrem Team, denn es funktioniert: Nach kurzer Zeit verstummen die Kritiker, die diese vereinfachte Form von Little's Law anzweifeln und Scrum oder Kanban in Frage stellen. Wenn Sie dann noch die beschriebenen Refinement-Ideen beherzigen, haben Ihre Teams immer genügend priorisierte und der Definition of Ready entsprechende Storys bereit, die sie in den laufenden Sprint nachziehen können.

Noch ein Tipp: Reduzieren Sie innerhalb des Sprints nicht nur die Zahl der parallel gestarteten Storys, sondern auch die Tasks der Teammitglieder. Machen Sie einfach den Versuch, dass jedes Teammitglied maximal zwei Tasks gleichzeitig bearbeitet, also „In Progress" setzt. Auf dem Scrum-Board eines Teams mit vier Mitgliedern könnte das so aussehen wie in Bild 6.15. Bei einer WIP-Limitierung von zwei aktiven Tasks pro Mitglied dürfen nicht mehr als acht Tasks gleichzeitig „In Progress" sein.

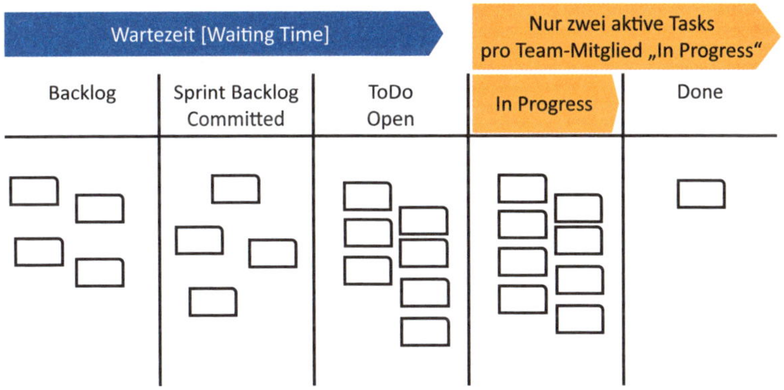

Bild 6.15 Nicht nur die Zahl der Storys, sondern auch der Tasks wird reduziert

Die Reduzierung der Storys und Tasks hat den Vorteil, dass sich das Team fokussieren kann und damit die Qualität seiner Arbeit erhöht. Die Teammitglieder behalten den Überblick und können ihre Zusagen einhalten. Wir können sogar noch weiter gehen: Wenn wir mit unserem Cumulative Flow Diagram erkannt haben, dass wir zu viel Zeit mit dem Refinement der Sagas, Epics und User Storys verbringen, könnte eine WIP-Limitierung im Refinement - also noch vor dem Start des Sprints oder Product Cycles - genauso helfen wie später im Sprint.

6.4.3 Durchlaufzeit und Durchsatz

Die Durchlaufzeit (Lead Time) ist die Zeitspanne zwischen Beginn- und Abschlussdatum einer Arbeit. Das Heimtückische daran ist, dass ein Team in dieser Zeitspanne nicht ausschließlich an der User Story arbeitet.

Jedes elektronische Scrum- oder Kanban-Board hat einen Workflow-Status. Meist kann dieser Workflow individuell angepasst werden. Egal, ob wir über JIRA von Atlassian reden oder Azure DevOps von Microsoft, sieht dieser Workflow-Status in etwa folgendermaßen aus:

- **Status „Neu“:** Eine User Story wird erstellt, Ideen werden gesammelt, die User Story bzw. das Work Item beginnt das Leben.
- **Status „Open“:** Die User Story hat den ersten Checkpunkt passiert, sie kommt ins Refinement.
- **Status „DoR“:** Die User Story wird besprochen, Fragen werden geklärt, die INVEST-Kriterien sind erfüllt.

Diese drei genannten Status von Neu bis DoR gehören zur **Wartezeit**, die so heißt, weil die eigentliche Bearbeitung der User Story noch nicht begonnen hat.

- **Status „In Progress“:** Die User Story wird in den Sprint gezogen, die Bearbeitung beginnt.
- **Status „In Review“:** Die User Story erfüllt alle Akzeptanzkriterien und erreicht die Definition of Done.
- **Status „Done“:** Die User Story wird im Sprint Review vorgestellt und die Definition of Done wird bestätigt.

Diese drei Status gehören zur **Bearbeitungszeit**, auch Cycle Time genannt.

Die Durchlaufzeit oder Lead Time einer User Story setzt sich also aus diesen beiden Komponenten zusammen:

Durchlaufzeit = Wartezeit + Bearbeitungszeit

Ein Blick auf die Darstellung der Wartezeit zeigt uns, wie lange wir brauchen, um eine Anforderung (im Beispiel in Bild 6.16 eine User Story) „ready“ zu bekommen. Wie lange braucht es also, bis der Status „DoR“ erreicht wird, der auch den INVEST-Check umfasst?

Anhand der Wartezeiten können wir erkennen, ob wir die Refinements verbessern – also beschleunigen – sollten. Stellen wir uns das Refinement einfach als Kanban Board vor, auf dem wir die Anforderungen schrittweise „reif“ für das Sprint Planning machen. Das Refinement könnte in mehreren Schritten erfolgen:

- Wurde die Anforderung beschrieben?
- Ist der Wert der Anforderung, das „Was bringt's?“, erkennbar?
- Wurde der Wert dem Value Cycle Loop entsprechend ermittelt?

Im technischen Refinement könnten wir uns fragen, ob die modifikationsfreie Umsetzung überhaupt möglich ist und so weiter.

Um die Bearbeitungszeit zu reduzieren, bieten sich wieder WIP-Limits an. Wir limitieren die Anzahl der Anforderungen pro Refinement-Schritt, konzentrieren uns dadurch auf weniger Storys, arbeiten fokussierter und werden schneller. Die in Bild 6.16 sichtbaren großen Schwankungen von 9 bis zu 55 Tagen könnten auch daher rühren, dass die User Story völlig unterschätzt wurde und das Sprint-Ziel nicht erreicht wurde.

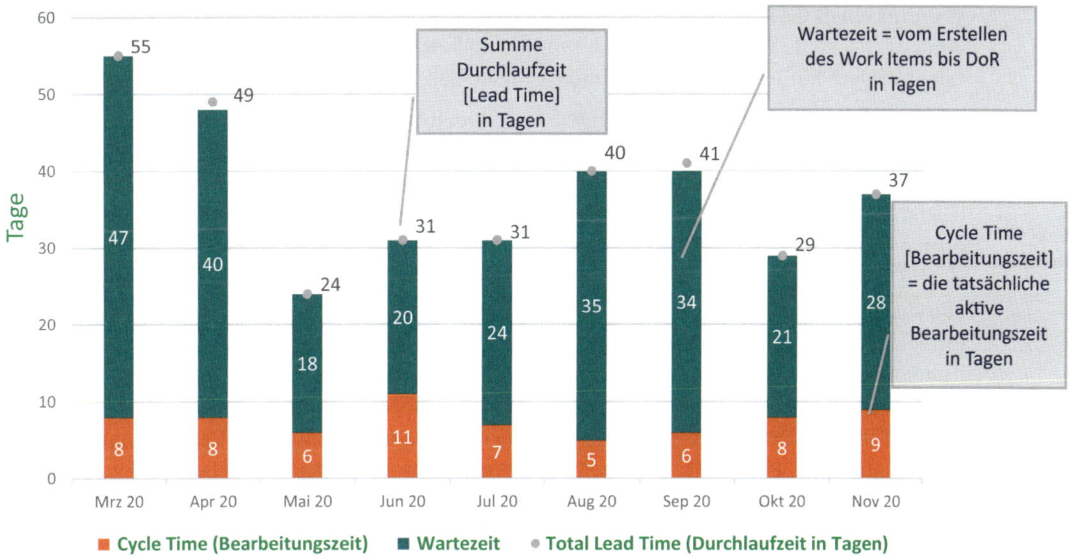

Bild 6.16 Wie schnell ist eine User Story „ready"?

Messung des Durchsatzes (Durchfluss, Throughput)

Der Durchsatz zeigt uns die Anzahl der abgeschlossenen – fertigen – Anforderungen bzw. Work Items pro Zeiteinheit. Wichtig ist bei der Messung, dass wir auf die Anzahl der Work Items schauen und die Größe der Work Items komplett vernachlässigen. Das ist ein wichtiger Unterschied zwischen dem Durchsatz und dem auf Story Points basierenden Velocity Chart in Scrum. So wie auch beim Value Reporting analysieren wir nur die Anzahl der Storys, technischen Schulden und Defects. Der Durchsatz wird an einem bestimmten Schritt im Workflow gemessen, typischerweise an der Ziellinie, wenn wir die Definition of Done erreicht haben.

In Bild 6.17 sehen wir unsere Anforderungen aufgeteilt in Storys und Technical Debts. Ein DevOps-Team kann sicher auch Defects analysieren, die aus der operativen Betreuung heraus schnell gelöst werden müssen. Im Rahmen der Kapazitätsplanung vor und bei jedem Sprint

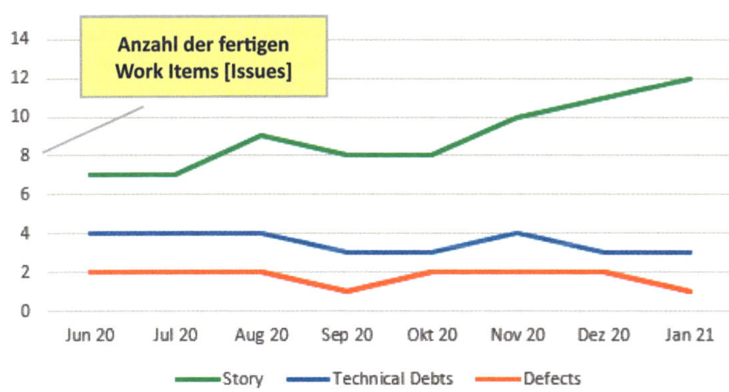

Bild 6.17 Analyse des Durchsatzes

Planning spielt die Anzahl der möglichen Defects, mit denen ein DevOps-Team rechnet, eine wesentliche Rolle. Die Defects reduzieren nämlich die Zeit, die für die User Storys bleibt. Daher zeigen die Defects auf der Zeitachse an, ob das Team sie im Griff hat.

Setzt das Team die User Storys im Produktivsystem live und fliegen ihm danach die Defects regelmäßig um die Ohren, macht es grundsätzlich etwas falsch. Möglicherweise nimmt das Team das Testing nicht ernst genug und liefert dem Kunden fehlerhafte Software. Das mag bei der Entwicklung einer simplen App vielleicht ein paar negative Kommentare im App-Store bringen und etwas weniger Umsatz. In einer produktiven SAP-Umgebung kosten Fehler aber richtig viel Geld. Untersuchungen zeigen, dass ein Defect, der erst in der Produktivumgebung auffällt, bis zu 30 Mal teurer ist als ein Fehler, der vom Entwicklungsteam noch auf der Entwicklungsumgebung entdeckt und dort beseitigt wird. Wenn der Fehler bereits an den Kunden „geliefert" ist, muss auf dessen Produktivumgebung das Coding nachtransportiert werden, falsche Daten müssen upgedatet werden, gegebenenfalls muss ein bestimmter Stand der Datenbank wiederhergestellt werden - und das alles unter Zeitdruck. Dazu kommt noch die Downtime des Produktivsystems. Mit der Analyse des Durchsatzes ist das Problem ganz klar erkennbar: Wie sieht das Verhältnis zwischen Defect-Behebung, Pflege und Wartung der Standard-Software (Technical Debts) und der Lieferung der Werte aus?

In der Sprintplanung hilft uns dann der Blick auf den Durchsatz weiter, um einen genauen Forecast für den Sprint zu erstellen. Wir erkennen, was wir an Storys mit Wert geliefert haben, was wir an Technical Debts liefern mussten und wie viele Fehler wir im Produktivsystem beseitigt haben.

Legen Sie nun das Value Reporting, die WIP-Analyse und den Durchsatz nebeneinander, können Sie daraus wertvolle Erkenntnisse gewinnen. Wenn Sie sich zuerst die Durchlaufzeit (Lead Time) und die Bearbeitungszeit (Cycle Time) ansehen, erkennen Sie, wie lange Ihr Team oder Ihre Teams brauchen, um eine Anforderung überhaupt zu verstehen und „reif" zu machen. Anders ausgedrückt: Wie lange dauert es, bis eine Anforderung die Definition of Ready erfüllt? Die Bearbeitungszeit sagt aus, wie lange es braucht, bis eine Anforderung komplett umgesetzt ist. Nun werfen wir in Bild 6.18 noch einen Blick auf den Durchsatz: Da erkennen wir, dass durch das Einspielen von SAP-Updates und damit Fehlerbereinigungen die Defects ab Oktober 2020 ziemlich reduziert wurden und sich das Team daher wieder auf Anforderungen bzw. User Storys konzentrieren konnte, die echte Werte (Values) liefern.

Sie sehen also, dass Ihnen für die Arbeit mit agilen SAP-Teams wesentlich mehr Instrumente zur Verfügung stehen als nur das Velocity Chart. Nur wer die Kanban-Metriken nutzt und versteht, wer in WIP-Limits denkt und die agilen Events entsprechend gestaltet, bringt ein Team wirklich voran. Scrum braucht Kanban, fortgeschrittene Scrum-Teams brauchen die Kanban-Metriken. Wenn die folgenden Fragen Ihr Denken und Handeln bestimmen, ist Ihr Team „advanced":

- Welche Kundenwerte liefern wir? Wie machen wir diese Werte transparent?
- Wie lange dauert es, bis wir neue Funktionen liefern können?
- Wie lange arbeiten wir aktiv an unseren Sagas, Epics, Storys und Defects?
- Wie lange ist unsere Durchlaufzeit jetzt und wie lange war sie in der Vergangenheit?
- Wie lange ist die Bearbeitungszeit heute im Vergleich zu früher?
- Was müssen wir investieren, um unser SAP-Standard-System am Laufen zu halten?

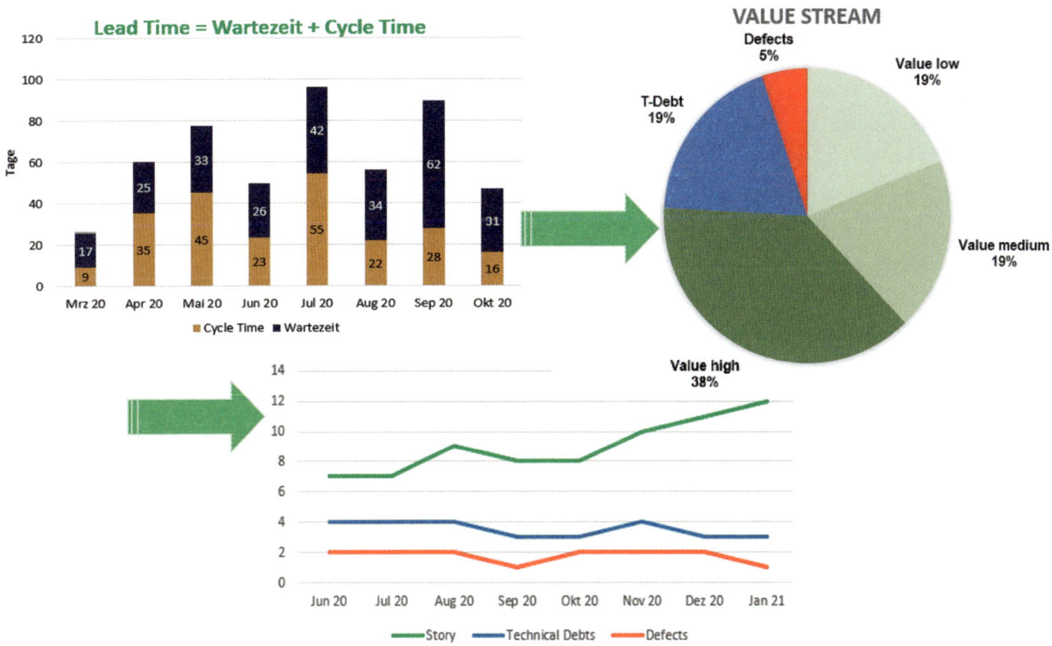

Bild 6.18 Ein vollständiges Bild der Team-Performance für weitere Verbesserungen

Und wie können Sie die Werte, Durchlaufzeit und Bearbeitungszeit verbessern? Die Hinweise darauf finden sich alle in diesem Buch, doch ich will Ihnen abschließend noch einmal die wichtigsten gesammelt mitgeben:

1. Bauen Sie das Wissen und die Skills in Ihrem Team zielgerichtet auf.
2. Sorgen Sie für echte Crossfunktionalität in Ihrem Team.
3. Arbeiten Sie mit Delegation Boards und machen Sie damit alle geltenden Regeln sowie alle Freiheiten des Teams sichtbar.
4. Erlauben Sie Design User Storys, um das Risiko zu reduzieren.
5. Fördern Sie Experimente – probieren Sie Neues aus!
6. Machen Sie die WIP-Limitierung zu Ihrem agilen Grundsatz.
7. Nutzen Sie das User Story Mapping, wenn es unübersichtlich wird. Das macht Refinements besser und vor allem schneller.
8. Eliminieren Sie alle Anforderungen ohne Wert.
9. Finden Sie auf allen Ebenen – Domain, Produkt, Team – nach jeder Iteration die Verbesserungspotenziale, Ihre CIPs.
10. Nehmen Sie sich den Satz von Klaus Leopold zu Herzen: „Wer denkt, dass sein Team schon optimal arbeitet, ist einfach zu faul, um nach Veränderungen zu suchen!“

Danksagungen

Folgenden Personen möchte ich meinen Dank aussprechen:

- Meiner Frau Dagmar Wybranietz, die mir im gesamten Prozess, beim Recherchieren, Durchlesen und Korrigieren viele, viele Stunden geholfen hat.
- Dolores Omann, die immer wieder komplizierte Sachverhalte und Themen so formuliert, dass das Lesen Spaß macht.
- Dr. Jeff Sutherland für seine Tipps bei den Münchner Management-3.0-Stammtischen, für seine Bücher und Videos.
- Nick Butler für seine Tipps zur Team-Charta.
- Adrian Neumeier für seine Skizzen zu verschiedenen Themen.
- Laura Hitti für ihre Visualisierung der Meeting Rules.
- Jeff Patton für sein Buch und seine Tipps zum User Story Mapping und Story Refinement.
- Dr. Boris Kneisel für seine Ideen und Erklärungen rund um TREASURES und DRAGONCAVE (inzwischen als PEP-Heuristiken bekannt).
- Peter Götz, Agile Coach und Trainer, für seine Tipps rund um Kanban.
- Eric Ries und die Agile Alliance, die aus dem Lean-Startup-Gedanken die MVP-Ideen entwickelt haben.
- Ron Jeffries, für mich „Mr. Extreme Programming“, der die Story Points erfunden hat.
- Die Fotografinnen und Fotografen von *unsplash.com* und *pexels.com* für lizenzfreie Fotos.

Danke!

Literatur

Anderson, David J.: Kanban. Successful Evolutionary Change for Your Technology Business. Blue Hole Press 2013.

Appelo, Jurgen: Managing 3.0. Leading Agile Developers, Developing Agile Leaders. Addison-Wesley Professional 2010.

Appelo, Jurgen: Managing for Happiness. Übungen, Werkzeuge und Praktiken, um jedes Team zu motivieren. Vahlen 2018.

Beck, Kent: Extreme Programming Explained. Embrace Change. 2nd Ed. Addison-Wesley Professional 2004.

Blank, Steve: The Four Steps to the Epiphany. Successful Strategies for Products that win. Wiley 2020.

Cohn, Mike: User Stories, Epics & Themes. *https://www.agile-academy.com/de/product-owner/user-stories-epics-themes/*

Cohn, Mike: Story Points – Estimate Effort not just Complexity. Blogbeitrag 2010. *https://www.mountaingoatsoftware.com/blog/its-effort-not-complexity*

DeMarco, Tom; Hruschka, Peter; Lister, Tom; McMenamin, Steve; Robertson, James; Robertson, Suzanne: Adrenalin Junkies and Template Zombies. Understanding Patterns of Project Behavior. Addison-Wesley Professional 2013.

Glaveski, Steve: The Five Levels of Remote Work – and why you're probably at Level 2. Blogbeitrag 29. März 2020. *https://medium.com/swlh/the-five-levels-of-remote-work-and-why-youre-probably-at-level-2-ccaf05a25b9c*

Gugenberger, Pascal: Agiles Schätzen: 5 Gründe, warum wir nicht in Personentagen schätzen. *https://www.it-economics.de/blog/2018-07/agiles-schaetzen-5-gruende-warum-wir-nicht-in-personentagen-schaetzen*

Jeffries, Ron: Story Points Revisited. *https://ronjeffries.com/articles/019-01ff/story-points/Index.html*, May 23, 2019.

Kommunikationsmacher: Albert Mehrabian. Blogbeitrag vom 17. März 2019. *https://kommunikationsmacher.com/albert-mehrabian/*

Leopold, Klaus: Kanban in der Praxis. Vom Teamfokus zur Wertschöpfung. Carl Hanser Verlag 2016.

Newport, Cal: Deep Work. Rules for Focused Work in a Distracted World. Piatkus 2016.

Reinertsen, Donald: The Principles of Product Development Flow. Second Generation Lean Product Development. Celeritas Pub 2009.

Ries, Eric; Blanc, Steve: The Lean Startup: How Today's Entrepreneurs Use Continuous Innovation to Create Radically Successful Businesses. Currency 2017.

Schwaber, Ken; Sutherland, Jeff: Der Scrum Guide™. Der gültige Leitfaden für Scrum: Die Spielregeln. November 2017.

Schwaber, Ken; Sutherland, Jeff: The Scrum Guide. The Definitive Guide to Scrum: The Rules of the Game. November 2020.

Scrum.org: Der Kanban Guide für Scrum-Teams. September 2019. *https://scrumorg-website-prod.s3.amazonaws.com/drupal/2019-10/2019-09-Kanban-Guide-for-Scrum-Teams-German_0.pdf*

Shannon, Claude E.; Weaver, Warren: The Mathematical Theory of Communication. The University of Illinois Press, Urbana 1949.

Skambraks, Joachim: 30 Minuten Elevator Pitch. 5. Aufl. Gabal 2012.

Sutherland, Lisette; Janene-Nelson, Kirsten: Work Together Anywhere. A Handbook on Working Remotely – successfully – for Individuals, Teams & Managers. Wiley 2020.

Sutherland, Jeff; Downey, Scott; Granvik, Björn: Shock Therapy. Self-Organization in Scrum. Scrum Training Institute 2009. *http://jeffsutherland.org/scrum/SelfOrganizationShockTherapy.pdf*

Sutherland, Jeff: Scrum. The Art of Doing Twice the Work in Half the Time. Random House Business 2015.

Sutherland, Jeff: The Scrum@Scale Guide. The Definitive Guide to the Scrum@Scale Framework. Version 2.0, March 2020. *https://www.scrumatscale.com/scrum-at-scale-guide-read-online/*

Weinberg, Gerald M.: Quality Software Management. Vol. 1: Systems Thinking. Dorset House Publishing 1992.

Womack, James P.; Jones, Daniel. T.: Lean Thinking. Ballast abwerfen, Unternehmensgewinn steigern. 3. Aufl., Campus 2013.

Stichwortverzeichnis